大数据驱动的资源学科创新应用平台

王卷乐　卜坤　宋佳 等 著

内容简介

本书主要介绍了资源学科对大数据和创新平台的需求、资源学科信息化进展及其趋势、资源学科数据分类与资源架构、资源科学特色数据资源、资源学科大数据管理系统体系及关键技术、资源学科创新应用平台系统与工具、资源学科模型表达与共享、资源学科模型实践、资源学科科研信息化模式、资源学科创新应用平台服务情况和案例等内容。

本书可供从事资源学科数据获取、信息处理、产品生产和服务的科研、技术、管理人员，以及相关学科领域的教师和研究生参考。

图书在版编目（CIP）数据

大数据驱动的资源学科创新应用平台 / 王卷乐等著
. -- 北京 : 气象出版社, 2021.4
ISBN 978-7-5029-7422-0

Ⅰ. ①大… Ⅱ. ①王… Ⅲ. ①数据处理－应用－资源科学－研究 Ⅳ. ①P96-39

中国版本图书馆CIP数据核字(2021)第075999号

大数据驱动的资源学科创新应用平台
Dashuju Qudong de Ziyuan Xueke Chuangxin Yingyong Pingtai

出版发行：气象出版社
地　　址：北京市海淀区中关村南大街46号　　**邮政编码**：100081
电　　话：010-68407112(总编室)　010-68408042(发行部)
网　　址：http://www.qxcbs.com　　**E-mail**：qxcbs@cma.gov.cn
责任编辑：王萃萃　　**终　　审**：吴晓鹏
责任校对：张硕杰　　**责任技编**：赵相宁
封面设计：艺点设计
印　　刷：北京建宏印刷有限公司
开　　本：787 mm×1092 mm　1/16　　**印　　张**：12.25
字　　数：306千字
版　　次：2021年4月第1版　　**印　　次**：2021年4月第1次印刷
定　　价：118.00元

本书由下列项目及单位联合资助：

中国科学院信息化专项项目(XXH13505-07)

中国科学院战略性先导科技专项(A类)(XDA19040501、XDA2003020302)

中国工程科技知识中心建设项目(CKCEST-2020-2-4)

江苏省地理信息资源开发与利用协同创新中心

前　　言

资源科学是研究资源的形成、演变、质量特征与时空分布及其与人类社会发展之相互关系的科学。资源科学涉及水、土地、气候、草地、森林、动物、矿产、能源、旅游等多种自然资源类型以及各类社会资源。随着资源环境全局性问题协调的需求不断增大，传统的单一资源学科的深化难以解决资源与环境可持续发展的综合性问题。

资源学科创新应用平台的目标是在大数据驱动和信息技术支持下，使得资源科学综合研究这一学科灵魂问题的突破和解决成为可能，催生和促进资源科学的新发展，促进资源学科领域在大数据平台上的创新应用。其核心理念是以资源学科与信息化的融合为手段，实现资源学科领域数据资源的深度集成整合；面向资源学科领域重大问题和科学任务，实现资源学科领域大数据资源、大数据存储与计算环境、大数据分析与可视化方法及工具等的按需贯通，形成支撑本学科领域典型科研活动的大数据平台；探索大数据驱动下的资源学科综合研究等新型研究模式；建立健全大数据驱动下的资源学科创新示范平台运维和支撑软环境。

全书共分八章，由王卷乐负责统稿。第 1 章绪论，主要介绍资源学科发展，资源学科信息化、大数据和创新平台需求，以及资源学科信息化的理论、方法与技术进展和态势，主要执笔人王卷乐。第 2 章资源科学数据分类与资源架构，主要介绍资源科学分类体系、资源科学数据资源架构、资源科学特色数据资源，主要执笔人王卷乐、田奋民。第 3 章资源学科大数据管理系统，主要介绍大数据技术体系、资源学科大数据管理系统关键技术、资源学科大数据管理系统应用案例，主要执笔人宋佳。第 4 章资源学科创新应用平台系统与工具，主要介绍资源学科创新应用平台设计、资源学科创新应用平台功能实现、资源学科创新应用平台工具、资源学科知识图谱等，主要执笔人卜坤。第 5 章资源学科模型表达与共享，主要介绍资源学科模型表达、资源学科模型共享、资源学科模型实践，主要执笔人宋佳。第 6 章资源学科科研信息化模式，主要介绍跨国科学考察信息化模式和资源综合研究信息化模式，主要执笔人王卷乐、魏海硕、王江浩。第 7 章资源学科创新应用平台服务，主要介绍平台服务情况和典型服务案例，主要执笔人王卷乐、李泽辉、韩雪华。第 8 章结论与展望，主要执笔人王卷乐。韩雪华、魏海硕、程凯、周业智、王晓洁、姚锦一等参与部分案例编写。

本研究是主要结合中国科学院信息化专项“大数据驱动的资源学科领域创新示范平台”开展。感谢中国工程院院士孙九林先生的长期关怀指导。感谢该课题参与方中国科学院教育部水土保持与生态环境研究中心、中国科学院东北地理与农业生态研究所的大力支持。感谢韩雪华、吴玉鑫、邵亚婷、李琼、王晓洁、徐书兴、李凯等研究生参与统稿与整理。限于专业领域覆盖面和写作能力，可能会有错误或不足，欢迎批评指正，以便更新时改进。

作者

2021 年 3 月于北京

目　录

第1章　绪　论

资源科学是在当代综合与交叉的科学潮流推动下，特别是在当今以人口、资源、环境与发展(PRED)为核心的“全球性问题”促发下，许多学科彼此交叉、相互渗透，形成的一个以资源和资源利用为核心的横向发展的新学科领域。简言之，资源科学是研究资源的形成、演变、质量特征与时空分布及其与人类社会发展相互关系的科学。其目的是为了更好地认识资源，合理开发、利用、保护和管理资源，协调资源与人口、资源和环境之间的关系，促使其向有利于人类社会生存与发展的方向转化。资源科学是一门集自然科学、社会科学与工程技术于一体的综合科学，是在传统的地理学、生态学、经济学和信息工程技术等学科基础上发展起来的一门新兴学科(孙鸿烈，2000)。

1.1　资源学科信息化需求

当前各个学科领域的研究不断向纵深发展，不论是实验装置还是计算机仿真模拟的规模都变得越来越大，产生了越来越多的数据，从而催生了围绕海量数据获取、存储、共享和分析的科学研究手段。关系型数据库专家、图灵奖得主 Jim Gray 将其定义为数据密集型研究范式，为经验验证、逻辑推理、科学实验之后的第四研究范式(Tony et al.，2009)。其显著特征是以数据作为科学发现的核心和科研活动的驱动力，即从海量数据中发现科学规律，科研人员的工作重点转变为通过分析与挖掘科学数据进而发现科学规律。大数据的产生促使各相关学科与技术领域都在思考大数据驱动下本学科的发展问题。该问题体现在两个方面：一是大数据的新特点促使相关学科领域既有技术方法的改变；二是面向大数据的新问题相关技术方法如何跟进，如何从各自学科视角为大数据问题解决做些贡献。

然而，各学科领域在与科学大数据和信息化融合的程度上并不尽相同。在中国科学院院士咨询项目“国家科研信息化发展战略研究”的研究中，2014 年开展了对全院 10000 余名科研人员的学科科研信息化情况与需求调研，探究各学科与信息化融合程度(王卷乐 等，2017)。结果显示资源环境学科的信息化程度是应用结合型，即“信息化已是本学科无法取代的重要工具”占最大比例，但学科信息化融合程度与联系程度尚不突出，其信息化需求雷达图呈 V 字型(图 1-1)。需求强烈的三项为“获得更多文献、资料、数据获取方式的技术支撑”(占 17.7%)、“加强数据标准的规范建设，健全数据共享机制”(占 17.4%)和“获得更多文献、资料、数据获取方式的技术支撑”(占 14.5%)。可见资源学科领域在大数据时代在科研信息化方面具有巨大的提升潜力和应用示范需求。

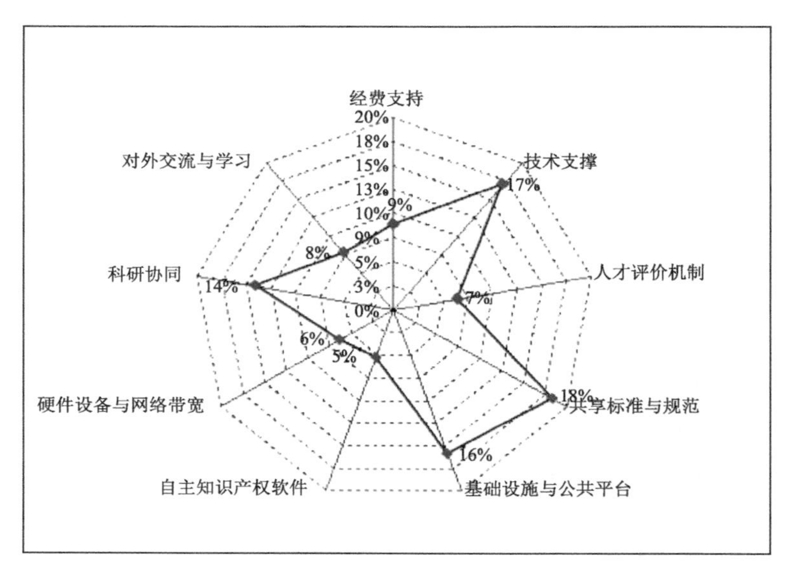

图 1-1　资源环境学科信息化需求

1.1.1　资源学科对大数据应用的发展需求

资源学科涉及资源科学、环境科学、区域可持续发展及观测技术科学等多个方面，包括水循环和水资源、土壤和土地资源、气候变化影响与适应、生态系统、环境科学与工程、区域可持续发展、遥感科学与地理信息科学等领域，是一个综合的现代学科群。数据资源呈现数据量大、种类多和结构复杂的特征，既包括作为人类生态与发展物质基础的自然资源，又包括与其开发利用密切相关的人力、资本、科技与教育等社会资源；既包括全球资源，又包括特定国家或地区的资源；既包括现实资源，又包括历史资源；既包括单项资源，又包括复合资源（一定地域、一定时段的资源系统、资源生态系统和资源生态-社会经济复合系统）。

由于需求各异以及行业标准及规范的时常变化，资源环境数据存在种类繁多、格式多样、标准难以统一的特点。这使得大数据量、类别复杂的资源环境数据在许多数据库或平台中存在搜索难、响应慢、数据集成度不高等问题。从互联网搜索中发展起来的大数据技术能够在短时间过滤出有价值的内容，可以解决资源学科大数据的数据存储和组织技术问题，进而成为资源数据服务集群化和产业化发展的技术支撑。

纵观我国资源科学领域的发展，以下特征较为突出：(1)紧密结合国家需求是我国资源科学研究的最大特点，突出表现为科研选题集中在各个时期社会关注的重大资源与环境及发展的主题上；(2)紧密结合国际学术前沿，但有影响力的成果近年还不多；(3)区域特色主题研究成果丰富，尤其是伴随着国家全球战略布局的拓展和区域发展的布局优化；(4)观测和实验网络等研究平台已有一定的规模，资源科学研究基础科学数据的集成与共享有较大进展；(5)新技术和新方法得到了广泛的应用，但科研信息化对方法、技术和手段的支撑创新不足，尚未发挥大数据驱动优势。

因此，开展资源学科领域大数据应用研究和示范是促进我国优化资源配置、合理开发利用资源、提高资源利用率、依靠科技进步缓解资源供求矛盾、建立资源节约型社会经济体系、促进资源学科建设等国家任务和学科发展的共同紧迫需求。

1.1.2 资源学科综合研究及其对创新平台的需求

资源在自然界中是作为系统存在的，是相互制约、相互联系的一个整体。人类活动对其中任何一种资源的改变，都会影响到其他资源，一个资源要素的变化，将影响整体。一个子系统的变化能够引起大系统的涨缩。在时间变化上资源演变也是一个整体，过去影响现在，现在预示未来，这正是资源、环境预警研究的重要性所在。因此，资源的整体性决定了资源科学研究的综合性，决定了在资源研究中采取系统理论与系统分析方法的重要性和有效性。此外，当今世界随着人口膨胀和科技进步、人类开发利用自然资源范围日益扩大，被开发利用的资源数量成倍增加，由此相伴而生的资源、环境与生态问题日益突出，迫使人们不得不从整体上、从相互关系上、从长远利益上来考虑资源永续利用原则与可持续发展问题。资源科学研究的综合性也对"全球化"提出了挑战，这是资源科学研究的综合性和区域性特点在空间尺度上的充分体现。联合国环境与发展大会于1992年就强化了资源、环境与发展问题的全球性及全球合作的必要性。人类作为全球性的特殊物种在改变着赖以生存的地球，只有共享地球上的资源，具有共同意识、协调发展，人类才会有所作为。因此资源学科的综合性与战略性研究势在必行。理解人口、资源、环境、生态、社会、经济与发展之间的相互关系，评价各种限制性资源对人类生存与国民经济发展的承载力及保证程度等显得尤为重要。

因此，资源科学的研究和深化必然是跨学科、领域和区域的综合研究！

资源科学的综合思想既强调作为研究对象的资源系统内部要素的关联与整体效应，也强调资源系统与其环境系统的耦合，还重视研究方法与技术手段的集成。大数据驱动的学科创新平台正是针对这一需求，应用大数据技术，集成资源环境大数据存储、管理、分析等功能，面向资源学科领域的综合研究，为阐明资源系统的形成、演化与时空规律性，探索资源系统各要素的相互作用机制与平衡机理，揭示资源特征与人类社会发展的关系，研究不同时期资源的保证程度与潜力，探索人类活动对资源系统的影响，研究区域资源开发与经济持续发展之间的关系，探讨新技术/新方法在资源科学与资源开发利用中的应用等提供支撑。

1.2 资源学科信息化进展

1.2.1 资源学科信息化理论与方法国际进展

(1)地学研究信息化的起步

地学研究随着20世纪40年代电子计算机的发明发生了转变，从基于纸张的数据复制形式转变为电子数据拷贝，这种转变使得相互之间信息交换与共享变得容易，从而使科学研究的过程发生了变革。真正的地学研究信息化始于1963年加拿大测量学家R. F. Tomlinson提出的"地理信息系统"这一概念和他建立的世界上第一个地理信息系统——"加拿大地理信息系统"(Tomlinson et al.，1976)。此后的1965年，美国哈佛大学土地测量专业的一名学生J. Dangermond(1987)在其毕业论文中，设计了一个简单的GIS(地理信息系统)，并在毕业后于1996年成立了ESRI公司，成为推动地学信息技术发展的重要里程碑。20世纪60年代随着计算机网络的发明与应用，E-mail、FTP(File Transfer Protocol，文件传输协议)等的引入，计算机网络深刻地改变了地学研究者的研究方式。越来越多的科学家开始利用网络获取资源、共享资源，推动了网络基础设施的进一步发展。网络的发展已经并还将继续支持越来越多的研究、开发和决策应用。日益提高的网络速度使大规模的数据与信息共享成为可能，越来越多的世界各地的地学研究者也开始通过网络建立虚拟科研组织，共享数据资源，进行科学交流。

(2)美国地学/资源学科领域科研信息化理论与方法进展

1998年理查德克拉克在白宫新闻发布会上提出了Cyber Infrastructure(CI)，随后美国国家科学基金会(NSF)在报告中正式将CI定为术语(Daniel，2003)。其中高端计算机网络共享系统(张耀南 等，2007)的关键在于将数据、信息、工具、仪器和超级计算、存储以及交流等综合性知识资源完全服务于具体的研究群体，提供新的途径，使研究人员在发现和探索研究上获得更多更好的信息，使得研究小组跨时间、区域、部门甚至学科间实现共享和协作。随后建立的地理空间网络信息基础设施(Geospatial Cyber Infrastructure，GCI)支持地理空间数据、信息和知识的收集、管理以及利用，为多学科领域提供服务。1994年美国正式建立了联邦地理数据协会，形成了一个跨机构的国家空间数据基础设施(National Spatial Data Infrastructure，NSDI)(Mclaughlin et al. ，1994)。

美国国家科学基金会支持的Tera Grid项目于2001年启动。该项目整合了美国本土11个合作站点的计算资源，存储资源以及科研力量，为用户提供开放的科学研究环境。Tera Grid提供了许多地学的工作组来致力于开发某个方面的专业软件或工具，如GEON(GEOscience Network，地球科学网)提供诸如岩石三维重力模拟模型，基于雷达资料与地球动力学模型的地球构造研究等应用；ESG(The Earth System Grid，地球系统网格)组织提供全球气候变化有关的数据、模型与工具；GISolve(Tera Grid Geographic Information Science，Tera网格地理信息科学)组织则致力于地理信息的收集以支持科学调查和各种应用领域的决策支持。美国NSF开展的“大尺度综合环境观测网(Cooperative Large-Scale Environmental Observatories，CLEOs)”“数字水文观测网站设计(Designing Hydrologic Observatories)”“协同促进水文科学发展的大学联盟(Consortium of Universities for the Advancement of Hydrologic Science，Inc，CUAHSI)”计划中，提出要建立一个水文监测网络，一个水文测量机制，一个水文信息系统和一个综合中心。其目的是通过大型综合的水文观测站网(CLEOs)的建立，促进科学家之间的数据共享和经验交流，科学和工程的相互转化，实现依托数字技术流域尺度学科的综合与集成，推动科学与工程的进步。由eGY、NASA、NSF和NCAR等举办的首届地球科学中的虚拟观测(Virtual Observatories in Geoscience，VOIG)会议一致认为应将监测系统纳入地学e-Science的发展，通过组建针对性的虚拟观测系统，实现地学研究观测的系统性、完整性。虚拟观测网络能够将众多的观测仪器与数据汇集到一起，形成一个世界范围的数据网络“data fabric”，提供基于Web方式可自由访问所有可用的地球科学数据(汪洋，2014)。在今后的几十年中，世界各国将致力于通过建立完善的对地联合观测网络，跨区域的虚拟联合观测系统，形成完善的监测平台，实现联合同步观测和精细的密集观测。

(3)英国地学/资源学科领域科研信息化理论与方法进展

英国从2001年启动了第一期e-Science计划，主要开发通用网格中间件，利用分布于整个互联网的异构资源(包括计算集群、存储设备、科学仪器等)，通过建成一个同构环境，使得这些资源能够为分布于各地的用户提供协同式的服务，以达到在整个广域网范围内的计算资源共享(Atkinson et al.,2005)。从2003年开始,英国启动了第二期e-Science计划,继续开发网格中间件以及加强各中心之间的网格基础设施建设,并成立了开放中间件研究所。2005年,英国启动了第三期e-Science计划,重点支持公共e-Science基础设施建设,并建设国家的科研信息化基础设施。为了更好地支持多学科领域的专家开展跨地域跨学科协同研究,英国政府支持开发了一套虚拟研究环境,GENIE(Grid Enable Integrated Earth system model),为地球模型的构建、执行和管理提供了一个组件框架。在地球系统组分的成熟模型基础上(如海洋、大气、陆地、海冰、冰架、生物地球化学等),使这些模型能够方便地耦合在一起,实现千年时间尺度上的运行,开展冰期和间冰期模拟(Bradley et al.,2006)。利用GENIE环境,进行了参数优化,开展了c-GOLDSTIN、地球系统模型(ESM)组成的三维海冰模型和二维的能量水分平衡大气模型相关模拟研究。

(4)地学e-Science应用进展

自e-Science概念提出以来,与地学相关的e-Science研究在美国与欧洲有着快速的发展与应用,美国国家科学基金会(National Science Foundation,NSF)支持的TeraGrid项目于2001年启动,该项目由合作站点组成,整合了美国本土11个合作站点的计算资源、存储资源以及科研力量,为用户提供开放的科学研究环境。TeraGrid提供了许多地学的工作组来致力于开发某个方面的专业软件或工具,如GEON(GEOscience Network)提供诸如岩石三维重力模拟模型,基于雷达资料与地球动力学模型的地球构造研究等应用;ESG(The Earth System Grid)组织提供全球气候变化有关的数据、模型与工具;GISolve(TeraGrid Geographic Information Science)组织则致力于地理信息的收集以支持科学调查和各种应用领域的决策支持,包括环境科学、交通和卫生等。欧盟2000年启动的支持的EUROGIRD项目包括4个大的研究领域,生命科学、大气科学、工程技术以及高性能计算理论研究。大气科学组开发了一个专业的图像用户界面(Graphical User Interface,GUI),使用户能够方便地应用天气预报LM模型,并耦合UNICORE GRID,为用户提供网格计算服务。EGEE(Enabling Grids for E-Science)和EGEE II是欧盟面向国际上所有科学研究领域的e-Science项目,来自全球的科学研究人员可以申请在网格框架上建立虚拟组织,开发与共享专业的科学研究工具和软件。美国的地球系统建模框架(Earth System Modeling Framework,ESMF)是一款开源的建模基础设施,用于解决不同学科或领域的模型耦合或互操作问题。该建模框架主要应用于气候、天气、数据同化等领域。国家气候系统模式CCSM(Community Climate System Model)、NOAA(美国国家海洋大气局)地球物理流体动力学实验模型GFDL(NOAA Geophysical Fluid Dynamics Laboratory models)、NASA(美国国家航空航天局)戈达德对地观测系统模型GEOS-5(NASA Goddard Earth Observing System)等是典型的气候应用领域的ESMF。

应用实例:在GENIE(Grid Enable Integrated Earth system model,支持网格的综合地球系统模型)和CIAS框架中,耦合全球变化和人类活动,通过数据同化和不确定性分析改善模型。将数据同化的不确定性分析加入模型开发的框架中,利用集合卡尔曼滤波(EnKF)数据同化方法,可替换的直接优化程序和新开发的贝叶斯统计方法,用于解决不确定性的问题,校准和评估未来事件的可能性,提供可选的优化方案。通过开发一个基于网格的计算框架,方便耦合成熟的组件,构建统一的地球系统模型(ESM)。GENIE为地球模型的构建、执行和管理提供了一个组件框架。在地球系统组分的成熟模型基础上(如海洋、大气、陆地、海冰、冰架、生物地球化学等),GENIE使这些模型能够方便地耦合在一起并实现千年时间尺度上的运行,开展冰期和间冰期模拟。利用 GENIE 环境开展了参数优化，并进行了 c-GOLDSTIN、地球系统模型(ESM)组成的三维海冰模型和二维的能量水分平衡大气模型相关模拟研究。

(5)地学 e-Science 应用案例

典型案例 1：世界气候研究计划(WCRP)组织的耦合模式比较计划(CMIP)

地球系统模式是采用数值模拟方法研究地球各个圈层之间联系及其演变规律，理解过去气候演变过程并预测未来潜在全球气候变化的重要工具。相对于气候系统模式，地球系统模式包含更多的生物地球化学过程，未来还将考虑日地空间环境和固体地球等概念。世界气候研究计划组织的耦合模式比较计划，为国际耦合模式的评估和后续发展提供了重要的平台。参与该计划的试验数据资料被广泛应用于气候变化相关机理以及未来气候变化特征预估等方面的研究，其研究结果是政府间气候变化专门委员会(IPCC)评估报告的重要内容之一。

CMIP 在经历了 CMIP1、CMIP2 和 CMIP3 几个阶段之后，于 2008 年 9 月，启动了第五阶段试验计划(CMIP5)。有来自全球的 20 多所研究机构参与，目前已有 23 个模式研究中心发布了 42 个模式的试验结果。CMIP5 所有数据通过地球系统网格联盟(ESGF：the Earth System Grid Federation)发布，数据分布在全球 16 个数据节点上，提供了 5 个网关进行模拟数据的下载。

北京气候中心(BCC)新发展的气候系统模式参与了 CMIP5 试验计划。自 CMIP5 试验设计于 2009 年 10 月公布以来，北京气候中心开始致力于试验数据的准备、输出物理量的添加和试验的开展。目前，除个别不具备开展条件的试验外，大部分试验均已顺利完成。模式试验资料在经过气候模式处理模块 CMOR 处理之后，已经发布到 PCMDI 网站(http://pcmdi3. llnl. gov/esgcet/)，可供国内外学者下载使用。

应用案例 2：美国太平洋海洋环境实验室海洋大气数据库(EPIC)

EPIC 是美国国家海洋大气局属下的太平洋海洋环境实验室在收集和整理了一些早期的大型海洋科学观测数据，如 EPOCS、TOGA、WOCE、CLIVAR，以及较为近期的大型科学项目的观测海洋学数据的基础上发展起来的数据库。EPIC 提供了海洋学时间序列和水文数据档案、修正、展示和分析过程。使用者可以通过指定数据类型、经纬度、时间范围或者其他鉴别特征选择自己所需要的数据。传统的 EPIC 数据分析和显示程序必须在 UNIX 下使用 Fortran 语言和 C 语言进行，而近几年来的发展包括了为观测数据建立的 OPeNDAP 服务器以及网络化的 OPeNDAP 客户端。

最近，美国太平洋海洋环境实验室向 EPIC 数据库提供了大约 10 万余条的数据。这些数据对该实验室的研究人员是全部在线可用的，同时部分数据通过网络可在互联网上为全世界有需要的用户提供服务。和全世界其他用户一样，中国的用户也可以通过 OPeNDAP(http://dapper. pmel. noaa. gov/dap-per/)进行在线存取，使用 EPIC 的数据。所有的网络和桌面电脑应用程序都有图形交互式使用界面(http://www. epic. noaa. gov/epic/software/ep java. htm)，传统的小型的 EPIC 有点击界面(http://www. epic. noaa. gov/epic/software/xmotif. htm)。EPIC 的数据是放在网络上的，数据用户可以使用 OPeNDAP 平台通过网络对 EPIC 的数据进行存取(http://dapper. pmel. noaa. gov/dchart/)，这些数据包括太平洋环境实验室数据和其他实时观测系统数据。客户端的存取还可以通过 OPeDAP 的 dapper 服务器(http://dapper. pmel. noaa. gov/dapper/)完成。网站还提供了公开的 EPIC 数据库(http://www. epic. noaa. gov/epic/ewb/)。当然相当数量的 EPIC 数据只向太平洋环境实验室用户开放。

EPIC 支持 CTD、XBT、CDT 等类型的观测数据，数据包括瓶式采样器数据、锚碇观测设备的定时数据、船载 ADCP 数据和漂流浮标数据。EPIC 系统库（EPSLIB）（http://www.epic.noaa.gov/epic/eps-manual/epslib toc.html）支持多种数据文件格式存取，包括 EPIC 所执行的 UnidatanetCDF 格式（http://www.epic.noaa.gov/epic/document/convention.htm）。向 EPIC 中上传新数据的装载非常方便。目前，太平洋海洋环境实验室已向EPIC 库中装载了超过 9 万多条数据。新的 OPeNDAP 服务器可以用多种 netCDF 格式提供海洋、大气观测数据和网格化的数据。所以 EPIC 数据文件可以自我记录也可以进行计算机转换。多种数据文件格式可以通过 EPIC 的系统库 EPSLIB(http://www.epic.noaa.gov/epic/eps-manual/epslibtoc.html)的支持用 C 语言和 Fortran 语言存取数据，其中包括 EPIC 使用的 Unidata netCDF 格式现场观测数据（http://www.epic.noaa.gov/epic/document/convention.htm）。

应用案例 3：Google Earth Engine

Google Earth Engine 是一个 PB 级规模地理空间数据集科学分析和可视化的平台，面向公众利益、商业用户和政府用户。Earth Engine 存储整理组织卫星图像，并首次在全球范围内进行数据挖掘。公共数据档案包括 40 多年前的历史地球图像，每天都收集新的图像。Earth Engine 还提供 JavaScript、Python 以及其他工具的 API，以便对大型数据集进行分析。其他工具的图像和数据可以导入 Earth Engine 进行分析。任何在地球引擎上执行的分析都可以被下载，以供其他工具使用。

Earth Engine 有一个供浏览和检索的数据目录，包括 USGS 和 NASA 的整个地球资源观测卫星(Earth Resources Observation Satellite，EROS)目录，以及众多 MODIS 数据、Sentinel-1 数据、降水数据、高程数据、海表温度和 CHIRPS 的气候数据。

Earth Engine 允许在开发、评估、研究和教育环境中使用，可在商业或军事环境中进行评估，但不允许持续生产使用，其产生的数据产品不得出售。若要进行商业应用，需要联系申请 Earth Engine 的商业许可证。其用户主要有研究人员、非营利组织、教育工作者和政府机构，用户主要使用此系统来分析大规模的地理空间数据。

1.2.2 资源学科信息化理论与方法国内进展

20 世纪初，在国外地球科学家的参与和国外地球科学发展的影响下，我国逐步建立了现代地球科学学科体系。20 世纪 50 年代以来，在国民经济五年计划的实施和苏联专家的帮助下，我国地球科学研究得到迅速的发展，形成了完整的地球科学学科体系，在基础理论、应用理论和应用技术等方面取得了重大进展。20 世纪 80 年代以来，伴随着改革开放和国际合作交流的不断深入，我国地球科学得到进一步的发展。21 世纪以来，综合国力的增强、科研投资的显著增加、人才的培养和引进使我国拥有国际上不可忽略的地球科学研究力量。近年来，我国在超级计算机方面投入较大，突破了异构融合体系结构、高性能处理器、高速互连、高密度组装、高效冷却、系统可靠性、并行系统软件等关键技术，成功研制了“天河”“神威”“曙光”“深腾”等系列高性能计算机（谢向辉 等，2015）。特别是自 2010 年以来，“天河 1 号”和“天河 2 号”6 次在世界超级计算机排行榜“TOP 500”中占据第一，在国际上引起高度关注。

2008 年，桂文庄(2008)指出，国内地学的科研方式与方法相对落后，特别是缺乏先进的科研仪器、缺乏跨学科的综合研究能力、大规模综合系统建设能力、模型构建能力以及仿真模拟能力。国内科学家更多地把 e-Science 理解为科学研究的信息化。主要包括两个基本方面：一是信息化的基础设施，另一是信息化的科研活动。在地学领域，主要包括信息化的数据采集、处理、分析手段、信息化建模方式、模型计算方式、信息化的协同工作方式以及管理方式等。同年，中国科学院在“十一五”信息化规划中部署 14 个“e-Science 应用示范”项目来推动能力建设，如图 1-2 所示(张耀南 等，2013)。李德仁等(2009)提出新地理信息时代已经到来，地理信息服务对象扩大到大众用户，用户同时是空间数据和信息的提供者，传感器网络将数据从死变活，提供按需求服务等。

孙坦(2009)在分析了英国、美国和欧盟等发达国家和组织的 e-Science 建设现状后，认为各国在 e-Science 建设过程中基本形成了一个较为统一的技术体系，这个技术体系可用 5 层结构来描述，自上而下分别是具体应用层、应用开发环境与工具层、网格中间件层、网格基础设施层和资源层。侯西勇等(2010)提出 e-CoastalScience 框架，针对海岸带开展模型研究，将小波分析模型和 Markov 预测模型集成到 e-CoastalScience 中供研究人员使用。何洪林(2012)构建中国陆地生态系统碳收支集成研究的 e-Science 系统，为中国生态系统研究网络(CERN)中的部分观测站点实现观测数据从通量塔、野外台站到综合中心的实时传输与处理。

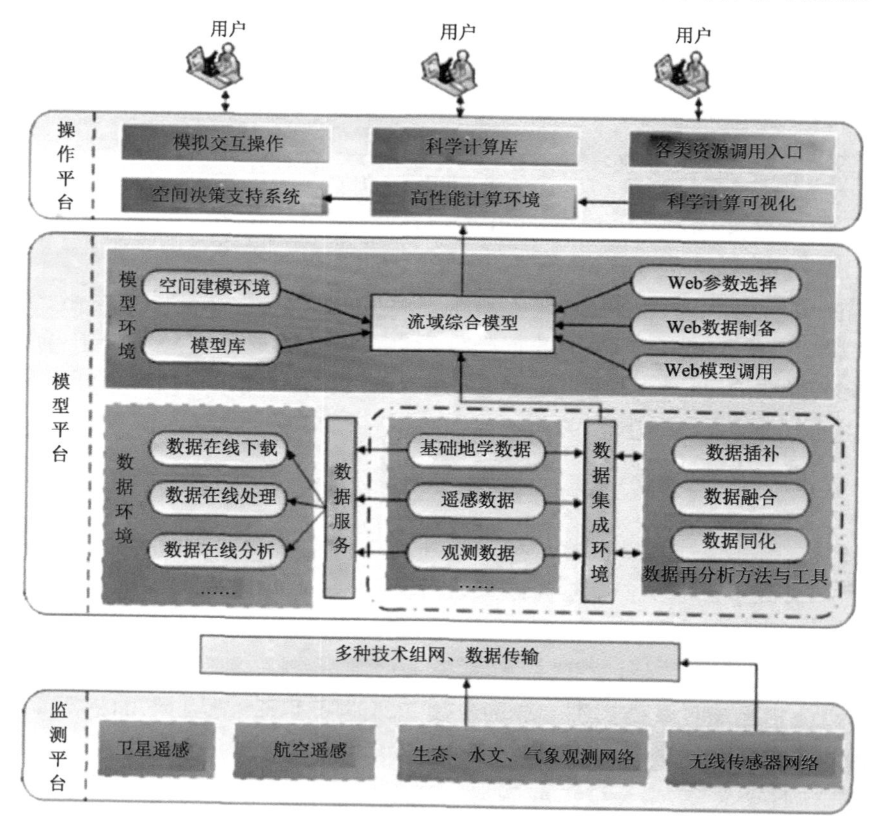

图 1-2　3M 平台整体结构(张耀南 等，2013)

诸云强等(2011)基于 PDA 技术与 Web 技术提出了地学考察路线选择与综合管理，PDA 数据采集工具等，还开展了面向 e-GeoScience 的地学数据共享研究。诸云强等(2011)认为地学研究对 e-Science 的具体需求表现为以下 10 个方面：全球一区域数据资源的获取，数据资源的快速传输，海量数据资源的存储、管理与处理分析，分布、异构地学数据资源共享，全数字化的文献和图书资料共享，分布式地学计算模型共享，地学知识管理与专家系统，地学虚拟环境和地球系统数值模拟实验室，地学研究成果的展示与表达，地学研究者同行研讨交流的环境。2011年，诸云强等(2011)从信息技术和地学应用的角度，认为地学 e-Science 总体架构应该包括4层，自下而上分别是信息化基础设施层、地学资源层、功能服务层和科研应用层，其总体结构图如图1-3所示。

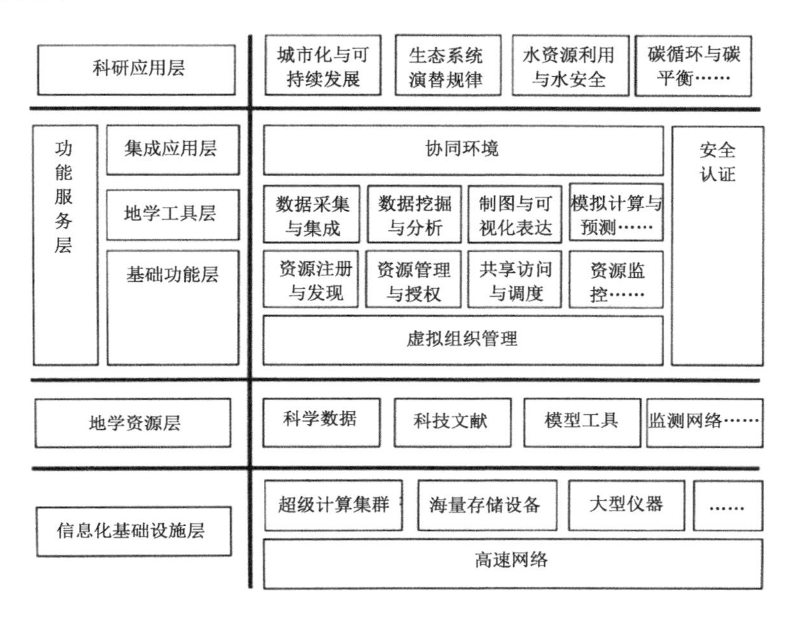

图1-3 地学 e-Science 总体架构(诸云强 等，2011)

王卷乐等(2011a，b)结合中国、蒙古、俄罗斯的东北亚资源环境综合科学考察建立了本区域资源环境调查的数据标准体系与数据集成平台。我国近年来也有不少成功的应用实例。如黑河流域为深入理解水文—生态模型，利用了多种网络技术将特定区域的生态-水文定点监测系统、无线传感器网络，连接到数据库、模型库、高性能计算及可视化环境，形成了水文-生态从数据观测、采集、处理、分析、模拟、计算、可视化、发布等研究一体化的3M(Monitoring，Modeling，Manipulating)框架(张耀南 等，2013)。形成了黑河流域生态-水文研究数据集成环境，提供针对模型需要数据的在线和离线处理、分析，构建了生态-水文研究的模型库管理系统，提供水文/陆面过程的数据同化模拟，如图1-4所示。中国科学院构建地学计算模型及相关数据产品，实现300 TB大规模遥感数据的快速检索和处理，另外，还利用地学 e-Science 来开展人地关系研究、海岸带模型研究、陆地生态系统碳收支研究等。

相比传统的地球信息科学技术体系，e-Geoscience 技术体系可提供泛在地球信息资源多源化采集、海量地球信息资源存储技术、分布式高效能地学计算、地学信息资源共享、地学资源精确发现与智能推荐、地学数据挖掘与可视化、地学科研人员协同研究等技术。发展丰富传统地球信息资源采集获取技术，如采用物联网感知、互联网数据挖掘、移动智能终端采集等方式，重点解决海量地理数据分布式存储与高效检索问题；以元数据和文献服务、数据服务等为核心，实现文献资料、地学数据、模型工具的集成共享，营造“人人都是科技资源的使用者，也是贡

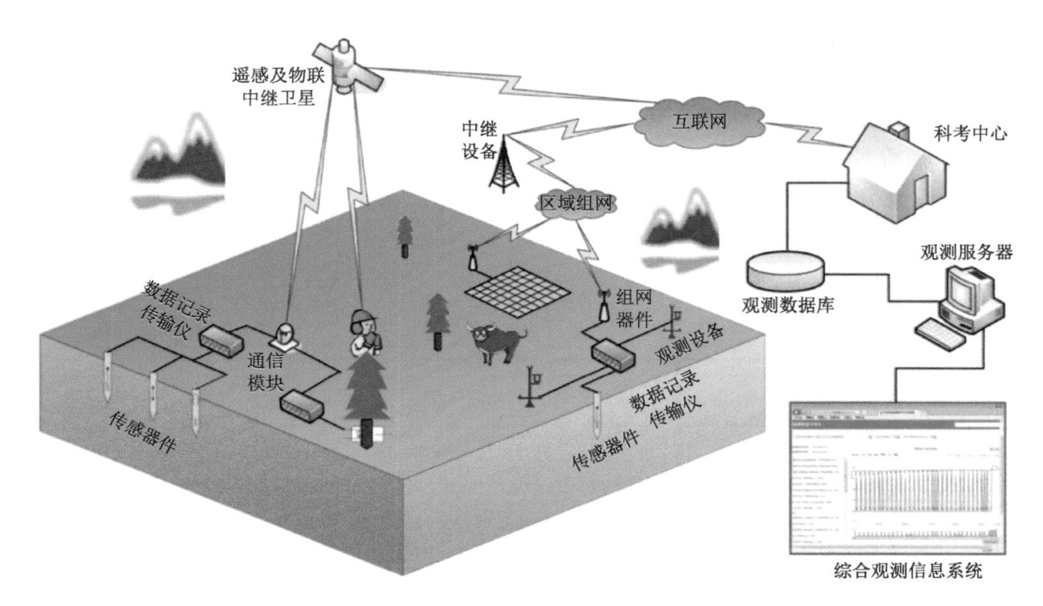

图 1-4　黑河流域物联网观测体系

献者”的地学科技资源共享氛围；精确发现用户需要的地学信息资源并进行智能推荐；构建科研虚拟 e-Geoscience 社区，便于科研人员利用社区中的资源协作开展合作研究，实现各类地学科技资源的共享与协同利用。

(1)e-Geoscience 必须构建在新一代信息化基础设施之上

e-Geoscience 包括高速的网络环境、海量的数据存储设施、高性能的超级计算环境等。由于所有的活动和应用都需要在网络上开展，因此高速的网络环境又是 e-Geoscience 基础的基础。海量数据存储设施和高性能超级计算环境则解决了地学海量数据存储和高精度地学模式计算的迫切需要。

地学领域现已存在部分基础设施平台，如中国科学院地理科学与资源牵头构建的地球系统科学数据共享平台，整个平台由“总中心—分中心—数据资源点”构成。总中心及其地理资源分中心依托在中国科学院地理科学与资源研究所，以学科与区域并重原则建立若干分中心，包括长江三角洲科学数据中心、湖泊—流域科学数据中心、黄河下游科学数据中心、黄土高原科学数据中心、东北黑土科学数据中心、南海及邻近海区科学数据中心、地球物理科学数据中心、土壤科学数据中心。同时，建立有国际数据交换网络和镜像站点，实现国际数据共享。

(2)地学领域的科学数据积累迅速，大数据驱动应用趋势明显

随着对地观测等技术的发展，地学数据以前所未有的速度在迅速增长。如中巴卫星影像数据(5 个波段合成，每景 234 M，26 天覆盖一次)全国共有 1298 景，仅一年的数据量就达到 3.47 TB。因此，地学数据资源需要海量存储能力的支撑。当前地学科学数据的管理，在依靠存储设备容量扩展以及数据仓库技术等的基础上，面向大量用户并发访问的需求，更加关注数据的高吞吐率、高传输率和安全可靠性，提出大规模数据的分布式存储技术方案。如：Google 文件系统(GFS)、Apache Hadoop 的 HDFS，就是可扩展的分布式文件系统，用于大型的、分布式的对大量数据进行访问的应用，它运行于廉价的普通硬件上，但可以提供容错功能，可以给大量的用户提供总体性能较高的服务，采用冗余存储的方式来保证数据的可靠性。

现有进展方面，孙九林团队按优先满足“人地关系”研究的指导思想，整合集成科学院院内、国内、国际的地学数据资源，初步建成了系统性、完整性、科学性的地球系统科学数据库群（孙九林 等，2009）。同时，以用户需求为导向，面向国家重大科学研究和战略需求，生产加工了一批需求强烈、特色鲜明、持续稳定、效益显著的数据产品集，并且基于 J2EE 环境，采用网络服务中间件技术，按“地学数据超市”的理念，开发了地球系统科学数据共享平台（王卷乐 等，2006）。在传统地学信息基础上通过高速互联网、高性能运算、海量资料存储及移动设备等新一代基础设施及信息技术支撑发展地球信息科学。首先，实现了硬件资源的互通互联，加盟到 e-GeoScience 的用户可使用其他用户的计算资源、存储资源和仪器设备；其次，实现了地学数据、信息和知识的共享，通过 e-GeoScience 可共享地学各个学科的数据资源、地学模型及各种软件工具（诸云强 等，2011）；再次，使得全球性的、跨学科的、大规模的地学科研合作成为可能。针对东北亚区域数据资源缺乏的现状，研究构建了东北亚资源环境综合科学考察数据技术标准、软件平台和集成共享系统。

未来需结合地球系统科学研究特点，深入研究海量空间数据传输、分布式计算、海量数据集成与互操作、多指标统计数据空间化等技术，形成一系列地学网格中间件。初步形成地学网格，实现地学计算资源、设备资源、数据资源、地学知识的共享和地球系统科学问题的分布式计算与在线分析。

（3）地学的科研信息化工具软件快速发展，但自主软件匮乏

地学学科目前常用软件有 geokit、surfer、grapher、envi、pci、cad、mapinfo、arcgis、mapgis、GMT、oziexp、Google earth 等地质图相关软件；Origin/Sigmaplot、GCDkit 等地球化学制图软件；THERMOCALC、Perple_X、Theriak_Domino 等热力学相平衡软件；R 语言、Python、MATLAB 等编程软件；GeoPython 等用于地质学的日常工作的 Python 工具集；数据抽稀工具 GSLib2Grid、地学图解工具 Excel 宏包、地学统计软件、地学柱状对比图 PanPlot、地球科学分析工具 Saga-Gis 等地质学工具软件；ProSim Ternary Diagram、Triplot、Tri-plot 等三角坐标绘图工具；Plot Digitizer、Engauge digitizer 等图形数字化软件；Rlplot、SciDavis、Sparklines、XlXtrFun 等科学绘图统计工具；Knime 数据挖掘工具；Bibus、JabRef、CiteUlike 等文档/文献管理工具。

上述软件，我国大部分都引进使用。但我国地学领域自主研发的软件工具非常匮乏，使得我国在地学学科科研信息化的发展处于被动，迫切需要增加硬件设备投入、强化科研信息化人才队伍的建设，研发高效率并具有自主知识产权的软件工具，以满足科研院所对学科科研信息化要求。

（4）地学科研信息化国际合作日趋紧密，影响力不断增强

20 世纪 80 年代以来，得益于改革开放和国际合作交流的快速深入，我国地球科学得到进一步的发展。特别是 20 世纪 90 年代以来，国家投入较多资金实施了一系列重要研究计划，培养了大批地学工作者并获得了丰硕的研究成果，如青藏高原隆起及其对自然环境和人类活动的影响、古生物学的重大突破、中国黄土的全球意义、大陆动力学的进展、自主大气数值模式的运行及生态学和环境科学的开拓成长、资源遥感卫星及其应用系统的建立和煤成气理论的建立等。同时，我国也开始介入国际组织的领导和参与大型研究计划。虽然从整体来看，我国地球科学研究与发达国家还存在一定差距，但进入 21 世纪以来，综合国力的增强、科研投资的显著增加、人才的培养和引进使我国拥有国际上不可忽略的地球科学研究力量，表现在学科门类

齐全、学科体系较为完善、人才辈出并与国际接轨、先进技术和数值模拟广泛应用、实施了环境卫星和探月工程等行星观测、大批海外学者归国、中青年地球科学工作者快速成长、SCI(Scientific citation index)论文数量及引用率上升等方面，我国已经成为有重要影响的地球科学研究大国。

(5)数据与信息安全的重要性毋庸置疑，但对策尚不明朗

信息主权是信息时代国家主权的重要组成部分，指一国维系国家安全的数据资源拥有独立自主的管辖、使用、消费、建设和不被侵犯的权力。信息技术对现实社会影响深远。但无论如何发展，数据主权应与其他国家主权一样不容侵犯。习近平总书记 2014 年 7 月在巴西国会发表题为《弘扬传统友好共谱合作新篇》的演讲指出，当今世界，互联网发展对国家主权、安全、发展利益提出了新的挑战，必须认真应对。虽然互联网具有高度全球化的特征，但每一个国家在信息领域的主权权益都不应受到侵犯，互联网技术的发展也不能侵犯他国的信息主权。在信息领域没有双重标准，各国都有权维护自己的信息安全，不能一个国家安全而其他国家不安全，一部分国家安全而另一部分国家不安全，更不能牺牲别国安全谋求自身所谓绝对安全。

从学科角度看，社会发展越来越要求学科间交叉融合。信息化能够促进学科壁垒的消融，促进交叉学科研究。从高校、科研院所、企业等科研主体的角度看，在科研管理决策、确定科研选题、制定科研计划等过程中，难以打破壁垒，存在资源重复建设、科研工作各自为战等问题，对普通高校来说，更缺乏科研资源和信息获取渠道(何秀美，2016)。

高等教育的科研信息化也是国家科研信息化体系的重要组成部分，也是“2011 计划”协同创新体系的重要驱动力。我国于 2012 年启动“2011 计划”，即高等学校创新能力提升计划，旨在推进高等教育内涵式发展，建立高校协同创新体系，全面提升高校的创新能力，更好地发挥高校在国家创新体系建设中的作用。高校作为知识创造与科学研究的核心组织，应当以国家信息化和“2011 计划”为发展契机，以科研信息化驱动高校协同创新体系建设(何秀美，2016)。

2012 年中国教育科研网格利用第三代因特网的网格技术，解决中国教育科研网(CERNET)中网络计算面临的无序性、自治性和异构性等问题，将 CERNET 上分散异构、局部自治的巨大资源整合起来，通过有序管理和协同计算，消除信息孤岛，发挥综合效能，满足全国各大高校科学研究的迫切需要。2007 年，“863”计划又启动了“高效能计算机及网格服务环境”重大专项，继续支持“十五”建立的中国国家网格环境并进一步促进应用。该专项计划在 2008 年底前为国家网格主节点研制两套百万亿次超级计算机系统，并计划适时启动千万亿次的超级计算机的研制(成全，2012)。

2015 年 8 月，我国正式发布了《促进大数据发展行动纲要》，要求“积极推动由国家公共财政支持的公益性科研活动获取和产生的科学数据逐步开放共享，构建科学大数据国家重大基础设施实现对国家重要科技数据的权威汇集、长期保存、集成管理和全面共享。面向经济社会发展需求，发展科学大数据应用服务中心，支持解决经济社会发展和国家安全重大问题”。

1.3　资源学科信息化趋势

1.3.1　资源信息学

资源信息学是资源科学和信息科学相互结合、交叉而产生的一门新兴的综合科学(孙九

林,2005)。它以信息论为指导、探索反映资源产生、开发、利用及保护过程中信息论的规律和过程,以及相应的资源信息技术和应用。资源信息学是根据信息论的观点,来分析研究资源系统中的信息论问题,在资源领域中的信息是人们认识资源系统程度的量度,它是人们消除对资源系统不确定因素的量度,掌握资源系统的信息越多,就对资源系统的认识越深刻。显然,资源信息学是一门研究资源信息的产生、获取、变换、传输、存储、处理、显示、识别和利用的综合性科学,它将成为资源科学的新兴发展领域,是信息科学在资源领域的分支。

资源信息学学科体系的划分还没有形成统一的认识,因此可以从不同的角度去研究和划分资源信息学的学科体系,例如,按照资源科学的分类体系划分,按照资源信息学中的资源信息的定义去划分,不同的划分依据将产生完全不一致的结构。孙九林先生资源信息学的学科体系划分为资源信息的基础理论、资源信息学的方法论、资源信息学的技术体系、资源信息学的应用和资源信息学的工程体系五个部门。

(1)资源信息学的基础理论。资源信息学的基础理论是信息论和系统论,它是在信息论和系统论的指导下,深入探索资源信息产生的机理、表达方式,资源信息流的形成、传递、存储和管理的理论,资源信息开发、应用的理论,资源信息的价值论,资源信息共享理论,资源信息流调控物质流和能量流的理论基础,资源信息融合的理论和方法,资源信息的整合、集成理论。

(2)资源信息学的方法论。资源信息学的方法论体系是把复杂的资源系统的过程抽象成信息的产生、传递、转换、控制和反馈的过程,从而使人们无需去考虑世纪资源系统的物质、能量的传递过程和转换过程,把研究转向对抽象出来的信息流动和变化过程,资源信息学的方法论体系包含资源信息综合分析法、资源系统黑箱方法、资源系统优化法、资源系统研究定性定量法、资源信息推理判断法、多维资源信息环境法等。

(3)资源信息学的技术体系。资源信息的产生、检测、变换、存储、处理、传递、显示、识别、获取、利用和控制等活动的有关技术都称为资源信息技术。它主要包括:信息获取技术、资源信息整理和管理技术、资源信息综合加工分析技术、资源信息传递和发布技术、资源信息可视化技术、资源信息网络技术、资源信息准确定位技术、资源虚拟环境技术、资源信息服务技术、资源数据网络技术、资源信息网络计算技术、资源信息网络网格服务技术等。

(4)资源信息学的应用。资源信息学是一门综合性的应用科学,它最重要的应用是促进资源科学各领域的知识创新,实现资源科学领域研究的现代化,促进资源科学研究方法和手段的变革,同时它的理论、方法和技术能借鉴到其他类似的学科领域,如环境科学、生态学、农业科学等等。具体讲可以从以下几个方面去理解。

促进资源信息经济的增长与发展。资源信息具有驾驭物质资源和能量资源的能力,在经济和社会活动中用资源信息去调控甚至替代(或减少)物质资源和能量资源的消耗,使经济增长和发展过程越来越依靠资源信息的应用,从而促进资源信息经济的增长与发展,在整个社会经济增长中发挥更大的作用。

促进资源科学研究方法的现代化。资源信息学的产生就是因为改进资源科学研究方法论的需要而发展起来的,因此,资源信息学的研究方法、技术体系以及工程体系等均是围绕资源科学的研究应用所开发的,所以资源信息学的产生、发展和完善,始终是为资源科学研究方法现代化而努力的。

资源信息产业化。资源信息是国家信息资源的重要组成部分,从资源信息学的应用范畴理解,资源信息产业化的问题,主要包含两个方面:资源信息自身的产业化、资源信息技术产业化。

(5)资源信息学的工程体系，是指利用资源信息学的基本理论和相关资源信息技术体系或某一项具体技术，为了资源信息的获取、传递、存储、开发、利用、综合分析研究、显示等目的所构成的信息工程系统。可见资源信息学的工程体系，同样具有明确的目标和解决问题的可靠方案。目前投入运行的或者构建的资源信息工程系统有两大类。

按照资源信息流主要环节构建的系统，如：资源信息获取系统；资源信息管理系统；资源信息传输或转换系统；资源信息分析应用系统。按照一定的任务需求利用资源信息及信息技术等构建各类实际应用工程系统，如：资源环境动态监测与评估分析系统；粮食估产及农情速报系统；自然灾害预警、评估系统；资源科学虚拟科研环境等。

虽然资源信息学发展时间较短，学科体系没有发展健全，但是我国部分高校已经开设了资源信息学这门课程。中国矿业大学为测绘工程本科生设置了这门课作为专业选修课。结合矿业特色，编写了《资源信息学》内部讲义，主要包括矿山投影、资源特征地统计分析、矿山制图、矿山储量计算与管理和现代信息技术等，在教学过程中还增加了矿山地理信息系统、矿山数字化图件管理等内容。在宏观上体现了通用性，微观上体现了面向矿业特色的专业应用性。宏观方面，满足新时期毕业生就业的多元化、多专业方向的立体交叉及专业"活"等特点；微观上，主要满足矿业生产活动中涉及的较多工程应用。

今后一段时期内资源信息学研究的热点问题将会集中在以下几个方面：1)资源信息产生的机理；2)资源信息的融合研究；3)信息挖掘技术问题研究；4)资源科学研究专家系统；5)数据仓库开发研究；6)资源数据可视化研究；7)资源信息技术集成研究；8)资源环境模式研究；9)资源环境虚拟科研环境构建等。利用资源信息学技术促进资源科学研究的现代化和信息化，进而推动资源学的发展，资源学的应用需求，又推动资源信息学的完善和成熟。目前我国资源科学研究现代化和信息化水平有了很大的提高，但与国际上发展的水平相比仍有较大的差距。在 21 世纪的信息时代，要充分利用现有资源信息技术的成果，改造传统资源科学的研究方法和手段，同时，加强资源信息学的理论、方法和技术的深入研究，特别是有关前沿领域的研究与实践，促进我国资源科学的研究水平进入国际先进行列，为我国的资源、环境、经济和人口的协调发展研究做出贡献，使资源信息学在实践中完善。

1.3.2　资源环境信息化态势

在资源环境领域，近年来我国也不断尝试将信息化手段应用到现代科学和工程研究中。中国气象局大气成分观测与服务中心开发的沙尘暴数值预报模式已用于中国气象局及多个省市气象局的沙尘暴业务预报。中国科学院超级计算中心实现了该模式的嵌套计算，主体计算时间从 15 h 缩短为 13 min。中国科学院构建地学计算模型及相关数据产品，实现 300 TB 大规模遥感数据的快速检索和处理。中国科学院地理科学与资源研究所孙九林团队为了满足现代地学研究需要，在传统地学信息基础上，通过高速互联网、高性能运算、海量资料存储及移动设备等新一代基础设施及信息技术，支撑发展地球信息科学并提出了地学信息化科研环境。首先，它实现了硬件资源的互通互联，加盟到 e-GeoScience 的用户可使用其他用户的计算资源、存储资源和仪器设备；其次，它实现了地学数据、信息和知识的共享，通过 e-GeoScience 可共享地学各个学科的数据资源、地学模型及各种软件工具；再次，它使得全球性的、跨学科的、大规模的地学科研合作成为可能。针对东北亚区域数据资源缺乏的现状，研究构建了东北亚资源环境综合科学考察数据技术标准、软件平台和集成共享系统。建立和发展了资源学科领域人地系统主题数据库，对资源学科领域相关基础数据进行汇集、整编、规范化整合和集成，基于共享平台持续开展共享服务，并结合中国科学院“十二五”信息化的目标和国家需求，增加资源学科领域基础数据的时空分析、数据评价、可视化等功能。

随着Web2.0、互联网、智能移动终端、云计算等技术的发展，以及科学数据的急骤性增长，海量科学数据对科学研究的影响、新的科研范式等引起了国内外学者的广泛关注。2011年2月《Science》刊登了“数据处理(Dealing with data)”专辑，围绕日益增长的研究数据洪流进行研讨，认为：大部分的学科领域正在面临数据洪流的挑战，如果能够更好地组织并访问到数据对于科学研究来说将是巨大的机会。在地理信息领域，Goodchild(2007)在Web2.0、集体智慧等背景下，提出了自发地理信息(VGI)的概念，认为人人都是地理信息的传感器、使用者和贡献者。VGI将是传统地理信息采集方法非常有效的补充。李德仁等(2009)认为新地理信息时代已经到来，在新地理信息时代下地理信息服务对象扩大到大众用户、用户同时是空间数据和信息的提供者、传感器网络将数据从死变活、提供按需求服务等。

Jim Gray更是认为新一代的科研范式“数据密集型范式”(The fourth paragigm of scientific research: Data-intensive science)已经出现(Tony et al.,2012)。Jim Gray将科学研究范式总结为四种：第一范式产生于几千年前，是以观察和实验为依据的研究，可称为经验范式；第二范式产生于几百年前，是以建模和归纳为基础的理论学科和分析范式，可称为理论范式；第三范式产生于几十年前，是以模拟复杂现象为基础的计算科学范式，可称为模拟范式；第四范式今天正在出现，是以数据为基础，联合理论、实验和模拟一体的数据密集计算的范式，数据被一起捕获或者由模拟器生成，由软件处理，信息和知识存储在计算机中，科学家使用数据管理和统计学方法分析数据库和文档，可称为数据密集型范式(Tony et al.,2012)。

相比于地球信息科学强调发展地球信息的采集、获取，如全球定位系统(GPS)、对地观测系统(EOS)，处理、分析与可视化，如地理信息系统(GIS)、虚拟地理环境等单一技术与应用，数据密集型时代下的科研范式，更加强调网络环境下，以科研人员为核心，科研人员之间的协同交流、科技资源(数据、模型、计算资源等)的开放共享、智能关联与协同应用。因此，数据密集型科研范式下，需要进一步在地球信息科学的基础上，研究和发展地学科研信息化环境，构建科研人员既是地学信息资源(数据、模型、文献、知识等)的使用者，更是信息资源贡献者的氛围，利用这些信息资源、工具软件、信息化基础设施等开展协同的研究，从而提升地学研究的效率和水平。

种种案例表明，科研信息化已成为创新驱动发展战略的重要实践方式，正逐渐改变着我国传统的科研创新环境。在大数据驱动下，信息化已经融入到各大学科中，资源科学和人类生活联系紧密，运用信息化技术可以提高大数据的处理速度，可快速实现资源的定性和定量分析，为科学研究和人类日常生活提供了便利。虽然大数据研究已在全球范围内成为热点和焦点，但是目前国内外资源学科领域大数据相关的研究仍处于起步阶段，如何解决资源学科领域长期希望解决但始终未能解决的核心问题和一系列重大问题，是资源学科在大数据驱动与创新平台建设面前的巨大机遇与挑战。

第 2 章　资源科学数据分类与资源架构

2.1　资源科学分类体系

2.1.1　资源科学数据特征分析

(1)资源科学数据

资源科学是科学向综合、交叉发展趋势的一个突出代表，它是研究资源的形成、演化、数量、质量特征与时空分布和开发、利用、保育及其与人类社会和自然环境之间相互关系的科学。

资源科学数据是指人类在开展资源调查、利用、管理和科学、实验研究等过程中产生的基本数据，以及按照对资源的不同应用需求将基本数据进行加工形成的数据产品和相关信息，包括自然资源科学数据和社会资源科学数据。资源科学数据是对资源科学开展研究和应用的重要基础，具有巨大的应用潜力和开发价值，不仅在资源科学研究中发挥重要作用，同时能够在实践中指导资源开发、利用、配置和管理，也可以在其他领域的研究中协同使用，具有重大作用。

(2)资源科学数据特点

资源科学涉及学科广泛，综合交叉、应用广泛，资源科学数据的特点主要表现在以下几个方面。

数据来源广，类型繁多。资源科学是一个大的学科群，涉及分支学科较多，学科之间研究内容和方法有别，产生的数据类型之间也存在很大的差异，比如，文本描述数据、统计数据和空间数据等。

数据量大，新增速度快。资源科学的兴起就是从资源科学考察开始，经过几十年的野外考察和理论、实验研究，尤其是近年，随着先进技术的诞生，资源科学数据产生方式多样、速度加快，数据积累量越来越大。

资源科学数据空间尺度多样。资源科学的研究内容和目的等决定了其研究的空间尺度不同，所以，资源科学数据涉及的空间范围不仅不同且尺度变化多样。

(3)现有科学数据分类体系分析

对已有的与资源科学相关的数据分类体系研究发现，现有的科学数据分类编码体系大多是根据研究对象和研究目的不同，以学科分类为指导的数据分类，注重科学性和系统性，对数据管理和交换共享应用考虑不足。资源科学领域部分分支学科存在科学数据分类体系，但从资源科学的角度考虑，这些分类体系不够系统和全面。

综上所述，现有的资源科学数据分类体系的特点主要表现在以下三点。

(1)缺少整个资源科学领域科学数据的分类

现有的分类体系大都是针对资源科学领域某个分支学科或者某些特殊研究和项目用途的数据分类体系，这些分类体系不能满足资源科学领域科学数据的分类管理和交换共享。整个资源学科庞大的学科体系和数据量，带来的现实是数据管理和交换共享工作任务艰巨，对资源科学数据实现分类的需求紧迫。

(2)其他领域的分类编码研究较成熟

在地球系统科学、农业科学、地震、水利科学、气象科学等领域都有较为成熟的科学数据分类编码体系，并且在数据管理实践中得到了广泛应用。针对该学科的数据分类较为系统、科学，能够指导科学数据分类管理和交换共享。现有的分学科数据分类编码体系可以作为资源科学数据分类编码体系研究中的参考，发挥指导作用。

(3)分类原则和方法是相通的

信息分类和数据分类方法是相通的，不同学科之间的科学数据分类编码原则和方法也可以相互借鉴和利用。

2.1.2 资源科学数据分类、编码原则与方法

分类是人类认识事物的基础，科学数据分类编码是科学数据管理的一项基础工作。科学数据分类是根据数据内容的属性或特征，将科学数据按照一定的原则和方法进行区分和归类，将具有不同属性或特征的科学数据加以区分，将具有相同属性或特征的科学数据归为同一类别，并建立起一定的分类体系和排序编码顺序，以便于科学数据的管理、交换共享和再利用等。

(1)资源科学数据分类编码原则

1)资源科学数据分类原则

资源科学数据分类必须要遵循一些基本原则，首先要做到科学、实用，其次还要注意遵循可继承性、可扩展性、兼容性、唯一性等原则。

科学性：资源科学领域涉及学科较多，存在交叉和界限不明的现象，在科学数据分类过程中要注重结合学科分类，最小化同类对象之间的区别，最大化不同类之间对象的的区别。分类结果要能够客观、准确地表达该类所有对象的共同的、稳定的本质属性及对象之间的相互关系，而其他类不具有这个属性。

实用性：资源科学数据分类过程中，要考虑分类的目的是为资源科学数据整合集成、分类管理和交换共享等服务，在分类时是要考虑分类结果的实用性，联系资源科学数据整合集成、分类管理和交换共享的实际需求，结合具体可能需要解决的问题来判定类别划分，要保证该结果能被广泛接受和使用，能够在实践应用中发挥较好的作用，能够为用户提供方便、友好的分类体系。在满足系统的总要求下，能够解决子系统具体的问题。

可继承性：资源科学领域部分分支学科存在针对该领域的科学数据分类编码体系，在资源科学数据分类编码过程应该参考这些已有的分类编码体系和相关的国际或者国家标准，并且尽可能采用已经被实践检验合理或者被广泛认可的分类体系。这样，资源科学数据分类体系完成后对其子系统而言，才会更具有可继承性，能够被资源科学领域分支学科应用。

可扩展性：资源科学数据新增速度快，大量数据在源源不断地产生。为了便于数据更新和新产生数据增加到该分类系统下，而不打乱或者废除原有的分类体系，在设计分类体系时要留

下足够的余位，能够在已有的分类类别下进行数据增加或更新，甚至能够增加新的分类类别，即该分类体系是可扩展的。

兼容性：资源科学数据分类编码过程中，不仅要考虑现有的分类编码体系、发布的标准，还要考虑同一数据在不同学科中的使用，保证数据在不同分类体系下能够不变，而且能满足不同的需求，在资源科学数据分类中，要兼顾资源科学和各分支学科，在满足资源科学数据管理、共享的前提下，同时要满足数据对象在不同分学科中、不同使用情况时的有效性。

唯一性：在数据分类时，数据对象所属的上位类是唯一的，要保证一个数据对象只能属于一个类别中，不能重复出现，即一个数据分类类别只能有一个上位类，不能同时存在于多个上位类之中。

2)科学数据编码原则

科学数据编码是数据的另一种表达形式，对数据的种类、产生和加工方式、数据质量等做出统一、有规律的编码。在资源科学数据整合集成、分类管理和交换共享中，它作为科学数据分类的后续步骤，有利于数据在计算机中的存储和管理，也有利于对数据对象的准确识别，能够更加方便地进行数据的管理、共享。

规范性：资源科学数据编码时要参考已经发布的规范，引用一致的参考标准，不能因为资源科学数据类型或格式等的变化而变动编码规范。编码的类型、结构、码位的长度、各码位的含义等在一个编码系统中必须遵循相同的规范。

唯一性：资源科学是一个综合性学科。分支学科交叉明显，不同的分支学科中可能存在同一数据，在对数据对象分类编码时要注意数据类别和数据编码的对应关系是一对一的。不能出现一个数据分类类别具有多个编码或者通过一个编码对应到多个数据分类类别。在数据检索、查询中，能够通过数据编码，找到与之对应的唯一一个分类类别。

可扩展性：考虑资源科学数据新增的速度，在设计编码时，不能只看到眼前的数据样本，要考虑到新增数据，码位长度和类别一定要有一定的余量，以保障后续在此基础上对编码增加。

友好性：数据编码的目的是为了方便对数据对象识别和管理，编码设计要简单，码位长度在保证可扩展性的基础上要尽可能简短，有助于节省计算机存储空间、提高工作效率、减少代码差错率等，同时，用户查阅更加方便、友好、效率高。

合理性：资源科学数据编码要能够表现资源科学数据分类对象的特点并且能够结构合理、符合一般的思维逻辑，还要与分类体系完美的适应。

(2)数据分类编码的方法

1)数据分类方法

资源科学学科分支繁多，科学数据类型多而复杂，除了常见的统计数据外，还有文本数据、空间数据等。数据源不仅仅来自观测、野外考察，还有实验数据、加工数据等，数据积累量大，而且新增速度快。多种原因造成资源科学数据在技术上实现共享交换非常困难，数据利用率低，数据价值发挥不足。为解决这一问题，需要对资源科学数据进行分类编码，建立统一的分类体系，为数据管理和交换共享服务。

本节结合了科学性、实用性、可继承性、可扩展性、兼容性、唯一性等原则，对资源科学数据实现分类。线分类法将分类对象划分成若干层级类目，形成一个逐级展开的层次分类体系，这会导致“集中与分散”的矛盾，这是由线分类法的编制理论和技术所决定的，是不可避免的。面分类法可以利用已有的表示简单主题概念的类目，按一定规则组合成一个复合类目，可以表达分类体系中没有的复杂概念，解决了线分类法形成的分类体系不能穷尽所有主题概念的问题，是较理想的科学数据分类方法。

所以本节在对资源科学数据分类过程中采用了混合分类方法，总体框架采用层级分类，在各级分类下的分类采用面分类方法。在分类过程中，是将数据或数据集按照属性或资源功能来区分为不同的数据分类或者归为同一类目下，同时，在分类划分时可参考相关分学科已经被广泛接受的分类标准，但这些分类标准不能完全满足此次分类的需求。此次类目划分更多的是考虑到数据管理、交换共享和再利用，因此，分类过程中，要以资源科学数据的属性和特征以及数据应用的需求来进行。

对于未穷尽数据和新增数据采用组配复分技术分类，形成新的分类类目。组配复分，是按照数据要素的需求将已经实现分类的类目重新组配，形成一个新的、原有分类系统中不具有的类目，该类目的编码也是组配而成的，根据分类组配进行编码组配，形成新的分类编码，码位长度和结构会发生变化。这样既能完成对资源科学领域与其分学科的层级关系的划分，同时也能够解决在要素层各类要素不能穷尽列举的问题和复杂类目组配分类的需求。

2)数据编码方法

本节对资源科学数据分类体系的编码方式采用缩写码和系列顺序码的复合码，缩写码为字母，系列顺序码为数字，即编码为字母数字混合码。第一段编码，即一级分类的学科或主题层采用缩写编码，利用学科或者主题名称的字母缩写进行编码，赋予编码一定的含义，便于用户对其进行识别。例如在 GB/T 2659—2000《世界各国和地区名称代码》中对国家名称采用了缩写码，中国的缩写码为 CN。由于本研究分类体系类目并不是十分繁多，能够避免编码重复的问题，缩写码是对一级分类类目较佳的编码方法。第二段编码，即分类的要素层对分类对象的编码采用系列顺序码，将编码对象按照缩写码划分，在同一个缩写码下，要素类目属性(或特征)相近，使用一段连续顺序码编码。不同缩写码之后的顺序码之间允许出现空白隔断。例如，GB 4657—2002《中央党政机关、人民团体及其他机构代码》就采用了码位基数为 3 位的系列顺序码。

这样的编码方式能够将第一层级(学科或主题层)与第二层级(要素层)的编码分段表达，形成分类编码的主表。组配、复分技术产生的类目，编码时同样采用组配技术，将主表中原有分类的编码进行抽取，形成新的编码，实现所有的数据(集)对象都有唯一的编码，组配复分技术会改变码位的结构和长度。

2.1.3　资源科学数据分类编码实现

资源科学数据包括自然资源科学数据和社会资源科学数据两大类。对其进行分类，首先进行层次分类，将资源科学数据主要分为学科或主题层和要素层两级，在各层级分类中采用了面分类法进行。资源科学数据分类，第一级以学科或主题作为分类依据，第二级分类以要素形成类。这样的分类能够尽可能全面地覆盖资源科学领域的科学数据，体现科学性、系统性和全面性，能够形成该领域各学科的数据分类标准，对该科学领域内的各分学科或主题的数据分类同时产生指导作用，满足数据管理、交换共享和再利用的需求。该分类体系减少了分类层级，在存储和查询使用过程中能够节约时间、提供效率，在数据目录可视化展示时简单、直观、更容易达到可视目的(图 2-1)。尤其是对于二级的分类直接体现为要素。

分学科或主题的一级分类主要参考资源学科相关的分学科及其下位学科。分别分为水资

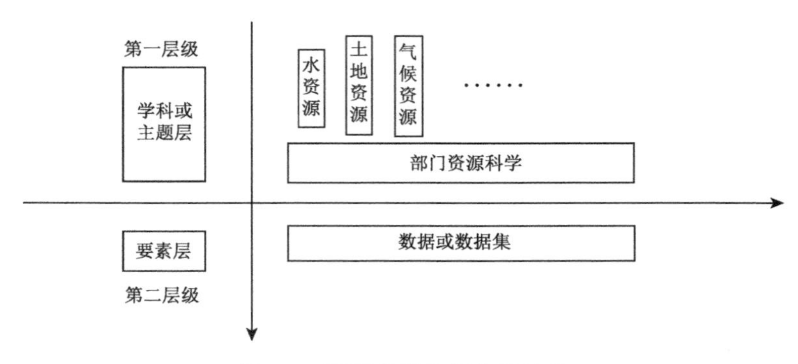

图 2-1 资源科学数据分类思想

源数据、土地资源数据、气候资源数据、动物资源数据、植物资源数据、矿产资源数据、药物资源数据、旅游资源数据、科技资源数据、文体教育资源数据、医疗资源数据、信息(知识)资源数据等。第二级是在第一级分类下进行要素分类,尽可能多地将要素列出,但是数据的分类是不可能穷尽所有要素的,组配、复分技术很好地解决了这一问题。对于资源科学领域新增数据或在本次分类中部分复杂、未分的数据可通过组配复分技术对其进行分类实现。

一个好的分类体系,应该配有科学、实用的编码体系。编码体系在数据管理过程中为数据积累、存取和检索提供简短、方便使用的符号结构,作为信息检索查询、计算机鉴别、人与机器交流等的主要依据和手段,能够提高数据处理的效率和准确性。

资源科学数据编码采用主表和复表结合的方式。主表以以下方式形成编码,学科或主题层的具体编码是取学科或主题类目名称的前两个字的首字母,即学科或主题层的编码占整个编码码位的前两位。系列顺序码用来对要素层分类对象进行编码,通过对数字分段的方式,使每一个学科或主题下的要素都占有一段唯一的数字顺序,实现要素层分类对象和系列顺序码分段对应,保证不同学科或主题下的数据分类对象的编码不重复。系列顺序码码位长度 2 位,即占整个编码码位的 3、4 位,取值 01～99,系列顺序码来对应具体的要素类目。

资源科学数据编码主表的码位基数为 4。由两位字母码和两位数字码共同组成。复表是根据数据类目的组配、复分,从主表中抽取代码来完成的。即复表没有单独的编码结构,是由主表的编码组成的。

分类、编码的主表见表 2-1。

表 2-1 资源科学数据分类编码体系

一级	编码	二级分类	编码	编码结果
地理资源数据	DL			
		地理位置	01	DL01
		行政区划	02	DL02
		地形地貌	03	DL03
		其他特殊区划	04	DL04
水资源数据	SZ			
		河流	01	SZ01
		湖泊	02	SZ02

续表

一级	编码	二级分类	编码	编码结果
		固体水资源	03	SZ03
		水利工程	04	SZ04
土地资源数据	TD			
		土地利用类型	01	TD01
		土壤类型及分布	02	TD02
气候资源数据	QH			
		大气资源	01	QH01
		光资源	02	QH02
		热量资源	03	QH03
		降水资源	04	QH04
动物资源数据	DW			
		动物综合资源	01	DW01
		动物种类与数量	02	DW02
		动物空间分布	03	DW03
植物资源数据	ZW			
		植物综合数据	01	ZW01
		植物空间分布	02	ZW02
		药用植物	03	ZW03
		食用植物	04	ZW04
		经济植物	05	ZW05
		珍稀濒危植物	06	ZW06
矿产资源数据	KC			
		能源矿产	01	KC01
		金属矿产	02	KC02
		非金属矿产	03	KC03
		水气矿产	04	KC04
交通资源数据	JT			
		铁路	01	JT01
		公路	02	JT02
		航运	03	JT03
		空运	04	JT04
		管道	05	JT05
能源资源数据	NY			
		煤炭	01	NY01
		石油天然气	02	NY02
		太阳能	03	NY03

续表

一级	编码	二级分类	编码	编码结果
		风能	04	NY04
		生物质能	05	NY05
海洋资源数据	HY			
		海洋空间	01	HY01
		海洋生物	02	HY02
		海底矿产	03	HY03
		海洋能	04	HY04
药物资源数据	YW			
		天然药物	01	YW01
旅游资源数据	LY			
		自然景观	01	LY01
		遗产与设施	02	LY02
		人为活动	03	LY03
		旅游业收入	04	LY04
经济资源数据	JJ			
		信息通信	01	JJ01
		财政金融	02	JJ02
		对外经济	03	JJ03
科技资源数据	KJ			
		资金投入	01	KJ01
		成果产出	02	KJ02
		科研院所数量	03	KJ03
		科学家数量	04	KJ04
医疗资源数据	YL			
		医院数量及等级	01	YL01
		人均医生数量	02	YL02
		人均床位数量	03	YL03
人力资源数据	RL			
		人口	01	RL01
		人力资源	02	RL02
文化资源数据	WH			
		博物馆	01	WH01
		图书馆	02	WH02
		教育投入	03	WH03
		教育机构	04	WH04
知识资源数据	ZS			
		专利	01	ZS01
		版权	02	ZS02
		商标	03	ZS03
		人类遗产	04	ZS04

续表

一级	编码	二级分类	编码	编码结果
社会资源数据	SH			
		政治	01	SH01
		外交	02	SH02
		节日	03	SH03
		语言	04	SH04
		民族宗教	05	SH05
其他资源数据	QT			

分类编码的主表形成以后，在此基础上，对一些复杂的、不能穷尽的和新增的数据要素采用这种组配复分的方式进行分类编码，形成复表。例如，海洋生物质能类目在原有的分类体系中不包括，则需要添加一个新的分类，在原有分类中，海洋能和生物质能都是存在的，将这两个要素直接组配形成一个新的分类，其编码也是将原有主表中的编码进行组配，新的编码结果是HYNY0405；一级分类类目组配，例如旅游经济资源数据是一级主题或学科层中旅游资源和经济资源的组配，即旅游资源和经济资源在特定的维度的复分，形成新的编码，同时，也存在不同层级类目对组配复分。复表中编码的结构和长度不同于主表，也不固定。主表和复表共同组成资源科学数据分类编码。

2.2　资源科学数据资源架构

整理完善 43 个线下资源子库，包括气候资源、水资源、土地资源、人力资源、经济资源、地理空间基础、区域资源开发利用、西伯利亚及远东地区、蒙古国资源库、“一带一路”国情库、全球尺度资源等。资源子库整合建设技术途径见图 2-2。

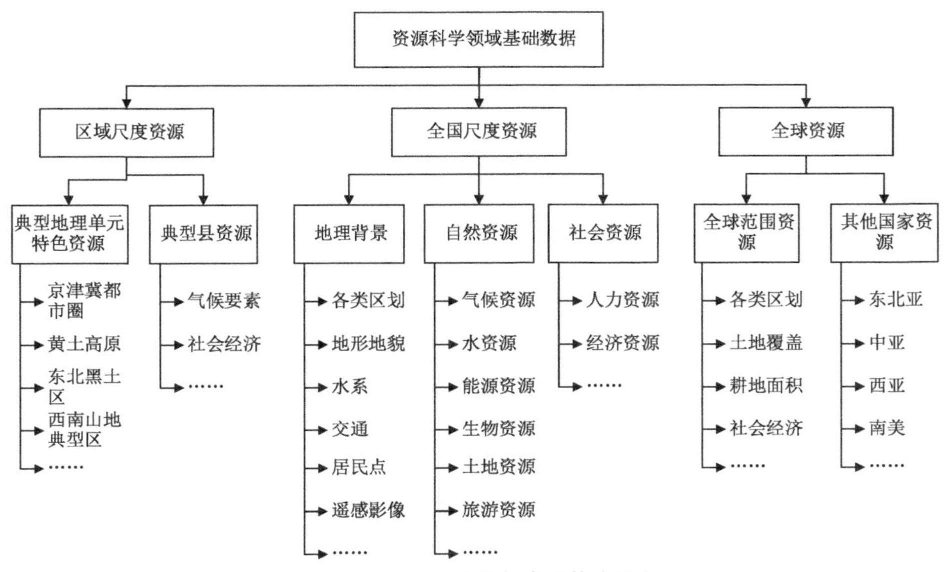

图 2-2　资源子库整合建设技术途径

43 个子库内容如表 2-2 所示，子库详细数据内容见附录。

表 2-2　人地系统主题数据库更新

数据类型	序号	数据名称
数据子库	1	水资源数据库（53）
	2	土地资源数据库（49）
	3	气候资源数据库（36）
	4	森林资源数据库（26）
	5	草场资源数据库（10）
	6	野生动植物数据库（10）
	7	渔业资源数据库（18）
	8	能源资源数据库（22）
	9	农村能源数据库（29）
	10	旅游资源（3）
	11	综合经济（35）
	12	农业经济（33）
	13	工业经济（33）
	14	交通运输邮电（12）
	15	城市经济（27）
	16	主要农产品价格数据库（2）
	17	中国人口与劳动力数据库（50）
	18	中国自然灾害数据库（9）
	19	中国宏观环境数据库（32）
典型区域数据库	1	行政区划数据
	2	地形地貌数据
	3	黄土高原数据
	4	东北黑土数据
	5	三江平原数据
	6	松辽流域数据
	7	土地植被数据
	8	环境监测数据
	9	中蒙俄区域数据
	10	泛第三极数据
	11	自然资源数据
	12	经济资源数据
专题数据子库	1	周边国家地理背景数据
	2	中亚五国地理背景数据
	3	西亚国家地理背景数据
	4	西伯利亚及贝加尔湖资源环境数据库

续表

数据类型	序号	数据名称
专题数据子库	5	南美洲地理背景数据库
	6	周边国家及全球人口、资源、经济与文化数据库
	7	中国自然资源图集
	8	中国自然资源统计图
	9	经济与人口统计图集
	10	典型示范区分布图
	11	延河流域数据子库
	12	西北水资源数据库

2.3　资源科学特色数据资源

2.3.1　中国乡镇级人口分布数据

人口空间分布是指在一定时间内人口在某区域内的分布状况，是人口分布在空间上的表现形式（胡焕庸，1983）。掌握翔实的人口数据，研究人口空间分布，不仅可以实现人口与资源、环境等要素的空间关联分析，为解决资源短缺、环境恶化等问题提供数据基础，也可展示人口在地理空间上的分布规律，为政府部门行政管理、城乡建设规划、国土整治、环境保护和社会经济发展指导等工作提供数据基础（叶宇 等，2006）。我国第五、第六次人口普查均是以行政区划为单元，通过户口登记或人口普查等方法获得，具有一定的权威、系统和规范性。其中，乡镇（街道）级人口统计数据是中国目前公开的最精细的人口统计数据，将其与行政边界数据进行属性关联，实现人口统计数据的空间展布，对于支持地理、资源、环境、生态、灾害，以及可持续发展等方面的研究具有重要意义（王卷乐 等，2020）。

（1）原始数据介绍

乡镇级行政边界数据来源于国家科技基础条件平台——地球系统科学数据共享平台、中国科学院资源环境科学数据中心[①]和部分地图图件。该乡镇级行政边界数据主要供科学研究使用，不作为行政管理和边界争端的依据（王明明，2019）。乡镇级人口统计数据，来自国家统计局出版的《中国乡、镇、街道人口资料》（国家统计局人口和社会科技统计司，2002）和《中国2010年人口普查分乡、镇、街道资料》（国务院人口普查办公室 等，2012）。

（2）方法介绍

乡镇级人口统计数据与乡镇级行政区划矢量数据的属性关联是指乡镇（街道）级统计数据的人口总值属性同行政区划矢量数据的空间属性相关联，实现乡镇级人口统计值在空间上的分布（国务院人口普查办公室 等，2012）。本节主要采用决策树的思想实现两者的属性关联，具体步骤如图 2-3 所示。

---

① 面积单位为 km^2。

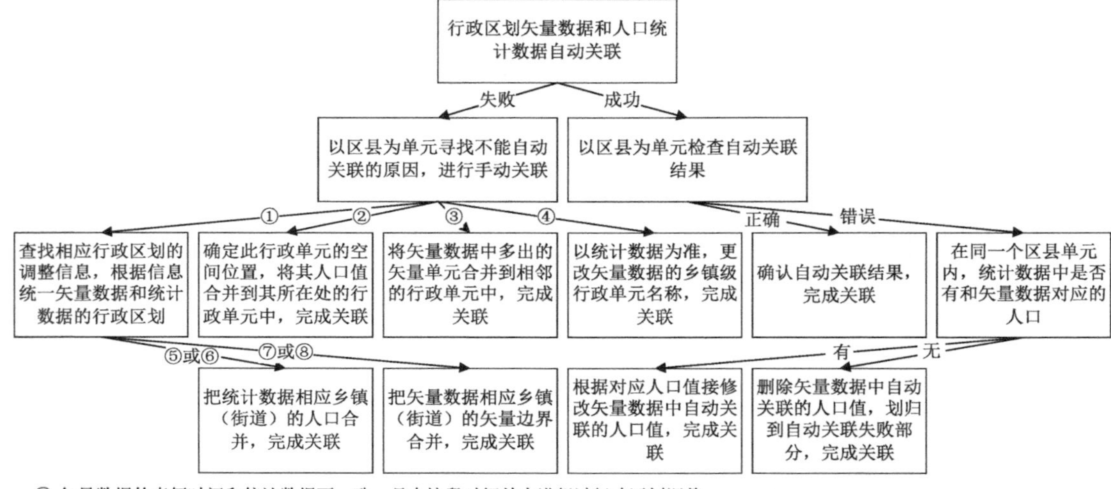

图 2-3　乡镇级人口空间数据库建设（王明明，2019）

(3)结果与分析

通过上述方法实现乡镇级统计人口数据的空间展布，得到中国 2000 年、2010 年分乡镇人口密度数据集，见图 2-4、图 2-5。该数据集为栅格数据类型，空间分辨率为 1 km²，后缀名为

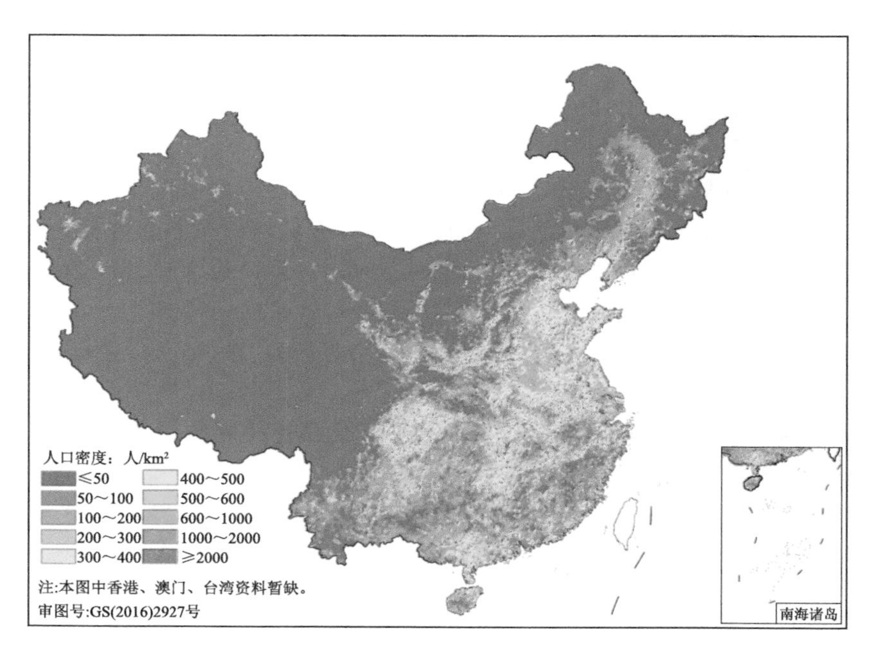

图 2-4　中国 2000 年乡镇级平均人口密度分布图

. tif。数据以 Krasovsky 椭球为基准，投影方式为 Albers 投影。借鉴自然断点法将人口密度分为 10 级，蓝色区域代表人口平均密度小于或等于 50 人/km²，红色范围表示人口平均密度大于或等于 2000 人/km²。由图 2-4、图 2-5 可以看出，中国 31 个省(自治区、直辖市)平均人口密度自东向西总体呈现由密集到稀疏的分布规律，人口主要分布在中国的中东部地区，“胡焕庸线”右侧。其中，京津冀、长三角、珠三角等经济文化较发达或沿海地区出现人口分布高度集中的现象。两期人口密度数据集对比可以看出，局部城市群地区人口集中分布趋势加强，人口逐渐向主要城市集中，出现大量热点地区。

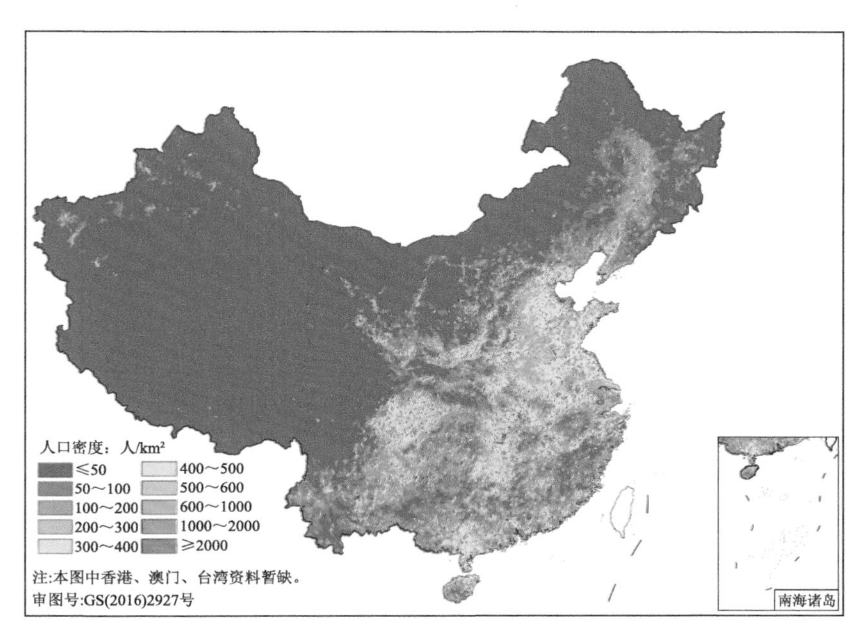

图 2-5 中国 2010 年乡镇级平均人口密度分布图

利用省级行政区划矢量边界统计两期乡镇级人口密度数据集，计算各省空间化人口值，并与省级人口统计数据进行对比(图 2-6、图 2-7)。结合误差计算公式(2-1)来计算全国省级统计人口数据与数据集人口数据之间的相对误差。

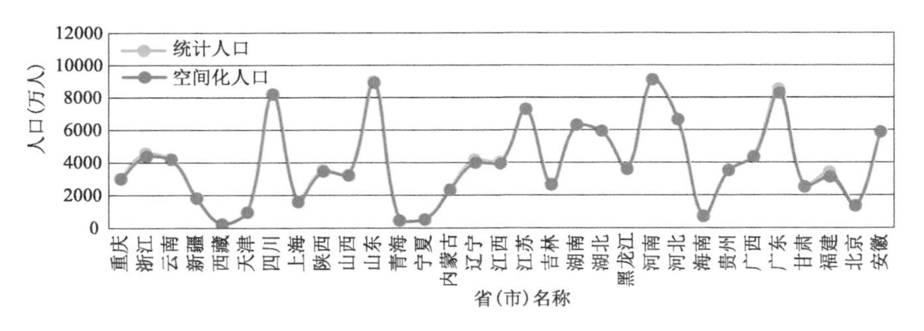

图 2-6 2000 年省级空间化人口数据与统计人口数据对比

$$E=\left(\frac{p_{i1}-p_{i2}}{p_{i2}}\right)\times 100,(i=1,2,3,\cdots,31) \tag{2-1}$$

式中，E 表示相对误差；p_{i1} 表示第 i 个省空间化人口值；p_{i2} 表示第 i 个省统计人口值。

由图 2-8 和图 2-9 对比可得，两期省级空间化人口值分布趋势相似，且与对应省级统计人口值基本一致，总体精度均高达 99%，说明两期人口数据集产品精度较高。部分省份（例如福建省、浙江省、海南省和辽宁省）因地理条件复杂、乡镇（街道）行政边界破碎且多变，造成矢栅转换过程中产生误差略大，但仍然控制在 10%以内，能够满足应用需求（王卷乐 等，2020）。

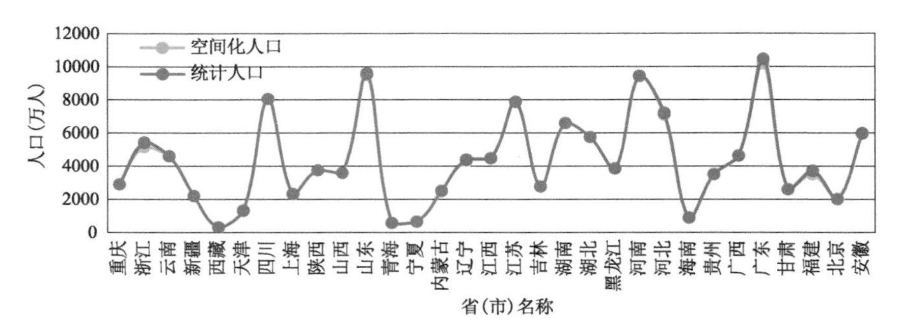

图 2-7　2010 年省级空间化人口数据与统计人口数据对比

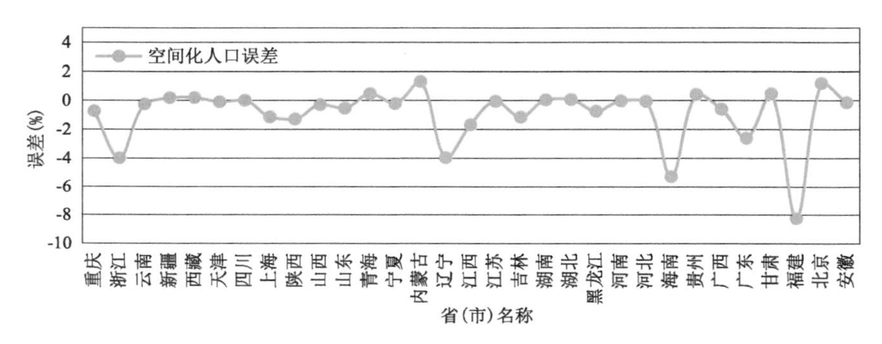

图 2-8　2000 年省级空间化人口数据与统计人口数据误差

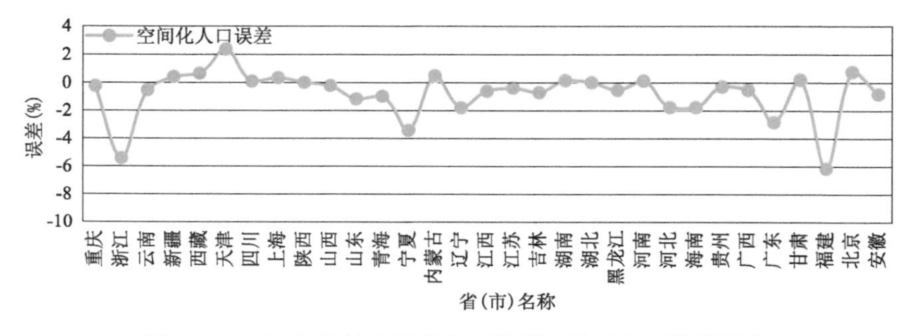

图 2-9　2010 年省级空间化人口数据与统计人口数据误差

（4）讨论与展望

本案例首次获取了中国 2000 年、2010 年乡镇（街道）级平均人口密度数据集产品，与此前的数据产品相比，时空分辨率更高，并拥有更丰富的乡镇级平均人口密度信息，可为人类活动模拟、区域规划、资源配置、灾害评估等研究和应用提供数据基础。

下一步将结合同一尺度的多源数据进行融合和综合分析，进一步揭示中国区域精细格网尺度人口空间化的地理分布特征，生产 2000 年和 2010 年中国公里格网人口密度集产品，开展人口空间化方法研究，为中国人口、资源、环境、灾害、生态等科学研究提供重要数据基础。

2.3.2　中国 10 m 分辨率森林数据

森林面积的精确获取是实现 SDG 15.1.1 评估的基础。全球用于评价森林覆盖率的数据主要来自于联合国粮农组织等一些专业机构。《2015 年全球森林资源评估》表明世界森林仍然在继续减少(FAO,2018)，在 1990 年和 2015 年间，世界森林面积由全球陆地面积的 31.6%降至 30.6%。长江流域横跨中国东部、中部和西部三大经济区，是世界第三大流域，其总面积为 180 万 km^2，占中国陆地总面积的 18.8%。该流域主要位于亚热带常绿阔叶林区，并包括青藏高原植被区的一部分。长江流域因其复杂的地质活动、气候变化历史及多样的地形和环境条件，形成了丰富的森林资源，正逐渐成为我国林木资源的重要保障。随着经济社会发展，长江经济带生态与经济、保护与开发之间的矛盾越来越凸显，长江流域森林等生态资源受到威胁，迫切需要开展长江流域森林类型的监测，掌握其时空分布特征，以对其进行精准的可持续管理。

由于当前现有的数据收集多源自各个国家上报，时间尺度与空间尺度都不能保持一致，这会给全球的森林资源评估带来误差。此外，存在着时空分辨率较低、区域适用性较差、存在明显的错分或混分以及难以刻画不同的森林类型信息等问题。在科研界中，马里兰大学的 Global Forest Watch(全球森林监察)是全球尺度产品，在中国区域应用时存在明显的分类不一致问题，且在森林类型方面并没有进行细分，这也限制了其应用价值。日本航空局森林/非森林覆盖产品分类体系依然存在划分单一、没有对森林类型进行细分。欧洲太空局(简称“欧空局”)的 GlobCover 全球土地覆盖产品空间分辨率较低(300m)；陈军等生产的 GlobeLand30 全球土地覆盖产品只有 2000 年与 2010 年(见 https://max.book118.com/html/2017/0508/105137928.shtm)，缺少持续性。

随着当前遥感数据量的急剧增长，其空间分辨率、时间分辨率、光谱分辨率和辐射分辨率越来越高，数据类型越来越丰富，数据量也越来越大，同时云计算、机器学习等大数据技术与方法的发展正被用于更加精细的森林资源监测与研究，为获取森林类型更加丰富的、时空分辨率更高的森林面积信息提供了重要条件。

(1)所用地球大数据介绍

- 1985—2018 年的 30 m 空间分辨率的陆地卫星时间序列影像数据，来自美国地质调查局；
- 2015—2019 年 10 m 空间分辨率的哨兵二号时间序列遥感影像数据，来自欧空局；
- 30 m 空间分辨率的长江流域数字高程模型，其原始数据由 NASA JPL 提供；
- 中国长江流域区划数据，下载自中国科学院资源环境科学数据中心；
- 2014 年、2015 年、2018 年实地野外考察数据等。

(2)方法

1)技术路线

采用的技术路线如图 2-10 所示。

2)基于多规则的云层持续覆盖区与空值地区影像合成方法

在像素的尺度上，针对云层持续覆盖区与空值地区高质量多光谱遥感影像的合成方法进行研究。应用多年期高质量时间序列产品(Landsat 与 Sentinel-2 数据都采用地表反射率产品)，采用多准则的策略影像合成方法，包括参与合成的影像的年份与目标年份，参与合成的影

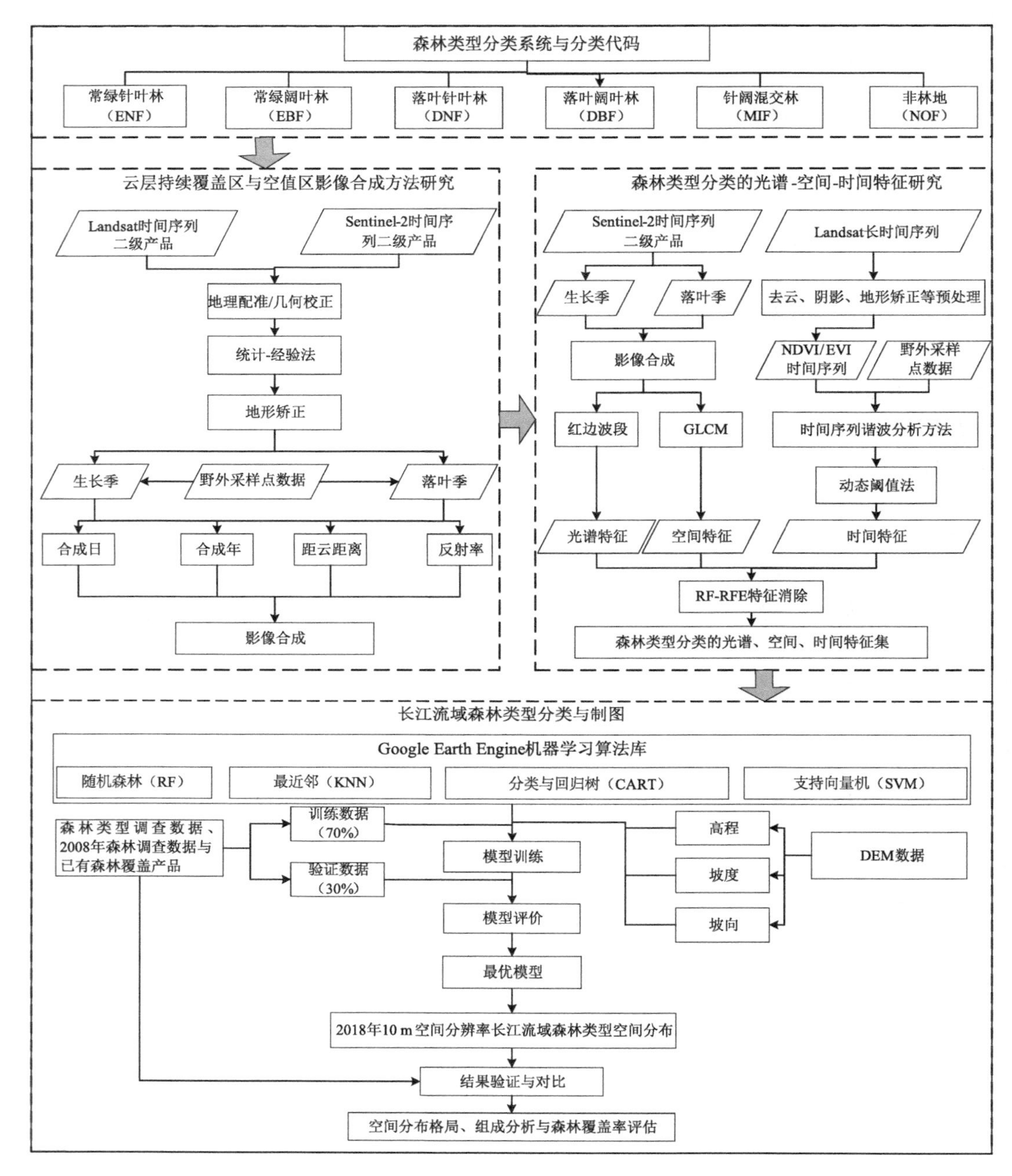

图 2-10　长江流域森林遥感分类技术路线

像的日期与目标日期(季节中期),参与合成的影像的像素与云及阴影的距离(根据距离成本函数获取),参与合成的影像的像素反射率四项标准,最后通过计算四种权值的算术平均值进行图像合成,用权值最高的像素进行合成。

3)森林类型分类的光谱-空间-时间特征

结合 Landsat 和 Sentinel-2 两种遥感影像的数据特点,分别研究并建立反映森林类型的光谱、空间和时间特征集。针对 Sentinel-2 遥感数据的高光谱与高空间分辨率的特点,基于红边波段与灰度共生矩阵(Gray-level Co-occurrence Matrix,GLCM)方法研究并建立森林类型提取的光谱、空间特征集;利用 Landsat 长时间序列的特征,采用谐波分析等技术,建立森林类型提取的时间特征集。在以上基础上,利用随机森林-递归特征消除(Random Forest-Recursive Feature Elimination,RF-RFE)算法,在参考数据的支撑下,综合建立影像森林类型分类的光谱-空间-时间(Spectral-Spatial-Temporal,SST)特征集,消除冗余特征,为森林类型分类建模提供基础。

4)长江流域森林类型分类与制图

在建立 SST 特征集的基础上,采用随机森林(Random Forest,RF)、最近邻(K-Nearest Neighbor,KNN)、分类与回归树(Classification and Regression Tree,CART)与支持向量机(Support Vector Machine,SVM)四种机器学习算法分别建立森林类型分类模型,研究森林类型提取方法,并生产覆盖长江流域的 2018 年 10 m 空间分辨率的森林类型覆盖产品。利用野外采样数据与已有的数据产品对结果进行验证与对比,对长江流域地区的森林资源的空间分布格局及其覆盖率进行分析与评价。

(3)结果与分析

长江流域森林类型空间分布数据如图 2-11 所示,森林覆盖率及各类型面积占比如图 2-12 所示。长江流域森林覆盖率约为 40.03%,这与水利部长江水域委员会于 2017 年发布的 41.30%相近,证明了数据的可靠性。森林类型包括常绿阔叶林、落叶阔叶林、常绿针叶林、落叶针叶林与混交林。常绿阔叶林围绕在长江流域中下游的乌江、湘江、赣江等区域,面积约占 7.29%。落叶阔叶林主要分布在长江流域中游的北部地区,靠近秦岭区域,如沮水、嘉陵江区域,面积约占 2.83%。常绿针叶林集中分布在长江流域的上游地区,在通天河、雅砻江、金沙江等地区常见,面积约占 15.76%。落叶针叶林的数量较少,空间上不明显,面积仅占 0.0005%。混交林主要在长江流域的中部偏北地区,以横断山脉东部、秦岭山脉以北为主要分布区域,占总面积的 14.15%。

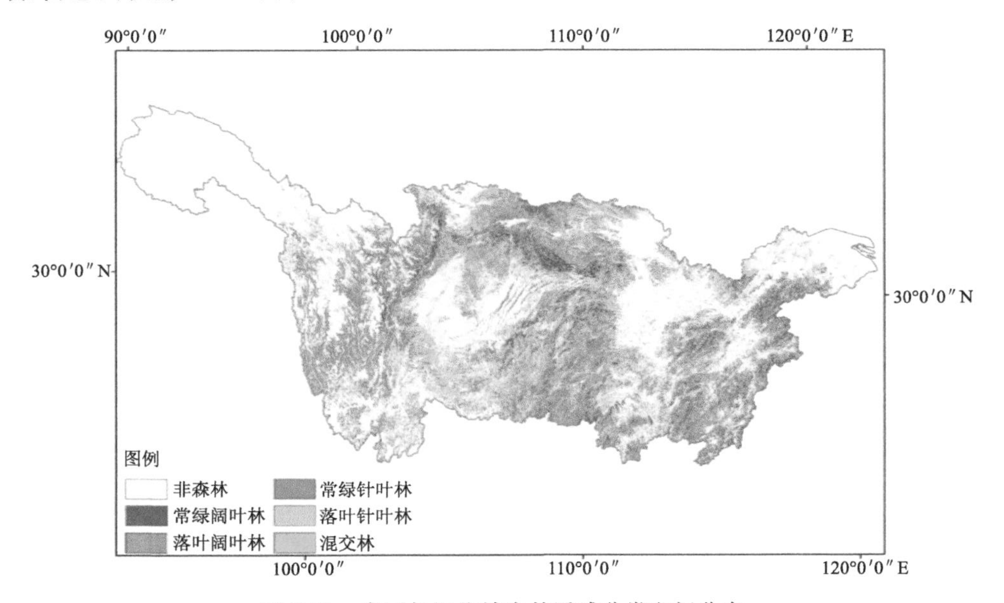

图 2-11　中国长江流域森林遥感分类空间分布

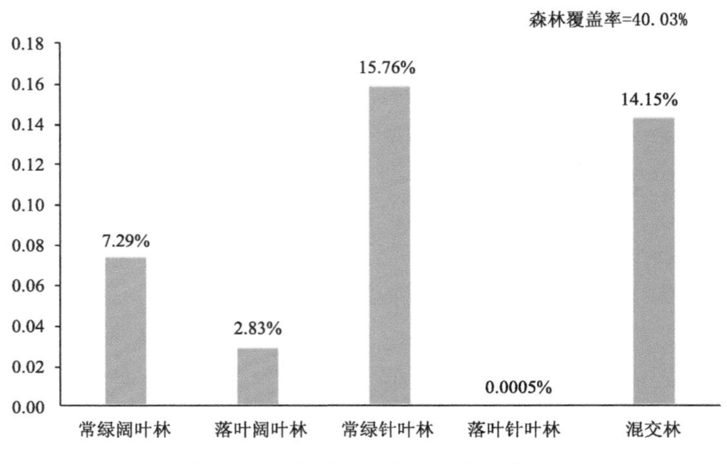

图 2-12　中国长江流域森林覆盖率

利用真实地表类型数据对结果验证，结果显示总体分类精度为 83.25%。生产者精度在 73.08%～100%之间，其中落叶针叶林的生产者精度最高，达到了 100%，说明其遗漏误差为 0。用户精度在 56.59%～94.50%之间，常绿阔叶林最高，为 94.50%，说明其错分误差是最小的。

(4)讨论与展望

本案例首次获取了中国长江流域 2018 年 10 m 空间分辨率的森林遥感分类产品，与此前的数据产品相比，时空分辨率更高，并拥有更丰富的森林类型信息，可为长江流域森林资源的可持续管理提供数据基础。

下一步将扩展本研究中提出的方法至中国全境，生产 2018 年 10 m 空间分辨率中国全境的森林类型覆盖产品，开展中国区域内细分森林类型的 SDG 15.1.1 指标度量，为中国区域的森林资源可持续管理提供参考。

2.3.3　蒙古国 30 m 分辨率草地数据

蒙古高原横亘在东北亚腹地，位于北冰洋气候区和太平洋气候区的过渡地带，形成了从北部和东部的半湿润地带依次向西南过渡到半干旱、干旱和极干旱地带的气候分布格局，以及显著的植被覆盖和梯度变化特征。其生态系统状态及变化对整个东北亚地区的生态安全有着重要影响(张韵婕，2016)。蒙古国是蒙古高原的重要组成部分，深居欧亚大陆内陆，极易受到气候变化和人类活动的影响(王卷乐 等，2018a，b)。该区域草地资源丰富，但干旱化、土地退化问题严重、沙尘天气频发，其草地覆盖格局及其变化对于整个东北亚地区的资源环境有着重要影响(Zhang et al.，2003；Uno et al.，2006；岳东霞 等，2011；包刚 等，2013)。

20 世纪 90 年代初，随着苏联解体，蒙古国社会经济制度发生剧烈变化(魏力苏，2015)。居住地选择上的“国民自由”政策、《土地私有化法》(代琴，2013)等一系列法律、政策的颁布，促使蒙古国土地变更、流转速度加快。在气候变化和人类活动的双重影响下，蒙古国土地覆盖变化加快，荒漠化问题加重。据蒙古国自然环境和旅游部 2017 年发布数据显示，该国 76.8%的土地已遭受不同程度荒漠化，且仍以较快的速度向蒙古国东方省、肯特省等优良草原地带在内的地区蔓延(阿斯钢，2017)。2015 年既是千年发展目标计划的收官之年，又是新的可持续发展目标启动之年。2015 年 9 月，联合国可持续发展目标提出，明确把土地退化零增长作为其

SDG15 的子目标之一。精细评估蒙古国 1990—2015 年的草地覆盖变化，能够为东北亚地区可持续发展和全球土地退化零增长目标实现提供科学数据支持。

（1）研究区概况

蒙古国位于 42°—52°N，88°—120°E 之间。其国土面积 156.65 万 km²，是世界上第二大内陆国。蒙古国整体地势高亢，自东向西逐渐升高，多为高平原。该国西北部为高山区，南部为戈壁区，东部为平原区（Wang et al.，2019）。蒙古国大部分地区属大陆性温带草原气候（Batjargal，1997），年平均降水量约 120～250 mm，且 70%集中在 7—8 月。蒙古国植被主要由北部西伯利亚针叶林和南部的中亚草原、荒漠草原组成。根据蒙古国地形地势、气候水文以及人口资源等自然人文要素，结合蒙古国畜牧业草场区划等研究成果（卓义，2007；乌努尔巴特尔 等，2014），将蒙古国 200 mm 等降水量线作为干旱和半干旱区的分界线，蒙古国被划分为南部和北部两大部分（李一凡 等，2016）。再考虑到地形地势及河流径流也会对局部气候产生影响，对南北部干旱半干旱地区进一步细分，将南部分为阿尔泰山区和南部戈壁区；北部分区以肯特山脉和鄂尔浑河为界划分为西北部的北部森林区、中部的中央省及其北部区，以及东部的东蒙古高原分区。阿尔泰山区地表覆盖以山地草原为主；南部戈壁区地表覆盖以荒漠草原、裸地、半荒漠和荒漠为主；北部森林区地表覆盖主要以森林为主；中央省及其北部区以草地和森林为主；东蒙古高原区地表覆盖主要以草地为主。

（2）数据源

选用的遥感数据源为 30 m 分辨率的 Landsat TM、ETM＋和 Landsat OLI 影像，成像时间为 1990 年、2000 年、2010 年和 2015 年的 6—9 月，云量均小于 5%。本研究所使用波段为红、绿、近红外、中红外、短波红外波段，共计使用 Landsat 系列遥感影像 528 余景，其中 Landsat TM 遥感影像 132 景，Landsat ETM＋遥感影像 264 景，Landsat OLI 遥感影像 132 景。所有遥感影像从美国地质调查局网站（http://earthexplorer.usgs.gov/）下载获取。

辅助数据包括来自于国际科学数据服务平台的空间分辨率为 30 m 的 DEM 和坡度数据，蒙古国统计信息服务网站（http://www.1212.mn）的蒙古国年均温度、年均降雨量、人口和牲畜数据，以及本研究团队在蒙古国进行野外考察时采集的实地验证数据等。

（3）方法

1）蒙古国土地覆盖分类体系

针对蒙古国的地表覆盖以及植被覆盖度情况，建立蒙古国土地覆盖遥感分类体系（表 2-3）。蒙古国土地覆盖遥感分类的一级类为森林、草地、裸地、冰雪、水体、农田、建筑用地等 9 大类。根据不同区域草地的植被覆盖度差异，将草地细分为草甸草地、典型草地、荒漠草地 3 个二级类别。根据不同区域裸地的土质或石质差异，又将裸地划分为沙地和裸土地 2 个二级类别。

表 2-3　蒙古国土地覆盖遥感分类体系

Ⅰ级类	Ⅱ级类	备注
森林*		郁闭度＞30%，高度＞2 m 的针叶天然林、阔叶天然林、针阔混交天然林和人工林；郁密度＞40%，高度＞2 m 的灌丛和矮林
草地	草甸草地*	覆盖度＞30%，以草本植物为主的各类草地
	典型草地*	覆盖度在 10%～30%，以旱生草本为主的草地
	荒漠草地*	覆盖度在 5%～10%，以强旱生植物为主的草地

续表

Ⅰ级类	Ⅱ级类	备注
农田*		有水源保证和灌溉设施，在一般年景能正常灌溉，用以种植水稻、莲藕等水生农作物的耕地，包括实行水稻和旱地作物轮种的耕地；无灌溉水源及设施，靠天然降水生长作物的耕地
水体*		陆地上各种淡水湖、咸水湖、水库及坑塘、河流
建筑*用地		包括城镇、工矿、交通、农村居民点、定居放牧点和其他建设用地等
裸地	沙地*	植被覆盖度在5%以下的沙地、流动沙丘
	裸土地*	地表为土质、植被覆盖度在5%以下的裸土地、盐碱地等无植被地段
冰雪*		冰川、永久积雪(雪被)

*表示本研究中实际分出的土地覆盖类别。

2)预处理

本研究利用ENVI5.1工具箱中的Radiometric Correction(辐射校正)模块实现遥感影像的辐射校正。该模块采用的是基于辐射传输模型的绝对辐射校正方法。通过ENVI5.1中的FLASSH模块完成大气校正。校正前需在该模块中依次输入辐射校正后的结果数据、传感器类型、地面高程、影像生成时间、大气模型参数等。最后，借助蒙古国行政区划、对遥感影像进行裁剪、拼接，从而合成覆盖整个研究区的遥感影像图。

3)面向对象的遥感图像分类方法

本研究采用面向对象遥感解译方法获取蒙古国精细土地覆盖数据。首先利用eCognition软件对不同年份的每景影像进行多尺度分割和光谱差异分割。根据像素间的光谱异质性，将图像分割成不同大小的均匀多边形(Ma et al.,2015)。然后充分利用地物的纹理、空间和光谱特征，按照特定的规则对地物进行分类(Cao et al.,2016;Ren et al.,2017;Wang et al.,2018)。

本研究通过选择多种指数并设置其阈值范围实现蒙古国土地覆盖解译，包括归一化植被指数(Normalized Difference Vegetation Index,NDVI)、归一化水体指数(Normalized Difference Water Index,NDWI)和土壤亮度指数(Normalized Difference Soil Index, NDSI)，其计算公式如下所示：

$$\mathrm{NDVI}=(\mathrm{NIR}-R)/(\mathrm{NIR}+R) \tag{2-2}$$

$$\mathrm{NDWI}=(G-SW)/(G+SW) \tag{2-3}$$

$$\mathrm{NDSI}=(\mathrm{MIR}-\mathrm{NIR})/(\mathrm{MIR}+\mathrm{NIR}) \tag{2-4}$$

式中，G与SW分别表示绿波段与红外波段反射率；NIR与R分别表示近红外波段与红波段反射率；MIR为中红外波段反射率。

图2-13为蒙古国土地覆盖解译技术路线图，表2-4为解译规则及其阈值范围表。在进行蒙古国土地覆盖解译时，我们首先通过设定NDWI阈值来区分水体、云和阴影及其他类。这是由于水体反射率从近红外波段到可见光逐步上升(Gao,1996)，当我们设置相应的NDWI阈值时可有效抑制植被信息、突出水体信息，从而实现水体与植被覆盖区域及其他区域的区分。本研究选择NDWI>0.036的对象为水体。本研究通过实验发现，将NDWI取为负值时，可以分出大部分的云和阴影。因此先将NDWI<0的对象暂时划为临时类，在分类结束后，再将这些临时类分到其所属区域的相关类型中。完成水体、云和阴影的提取后剩余的对象可分为植

被覆盖区和非植被覆盖区。

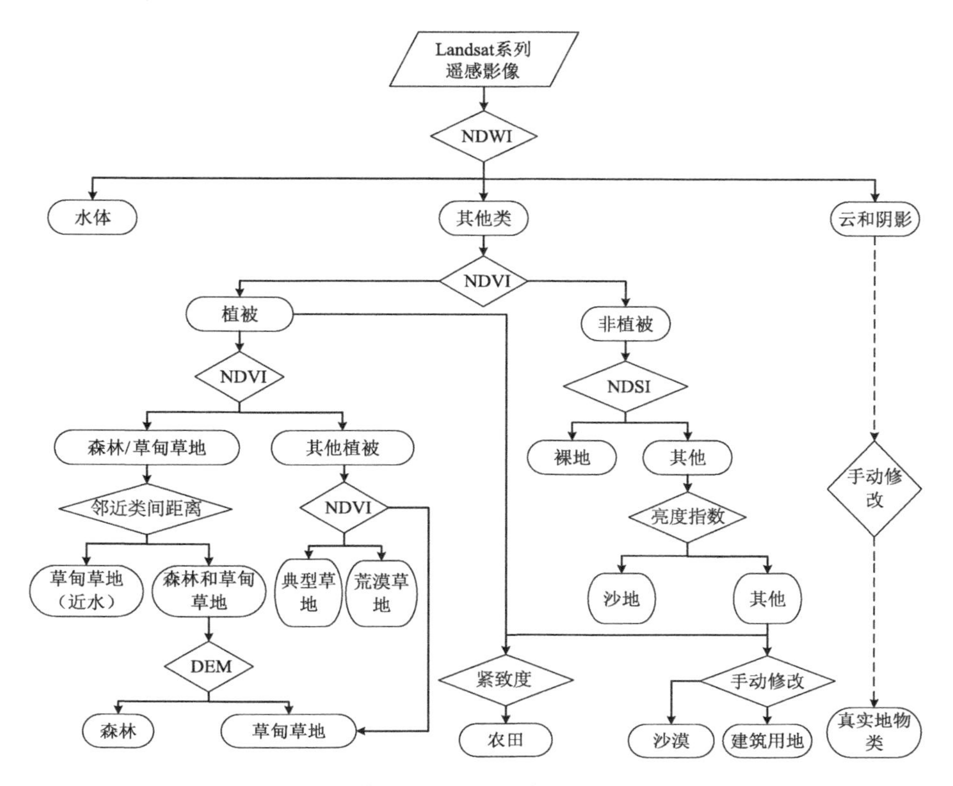

图 2-13　蒙古国土地覆盖解译技术路线图

表 2-4　蒙古国土地覆盖解译规则及参考阈值

土地覆盖类型	解译规则及参考阈值
森林	NDVI>0.5；DEM>1800 m
草甸草地	0.4≤NDVI < 0.5；与水的距离<40 pixels；DEM≤1800 m
典型草地	0.2≤NDVI<0.4
荒漠草地	0.1<NDVI<0.2
裸地	NDSI>0.03
沙漠	目视解译
沙地	BLUE+GREEN+RED+NIR+SWIR1+SWIR2≥600
农田	Compactness≤1.4
建筑用地	目视解译
冰雪	目视解译
水体	NDWI>0.036

NDVI 是提取植被信息的普遍工具。由于森林和草甸草地的郁闭度或植被覆盖度较高，NDVI 值也相对较高。因此我们通过设定相应的 NDVI 阈值，将植被覆盖区域划分为森林及草甸草地区域、其他植被覆盖区域。一般来说，草甸草地多沿河流、湖泊等水源地分布，森林高

度明显高于其他土地覆盖类型。因此我们可基于这两个特性，充分利用 DEM 和邻近类间距离有效区分森林和草甸草地。进而我们选择 0.5＜NDVI 且 DEM＞1800 m 的对象为森林，0.4≤NDVI＜0.5 且与水的距离＜40 pixels 且 DEM≤1800 m 的对象为草甸草地。对于其他植被覆盖区域，荒漠草地是以强旱生植物为主的草地，植被覆盖度在 5%～10%，NDVI 值较小，我们选择 0.1＜NDVI＜0.2 的对象为荒漠草地；典型草地是以旱生草本为主的草地，覆盖度在 10%～30%，我们选择 0.2≤NDVI＜0.4 的对象为典型草地。

在非植被覆盖区域中，裸土地地表为土质、植被覆盖度在 5%以下，其在红光波段呈现高反射，在绿波段呈现低反射。因此我们可利用 NDSI 进行裸土地信息提取（Kearney et al.，1995），选择 NDSI＞0.03 的对象为裸土地。沙地一般成片分布，植被覆盖度 5%以下，但反射率较高。本研究通过设定蓝色、绿色、红色、近红外、短波红外 1 波段与短波红外 2 波段和的阈值来提取沙地信息。农田是形状较为规则的土地覆盖类型，在遥感影像上多以长方块状分布，较易辨识。因此我们可利用紧致度（Compactness）参数来辅助农田分类（Kindu et al.，2013），选择紧密度小于或等于 1.4 的对象为农田。沙漠一般会持续存在，可根据已获取的遥感影像辅以谷歌地图进行目视解译，进行手动提取。建筑用地形状较为规则，色调、颜色较为明显，因此我们主要采用目视解译结合人机交互修改的方法完成。冰雪的面积相对较少，且多分布于高海拔山区，因此我们采用目视解译结合人机交互修改的方法完成。

在完成基于不同指数阈值的计算机自动分类后对所得分类结果进行人工目视判读与检查，手动修改混分、错分对象（如部分被分到其他植被覆盖区域的草甸草地、部分被分到非植被覆盖区的农田等），并结合高分辨率的 Google 影像将云及阴影下的区域手动划分为正确的土地覆盖类型，进而最大程度地完善自动分类结果。

4）精度评价

本研究团队自 2013 年至今对蒙古国进行了多次野外实地考察，开展了土地覆盖类型、植被覆盖度、地表温度、水分等实地调查工作，共收集了 429 个野外验证点数据。收集 512 个来自 Degree Confluence Program（DCP，http://www.confluence.org/）的经纬度交叉验证点，以及 562 个高分辨率 Google Earth（谷歌地球）验证点。针对不同年份的蒙古国土地覆盖数据，依照验证点数据与土地覆盖数据年份相同或相接近的原则，在本研究区内共计均匀选取 DCP 验证点，以及基于高分辨率的 Google Earth 人工目视判读的验证点。基于上述数据，针对不同年份分别构建混淆矩阵（Congalton et al.，2009），计算得到生产者精度、用户精度与总体分类精度（Foody，2002；魏云洁 等，2008；Congalton et al.，2009；Kindu et al.，2013）。

（4）结果

1）蒙古国土地覆盖空间分布格局

本研究所得 1990 年、2000 年蒙古国土地覆盖数据是以 Landsat TM 影像为基础，对 NDVI、NDWI、NDSI 等分类指数使用相同的阈值，完成两期解译产出。2010 年的数据是以 Landsat ETM+影像为基础，2015 年的数据是以 Landsat OLI 影像为基础，在分类指数的阈值设置上均与 1990、2000 年方法和技术流程相同。结果表明 1990 年土地覆盖产品的总体分类精度为 82.26%，2000 年土地覆盖产品的总体分类精度为 82.77%，2010 年土地覆盖产品的总体分类精度为 92.34%，2015 年土地覆盖产品的总体分类精度为 92.75%。与田静等（2014）、魏云洁等（2008）、张晓彤等（2019）的结果比较，本遥感解译数据集更精细且精度更高。蒙古国土地覆盖空间分布如图 2-14 所示，各种土地覆盖类型的面积与所占比例统计如表 2-5 所示。

表 2-5　蒙古国各土地覆盖类型面积及比例

时间	土地覆盖类型	面积（km^2）	比例（%）	时间	土地覆盖类型	面积（km^2）	比例（%）
1990年	森林	127739.50	8.17	2000年	森林	108885.11	6.96
	草甸草地	22469.75	1.44		草甸草地	13141.31	0.84
	典型草地	413244.70	26.42		典型草地	454313.75	29.04
	荒漠草地	231261.50	14.78		荒漠草地	293489.19	18.76
	裸地	720463.70	46.06		裸地	651589.80	41.65
	沙地	5798.05	0.37		沙地	13610.64	0.87
	沙漠	9403.51	0.60		沙漠	10.95	0.0007
	水体	17931.03	1.14		水体	16739.52	1.07
	农田	14587.19	0.93		农田	10794.64	0.69
	建筑用地	473.29	0.03		建筑用地	469.33	0.03
	冰雪	1069.07	0.07		冰雪	1408.00	0.09
	总计	1564441.29	100		总计	1564441.29	100
2010年	森林	103668.07	6.63	2015年	森林	106049.30	6.78
	草甸草地	25413.07	1.62		草甸草地	31023.54	1.98
	典型草地	385907.27	24.67		典型草地	378952.80	24.22
	荒漠草地	259077.15	16.56		荒漠草地	341654.24	21.84
	裸地	748184.75	47.83		裸地	659243.03	42.14
	沙地	1929.89	0.12		沙地	19778.10	1.26
	沙漠	11513.77	0.74		沙漠	1699.48	0.11
	水体	17762.55	1.14		水体	16966.38	1.08
	农田	9330.58	0.60		农田	7765.24	0.50
	建筑用地	495.89	0.03		建筑用地	631.35	0.04
	冰雪	1058.31	0.07		冰雪	680.88	0.04
	总计	1564441.29	100		总计	1564441.29	100

图 2-14a 为 1990 年蒙古国土地覆盖空间分布图。草地和裸地是面积最大的两种土地覆盖类型，远高于其他土地覆盖类型所占的比例。草甸草地主要分布在北部湿润地区和河流附近，例如布尔干省和后杭爱省等地，约占蒙古国总面积的 1.44%。典型草地是蒙古国最主要的草地类型，面积最大，主要分布在蒙古国中北部和东北部，面积约为 413244.70 km^2，约占蒙古国总面积的 26.42%。荒漠草地的分布具有明显的地域性，主要分布在典型草地和裸地之间，并在中部地区形成一条明显的条带。荒漠草地面积约为 231261.50 km^2，约占蒙古国总面积的 14.78%。裸地集中分布于蒙古国西北部与南部，面积约为 720463.70 km^2，约占蒙古国总面积的 46.06%。沙地、沙漠则集中分布于扎布汗省西部、戈壁阿尔泰省西北部、南戈壁省中部和东戈壁省东部。沙地与沙漠面积分别约占蒙古国总面积的 0.37%与 0.60%。森林主要分布在库苏古尔省、布尔干省、色楞格省和肯特省等北部地区，后杭爱省和东方省东部也分布着少量森林，面积约为 127739.50 km^2，约占蒙古国总面积的 8.17%。蒙古国作为传统的游牧民族，农耕极不发达，耕地面积很少，仅有少量耕地分布在首都乌兰巴托周边和达尔汗省等

地，约占蒙古国总面积的 0.93%。蒙古国的建设用地主要是一些重要城镇的聚集区，空间上分布较少且比较分散，约占蒙古国总面积的 0.03%。水体主要以湖泊和河流形式存在，蒙古国的湖泊主要分布在西北部的乌布苏省和库苏古尔地区，例如库苏古尔湖、乌布苏湖、色楞格河等，约占蒙古国总面积的 1.14%。冰雪主要分布在蒙古国境内海拔较高的巴彦乌勒盖省，约占蒙古国总面积的 0.07%。

图 2-14b 为 2000 年蒙古国土地覆盖空间分布图，草地和裸地依然是面积最大的两种土地覆盖类型。草甸草地零散分布在河流、湖泊附近，面积约占蒙古国总面积的 0.84%，较 1990 年草甸草地面积有所减少。典型草地面积约为 454313.75 km^2，约占蒙古国总面积的 29.04%，较 1990 年典型草地面积有所增加。从空间分布上来看，蒙古国东北部、前杭爱省北部、巴彦洪戈尔省北部的典型草地面积较 1990 年明显增加。推断认为，这是由于蒙古国地处内陆，东亚季风只能到达蒙古国东部边缘地区，给蒙古国东北部带来了相对充足的降水（Wang et al.，2020），进而有利于植被生长，促进了典型草地面积的增长。荒漠草地主要呈破碎块状分布在蒙古国西北部，呈连续块状分布在蒙古国中部与东北部，面积约为 293489.19 km^2，约占蒙古国总面积的 18.76%。与 1990 年相比，荒漠草地面积增加，新增的荒漠草地区域集中分布在西北部，且大多是由裸地转换而来。蒙古国西北部海拔较高，高山地区有冰雪覆盖。随着全球变暖，气温逐渐上升，一些冰雪开始融化，给部分河谷、低海拔地区带来了相对充足的水分（Wang et al.，2020），促进了植被生长，有利于裸地向荒漠草地转移。裸地是面积最大的土地覆盖类型，面积约为 651589.80 km^2，约占蒙古国总面积的 41.65%，但较 1990 年裸地面积有所减少。从空间分布上来看，裸地依然主要分布在蒙古西北部与南部。但与 1990 年相比，裸地在西北部明显收缩，更加破碎，不再连片分布。沙地、沙漠面积约占蒙古国总面积的 0.87%与 0.0007%，较 1990 年沙地面积有所增加，沙漠面积大幅减小。从空间分布来看，沙地区域空间分布与 1990 年基本相同，沙漠区域则在东方省明显收缩。森林主要分布在蒙古国中北部和东方省东部边界地带，面积约为 108885.11 km^2，约占蒙古国总面积的 6.96%，较 1990 年有所减少。农田面积约占蒙古国总面积的 0.69%，较 1990 年略有下降。建设用地较为分散，约占蒙古国总面积的 0.03%。水体主要分布在蒙古国西北部和东北部，约占蒙古国总面积的 1.07%，与 1990 年相比无明显变化。冰雪面积约占蒙古国总面积的 0.09%，较 1990 年略有增加。

图 2-14c 为 2010 年蒙古国土地覆盖空间分布图。草甸草地主要分布在库苏古尔北部和东方省北部，面积约为 25413.07 km^2，约占蒙古国总面积的 1.62%，较 2000 年草甸草地面积有所增长，逐步增加到与 1990 年基本持平。典型草地主要分布在蒙古国中北部与东北部，面积约为 385907.27 km^2，约占蒙古国总面积的 24.67%。与 2000 年相比，典型草地面积减小，部分区域退化为荒漠草地，呈现出典型草地向北收缩的趋势。2000—2010 年间蒙古国城镇人口增加了约 54.95 万人，增幅约为 40.36%（National Statistics Office of Mongolia，2020），而蒙古国北部与中部又是主要的人口聚集区域，人类活动频繁，降低了局地区域的植被覆盖度，增大了土地退化风险。荒漠草地主要呈条带状分布于蒙古国西部、呈块状分布在中部与东北部，面积约为 259077.15 km^2，约占蒙古国总面积的 16.56%，较 2000 年有所减少。裸地主要分布在蒙古国南部与西北部，面积约为 748184.75 km^2，约占蒙古国总面积的 47.83%，较 2000 年有所增加。从空间分布上来看，2010 年裸地区域较 2000 年有向西北和北方向扩张的趋势，大量荒漠草地退化为裸地。蒙古国南部矿产资源丰富，有塔旺陶勒盖煤矿、奥尤陶勒盖

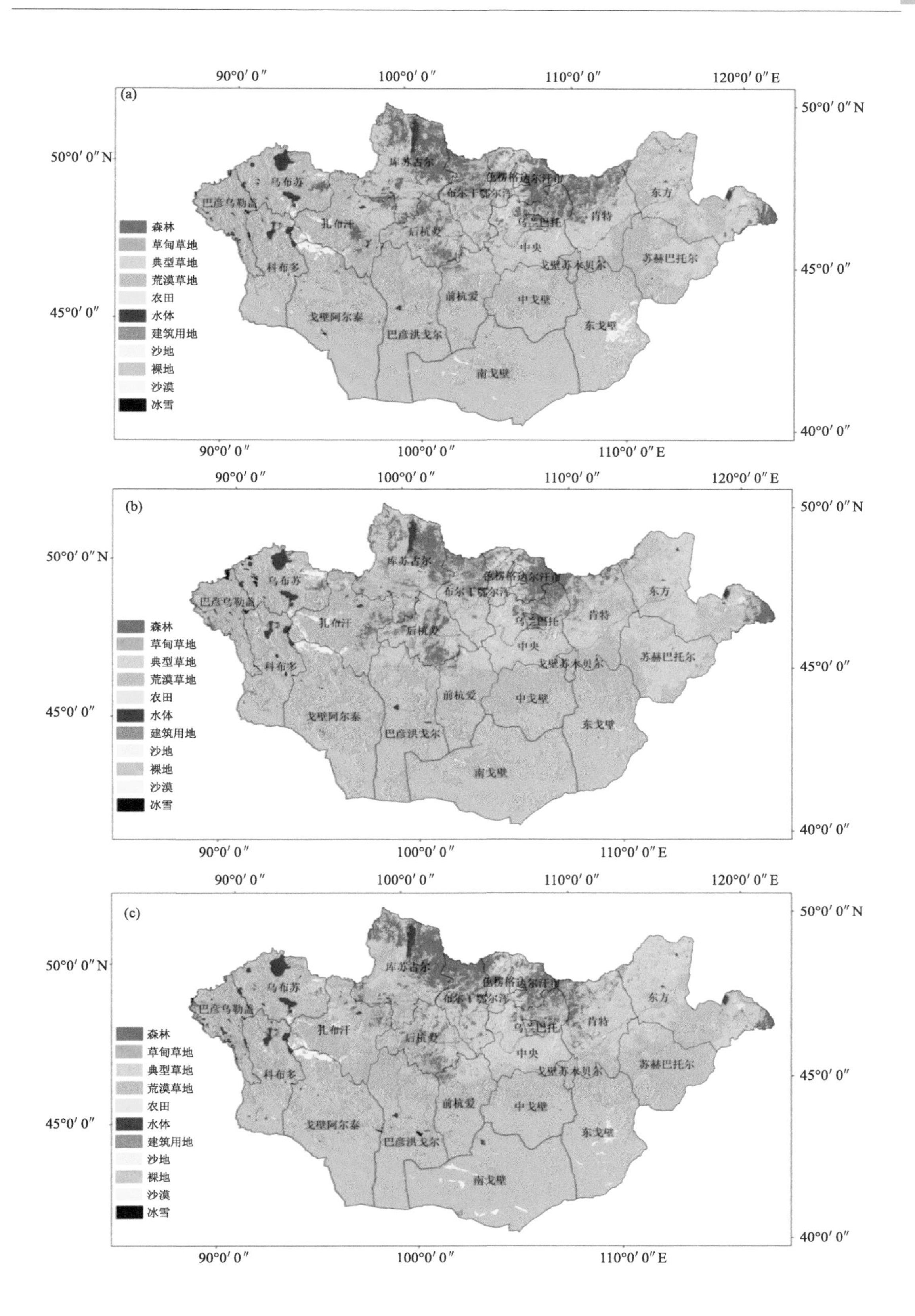
(a)
90°0′0″
100°0′0″
110°0′0″
120°0′0″E
50°0′0″N
45°0′0″
40°0′0″
库苏古尔
乌布苏
巴彦乌勒盖
扎布汗
后杭爱
乌兰巴托
肯特
东方
苏赫巴托尔
中央
戈壁苏木贝尔
科布多
前杭爱
中戈壁
戈壁阿尔泰
巴彦洪戈尔
东戈壁
南戈壁
森林
草甸草地
典型草地
荒漠草地
农田
水体
建筑用地
沙地
裸地
沙漠
冰雪
110°0′0″E
(b)
90°0′0″
100°0′0″
110°0′0″
120°0′0″E
50°0′0″N
45°0′0″
40°0′0″
库苏古尔
乌布苏
巴彦乌勒盖
扎布汗
后杭爱
乌兰巴托
肯特
东方
苏赫巴托尔
中央
戈壁苏木贝尔
科布多
前杭爱
中戈壁
戈壁阿尔泰
巴彦洪戈尔
东戈壁
南戈壁
森林
草甸草地
典型草地
荒漠草地
农田
水体
建筑用地
沙地
裸地
沙漠
冰雪
110°0′0″E
(c)
90°0′0″
100°0′0″
110°0′0″
120°0′0″E
50°0′0″N
45°0′0″
40°0′0″
库苏古尔
乌布苏
巴彦乌勒盖
扎布汗
后杭爱
乌兰巴托
肯特
东方
苏赫巴托尔
中央
戈壁苏木贝尔
科布多
前杭爱
中戈壁
戈壁阿尔泰
巴彦洪戈尔
东戈壁
南戈壁
森林
草甸草地
典型草地
荒漠草地
农田
水体
建筑用地
沙地
裸地
沙漠
冰雪
110°0′0″E

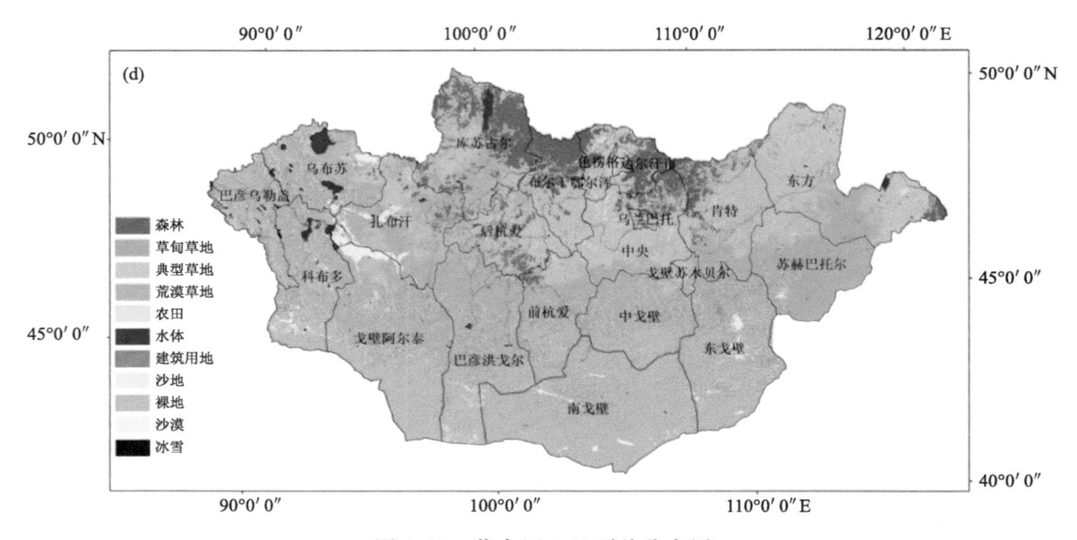

图 2-14 蒙古国土地覆盖分布图

(a)1990 年,(b)2000 年,(c)2010 年,(d)2015 年

金铜矿等多座蒙古国确立的战略矿产基地(Li et al. ,2016)。随着采矿业的迅猛发展,采矿企业不断侵占牧场,随意废弃矿床,破坏地表结构(Ao et al. ,2010),导致部分荒漠草地退化为裸地。2000—2010 年间,蒙古国山羊的养殖量增长了约 361.34 万头(National Statistics Office of Mongolia,2020),增长率约为 35.18%。而由于采矿企业不断侵占草场,可利用的草场面积不断减少,导致部分区域过牧问题严重。同时山羊取食能力强,在草场年景不好时会直接嚼食草根,给草场造成严重破坏,从而进一步加速了蒙古国南部与中部荒漠草地退化为裸地的进程。沙地、沙漠则集中分布于扎布汗省西部边界区域、戈壁阿尔泰省西北部边界区域、南戈壁省西部与南部、东戈壁省中部。沙地与沙漠面积分别约占蒙古国总面积的 0.12%与 0.74%,与 2000 年相比,沙地面积有所减少,沙漠面积有所增加。森林主要分布在蒙古国北部边界区域和后杭爱省中部,面积约为 103668.07 km²,约占蒙古国总面积的 6.63%,较 2000 年略有下降。建设用地的规模变化较少,主要分布在乌兰巴托等较发达城市地区,南戈壁省因其与中国密集的贸易往来,建设用地增长较为明显,约占蒙古国总面积的 0.03%。农田主要分布在达尔汗省、色楞格省和中央省北部,约占蒙古国总面积的 0.60%,较 2000 年略有下降。水体面积约占蒙古国总面积的 1.14%,较 2000 年略有增加。冰雪约占蒙古国总面积的 0.07%,较 2000 年略有下降。

图 2-14d 为 2015 年蒙古国土地覆盖空间分布图。由图可见,草甸草地主要分布在蒙古国东北部,其面积约为 31023.54 km²,约占蒙古国总面积的 1.98%,较 2010 年略有增加。典型草地主要分布在蒙古国北部与东北部,面积约为 378952.80 km²,约占蒙古国总面积的 24.22%,与 2010 年基本持平。荒漠草地集中分布于蒙古国西部、中部、东部以及北部边界区域,面积约为 341654.24 km²,约占蒙古国总面积的 21.84%,较 2010 年有所增加。蒙古国为促进经济发展,大力发展铁路、公路等基础设施建设,特别是紧邻中蒙铁路的蒙古国中部与东部。而由于建设工程公司多在基础设施附近区域直接取土等粗放的基础设施建设方式,导致蒙古国中部与东部的部分典型草地区域地表被破坏,破碎度高,加快了典型草甸退化为荒漠草

地的速度。裸地集中分布于蒙古国南部与西北部个别省份，面积约为 659243.03 km²，约占蒙古国总面积的 42.14%，较 2010 年有所下降。沙地与沙漠面积分别约占蒙古国总面积的 1.26%与 0.11%，与 2000 年相比，沙地面积有所增加，沙漠面积有所减少。森林面积约为 106049.30 km²，约占蒙古国总面积的 6.78%，其空间分布位置和面积与 2010 年基本相同。建设用地变化较小，约占蒙古国总面积的 0.04%。农田面积约占蒙古国总面积的 0.50%，较 2010 年略有下降。水体主要分布在蒙古国西北部与北部，约占蒙古国总面积的 1.08%，较 2010 年略有下降。冰雪面积约占蒙古国总面积的 0.04%，较 2010 年略有下降。

2)蒙古国土地覆盖与变化时空演变特征

基于 1990 年、2000 年、2010 年、2015 年四期蒙古国土地覆盖数据可以发现，蒙古国土地覆盖具有明显的纬向递变规律，由北向南依次为森林、典型草地、荒漠草地和裸地，植被覆盖度逐步降低。正如图 2-14 所示，荒漠草地正是呈半环条带状将典型草地与森林半包起来，裸地则是以更宽幅的半环条带将荒漠草地半包起来。这可能是由于蒙古国独特的地理位置、气候环境所产生的独特地理景观分布格局。

图 2-15 为蒙古国各土地覆盖类型面积变化折线图。对比四期蒙古国土地覆盖数据我们可以发现，裸地、典型草地、荒漠草地与森林始终是蒙古国 1990—2015 年间最主要的四种土地覆盖类型。近 25 年来蒙古国裸地面积经历了先减后增，然后再减的波动变化，整体呈现递减的趋势，其面积减少率约为 8.50%；从空间上来看，裸地的分布区域有向南收缩的趋势。典型草地面积整体呈现出下降趋势，面积减少率约为 8.30%；从空间上来看，典型草地的分布区域

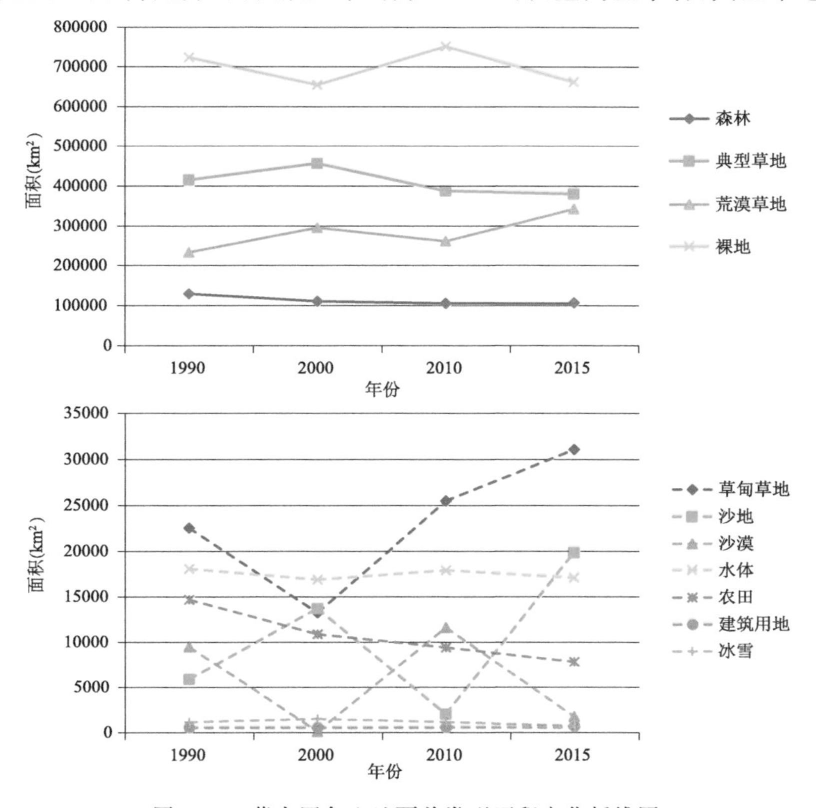

图 2-15　蒙古国各土地覆盖类型面积变化折线图

不断沿着北方向与西北方向收缩。荒漠草地面积则呈现出曲折上升的态势，面积增长率约为47.74%；从空间分布上来看，荒漠草地呈现出不断向北扩张的态势。森林面积整体呈现下降趋势，面积减少率约为16.98%；从空间分布上来看，森林不断向蒙古国正北部边界区域收缩。近25年来，草甸草地、水体、沙地、沙漠、农田、建筑用地、冰雪均是面积比例不高的土地覆盖类型，其面积总和仍未达到蒙古国总面积的6%。其中，草甸草地面积呈现出先减后增的整体上升趋势；农田面积持续保持下降趋势，面积减少率约为46.77%；沙漠与沙地面积则呈现出此起彼伏的变化状态，但这两种土地覆盖类型的总面积基本保持上升趋势；水体、建设用地与冰雪面积始终保持较为稳定的状态，在空间分布上来看也无明显的转移、变化。

2.3.4　中俄毗邻地区气候舒适度数据

旅游气候舒适度是根据人类肌体与大气环境之间的热交换要素衡量其在气候与居住地存在差异的地区进行游历休养、观光娱乐等社会活动过程中体感舒适状态的生物气象指标。中国东北地区与俄罗斯远东地区有着超过3000 km的漫长边界线，作为中俄边境以及中蒙俄经济走廊的重要组成部分，中国黑龙江省与俄罗斯滨海边疆区在“一带一路”五通以及中蒙俄经济走廊的快速发展趋势下，该地区内交通和管线等基础设施逐渐增多，致使两国游客以及旅游业从业者交互往来日益频繁。据统计，2018年1—9月有35.3万中国公民来到俄罗斯滨海边疆区，其中31.2万为游客；而通过黑龙江省口岸入境的俄罗斯游客更是占到全国俄罗斯游客接待总量的半壁江山。所以在气候变化这一非人工可控影响下，如何通过对于该区域旅游气候舒适情况的分析为两地区间诸多出行人员旅游提供合理出行时空选择具有深刻的研究意义与应用价值。

中国黑龙江省和俄罗斯远东滨海边疆区地理位置介于118°53′—139°00′E，38°43′—48°00′N。区域总面积为63.77万 km^2。研究区位置如图2-16所示。

图2-16　研究区地理位置

（1）数据来源介绍

1）气象数据

本节采用的气象数据包括 1980—2016 年间黑龙江省及滨海边疆区 46 个气象基准站点采集的气温、风速、相对湿度三类地面月均气候资料数据，其中中国黑龙江省气象数据来源于中国气象科学数据共享服务网站（http://cdc.cma.gov.cn/）；俄罗斯滨海边疆区气象数据来源于俄罗斯国家水文气象信息研究所（http://meteo.ru/）。

2）高程数据

本节利用的 DEM 数据源自 SRTM Digital Elevation Data Version 4 数据集。该数据集由美国国家航空航天局（NASA）和国家地理空间情报局（NGA）制作完成，分辨率为 30 m。

3）行政区划数据

本节采用的中俄研究区行政区划数据来源于中国科学院的大数据驱动的资源学科创新示范平台（www.data.ac.cn）。

（2）方法介绍

1）舒适度评价模型构建及分级标准介绍

温湿指数（Temperature Humidity Index，THI）是由通过将气温和湿度相结合来估计研究区炎热程度的生物气象指标。其模型物理意义可以理解为由湿度气象要素进行订正后的温度评价指数，模型表达式如式(2-5)所示。

$$\mathrm{THI}=(1.8t+32)-0.55(1-0.01RH)(1.8t-26) \tag{2-5}$$

风寒指数（Wind Chill Index，WCI）表征的是冷环境条件下风速与气温对人体散热的影响，其物理意义是指皮肤温度为 33 ℃时，体表单位面积的散热量（张秀美 等，2014）。其模型表达式如式(2-6)所示。

$$\mathrm{WCI}=(33-t)(9+10.9\sqrt{v})-v \tag{2-6}$$

以上两种模型表达式中，t 为气温(℃)；RH 为相对湿度(%)；v 为风速(m/s)。

参考气候地理特征与本书研究区相似先前文献的研究方案（张秀美 等，2014），并与专家打分法相结合，构建旅行气候舒适度综合测评模型（Travel Climate Comfort Degree Evaluation Model，TCCDEM）：

$$\mathrm{TCCDEM}=0.7\times\mathrm{THI}+0.3\times\mathrm{WCI} \tag{2-7}$$

式中，0.7 和 0.3 分别为温湿指数（THI）和风寒指数（WCI）的权重系数。

基于温湿指数和风寒指数的区域气候舒适度评价标准如表 2-6 所示。

表 2-6　温湿、风寒指数气候舒适指标及舒适度评价模型分级标准

THI (°F) 数值范围	WCI (kcal①/(m² · h)) 数值范围	感觉程度	TCCDEM 数值范围	分类等级
<40	<−1000	极冷	< −272	不舒适(e)
40～45	−1000～−800	寒冷	−272～−208.5	较不舒适(d)
45～55	−800～−600	偏冷	−208.5～−145	较舒适(c)

① 1 kcal=4.18 kJ。

续表

THI (°F) 数值范围	WCI (kcal/(m² · h)) 数值范围	感觉程度	TCCDEM 数值范围	分类等级
55～60	−600～−300	清凉	−145～−81.5	舒适(b)
60～65	−300～−200	凉爽	−81.5～−48	非常舒适(A)
65～70	−200～−50	温暖	−48～−14.5	舒适(B)
70～75	−50～80	偏热	−14.5～64	较舒适(C)
75～80	80～160	闷热	64～104	较不舒适(D)
>80	>160	极闷热	>104	不舒适(E)

(3)各气象要素空间插值及数据处理介绍

1)研究区各月气温数据的网格化

根据气温的垂直变化规律,将不同经纬度和海拔高度上的气温值根据海拔高程和气温垂直递减率(海拔每升高 100 m,气温平均降低 0.65℃)投影到虚拟海平面上,即:

$$T_0 = T_h + 0.0065h \tag{2-8}$$

式中,T_h 为某点的实测气温 (℃);T_0 为某点对应(相同的经纬度)在虚拟海平面上的气温(℃);h 为气象站的海拔高度(m)。

由于在同一水准面上气温的变化被认为是连续的,故此可利用 ArcGIS 软件中的距离平方反比法 (Inversed distance weighted,IDW) 对虚拟海平面上的气温值进行内插和栅格化。最后将虚拟海平面上的栅格气温值减去因海拔升高而降低的气温差得到估算的实际地面气温值,公式如下:

$$T_R = T'_0 - 0.0065H_{\mathrm{DEM}} \tag{2-9}$$

式中,T_R 为实际地面的气温值 (℃);T'_0 为虚拟海平面上的栅格气温;H_{DEM} 为中俄跨边境地区的数字高程模型。

2)研究区各月相对湿度和风速的网格化

因为研究区各月相对湿度和风速随高程变化的关系比较复杂,本研究采取协同克里格(Cokriging)的方法完成各月相对湿度和风速的网格化。基本做法是将研究区站点实测月均相对湿度值和风速作为因变量,以研究区 DEM 模型中提供的海拔高度为协同因子,设定全局趋势函数参数后对每一气象要素进行空间推算。

3)研究区月均旅游气候舒适度空间分布图的制作

以 1 km×1 km 为基本栅格单元,根据以上各气象要素的插值所得出的栅格数据及温湿指数与风寒指数计算公式,运用 ArcGIS 空间分析模块的栅格计算器,将公式及各气象要素的栅格图像代入,得出研究区各月温湿指数及风寒指数栅格图像。然后根据两种气候舒适评价模型分级标准将图像进行分级,得出研究区的逐月气候舒适性空间分布。

4)研究区年均旅游气候舒适期空间分布图的制作

在对中俄跨边境地区气候舒适性判断的基础上,结合表 2-6 中气候舒适指标分级标准,规定在某一月份中,温湿指数和风寒指数气候舒适分级标准必须同为 b、A、B、C 时该月为气候舒适月,舒适月的持续时间即为气候舒适期。本节利用 ArcGIS 的空间分析模块,将生理气候分级处于 b、A、B、C 之间的设为 1,将其余的设为 0,继而用栅格计算器将 12 个月的数据相加,最终得到研究区平方公里级栅格尺度的年均旅游气候舒适期空间分布。

(4)结果与分析

运用上述研究手段，结合中俄研究区三种月平均气象要素的时空分区结果，对 1980—2016 年近 40 年间各月平均体感舒适程度进行空间推算，选取 1 月、4 月、7 月、10 月四个典型月份用来体现冬、春、夏、秋四季体感舒适程度的分布情况，研究区各季节代表月内旅行气候舒适性分级结果的空间分布情况如图 2-17 所示。

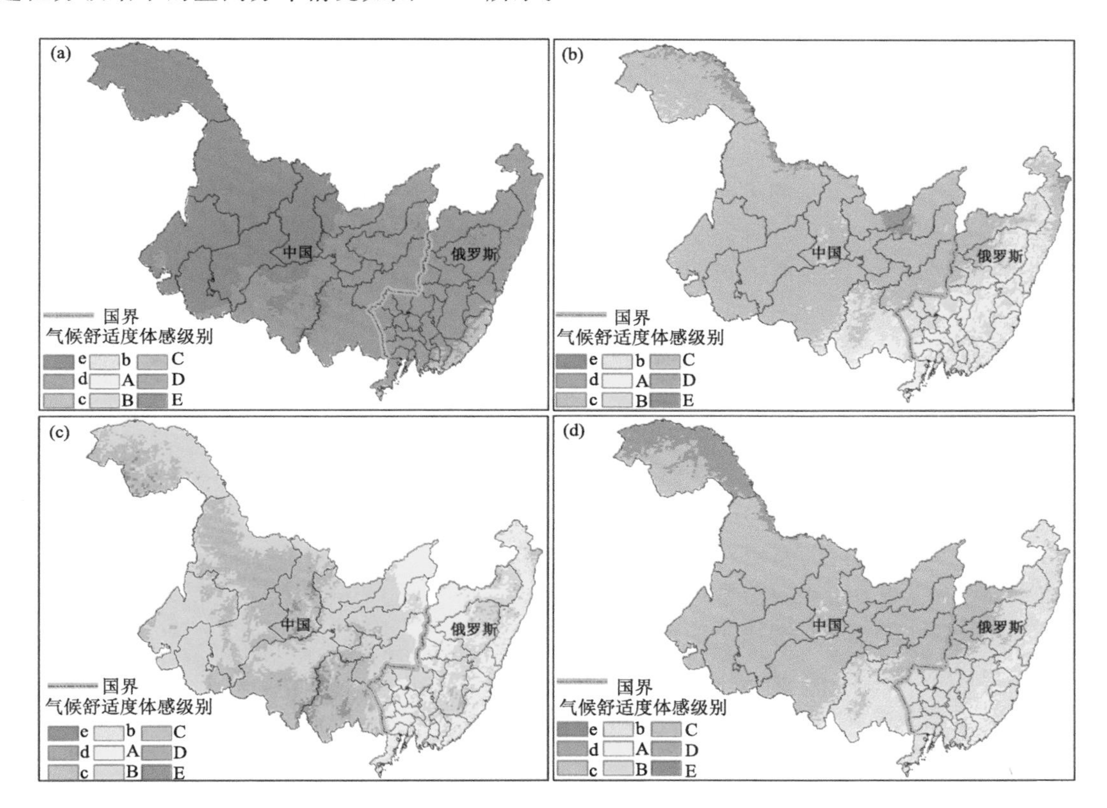

图 2-17　研究区各季节代表月旅行气候舒适度分级结果

(a)冬季；(b)春季；(c)夏季；(d)秋季

由图 2-17a 可知，1 月研究区全境均属于体感不舒适范畴，共包括 e，d，c 三个体感舒适性级别，其中 d 级(寒冷、不舒适)舒适度的范围最大，俄罗斯滨海边疆区大部分地区及黑龙江近半区域均在此范围内部；唯一排除在“不舒适”范围之外的等级——c 级(偏冷、较不舒适)舒适度的范围最小，仅包括俄方南部拉佐夫斯克及奥利加区。而黑龙江西北部大兴安岭等高海拔区域的气候舒适度评级结果为“极冷、不舒适”。

4 月研究区由北到南气候舒适条件逐渐好转(图 2-17b)，分级体系包括 d，c，b，A，B 五类。其中 d 级(寒冷、不舒适)的范围较小，在图中仅包括大兴安岭与黑河市沿边山脉地带；c 级(偏冷、较不舒适) 舒适度的范围最大，包含除黑龙江省除东南的大部分地区以及滨海区北部地区，面积占研究区体量的 60%；b 级(清凉、舒适) 舒适度的范围较大(占比为 13.8%)，包含黑龙江省东南部城市和俄罗斯滨海边疆区南部沿中俄边境和东部沿太平洋的两端地域；A 级(凉爽、非常舒适)和 B 级(温暖、舒适)主要分布于滨海区中部山区地带，面积共占研究区地区总面积的近 15%。

7 月研究区的温湿指数在 55.6～81.1 之间(图 2-17c),该模型下的体感分级包括 c,b,A,B,C,D 六个级别,其中 c 级舒适度(偏冷、较不舒适)的范围及 b 级(清凉、舒适)舒适度的范围均很小,仅包含俄罗斯滨海区东北端地区。而 A 级和 B 级(舒适至非常舒适)的范围总量最大,约占研究区面积的 54.4%,其中 A 级主要集中分布于中俄交界地带北部以及滨海边疆区南部沿海区域,而 B 级范围则分散于黑龙江省南部、东北部以及滨海边疆区中部山区。黑龙江省剩余区域则归属于 C、D 两级别(较不舒适至较舒适)。

10 月研究区在综合评价模型下的体感分级包括 d,c,b,A 四个级别(图 2-17d),其中 d 级舒适度(寒冷、不舒适)的范围集中于黑龙江省大兴安岭地区北部;c 级(偏冷、较不舒适)舒适度的范围最大,黑龙江省除东南的大部分地区以及俄罗斯滨海区北部地区均属该地区范围;b 级(凉、舒适)舒适度的覆盖体量在当月所有评价层级中处于中等级别,囊括俄罗斯滨海边疆区南部边境城市及其东南部沿海区域;A 级(凉、非常舒适)舒适度的范围最小,包含俄罗斯滨海区拉佐夫斯克及丘古涅夫斯克等地。b 级和 A 级为研究区气候体感舒适区域,面积占比约 30%。

2.3.5 中国若尔盖湿地数据

地球上有三大生态系统,即:森林、海洋、湿地。湿地是珍贵的自然资源,具有多种独特功能的生态系统,它不仅为人类提供大量食物、原料和水资源,而且在维持生态平衡、保持生物多样性和珍稀物种资源以及涵养水源、蓄洪防旱、降解污染、调节气候、补充地下水、控制土壤侵蚀等方面均起到重要作用,具有不可替代的综合功能。

目前,主要的陆地水系遥感数据产品有全球地表水数据集(GSW)、全球 3 弧秒/1 弧秒水体图(G3WBM/G1WBM)、全球土地覆被 30 m 数据集(GlobeLand30)和全球河流宽度数据集(GRWL)(GORELICK et al.,2017),以上数据集只包含主干河流,缺少湿地中的重要类型——河流早期发育阶段的弯曲河流和精细水体。弯曲河流通常位于河流起源的高海拔地区,改流易道频繁,使河流在遥感影像上表现为不规则线状,其光谱信息常与背景混合,难以被提取,如何进行弯曲河流的自动提取,是获取湿地数据的难点。

若尔盖县享有“中国最美的高寒湿地草原”的美誉,素有“川西北高原的绿洲”和“云端天堂”之称。河流湿地是若尔盖最重要的湿地类型,分布在若尔盖县的河流都属黄河水系,其中包括黄河的主要支流黑河和白河,另有包座河、巴西河、嘎曲、墨曲和热曲,从南往北汇入黄河;牛轭湖星罗棋布,湖泊周围多分布着沼泽或沼泽化草甸。若尔盖县的湿地主要包括河流、湖泊、沼泽和沼泽化草甸,还有高寒草甸、林地、裸地、城市建设用地和水田等土地利用类型(张雪等,2019)。

本节将若尔盖县的土地划分为湿地和非湿地两大类。湿地主要包括湖泊、河流、沼泽和沼泽化草甸;非湿地包括林地、高寒草甸、旱田、建设用地和裸地。利用 Google Earth Engine 平台,通过改进提取水体信息的方法,通过结合多光谱波段反射率、遥感指数和地形特征指标,建立支持向量机模型,可以有效提取出湿地信息,提取分布在若尔盖县境内湿地信息。

(1)数据来源介绍

1) 遥感数据

在 2015 年欧洲航天局发射的分辨率为 10 m 的 Sentinel-2 遥感影像数据[GEE (Google

Earth Engine) ID:COPERNICUS/S2_SR]中,选取了2018年6—9月,云量少于5%的影像共36景。利用GEE中提供的min()函数,计算各个像元最小值,构建实验基础影像。与Landsat系列遥感影像相比,Sentinel-2提供的影像具有更高的空间分辨率、光谱波段和时间分辨率。

2) 高程数据

本节利用的DEM数据源自SRTM Digital Elevation Data Version 4数据集(GEE ID:USGS/SRTMGL1_003)。该数据集由美国国家航空航天局(NASA)和国家空间信息情报局(NGA)制作完成,分辨率为30 m。

3) 验证数据

选用Google Earth提供的分辨率为2 m的高分辨影像和全国水系专题图,对研究结果进行验证。

(2)方法介绍

1)指数特征介绍

对于水体而言,其光谱特征主要是由水本身物质组成对光辐射的吸收和散射性质决定的。在可见光波段0.6 μm之前,水吸收的少,反射率较低,大量透射。对于清水,在蓝一绿光波段反射率为4%～5%,波长0.6 μm以下的红光部分反射率降到2%～3%,在近红外一短红外部分吸收了大量的入射能量,因此水体在这两个波段的反射能量很小。而植被、土壤在这两个波段内的吸收能量很小,具有较高的反射特性,使得水体在这两个波段上与植被和土壤有明显的区别,利用此特性就可以提取出水体(赵英时 等,2013)。

由于Sentinel-2在光谱和空间特性上与Landsat系列类似,因此在Landsat上应用的水体指数法很容易应用在Sentinel-2遥感影像上。根据上述的光谱特征发展起来的遥感影像提取水体指数目前有以下几种。

①归一化差分水体指数NDWI指数,计算公式如下:

$$NDWI=\frac{\rho_{green}-\rho_{NIR}}{\rho_{green}+\rho_{NIR}} \tag{2-10}$$

式中,ρ_{green}指绿波段,ρ_{NIR}指近红外波段。Mcfeerers首次提出了上述水体指数,利用绿光和NIR特征波段构建水体指数,得到了广泛的应用(McFeeters,1996)。

②改进型归一化差分水体指数MNDWI由徐涵秋于2005年提出(徐涵秋,2005),计算公式如下:

$$MNDWI=\frac{\rho_{green}-\rho_{MIR}}{\rho_{green}+\rho_{MIR}} \tag{2-11}$$

式中,ρ_{MIR}指中红外波段,利用中红外波段替换近红外波段构成的改进水体指数MNDWI可用于快速、简便和准确地提取水体信息。它比McFeeters的NDWI指数有着更广泛的应用范围。MNDWI除了与NDWI一样,可用于植被区的水体提取以外,还可以用于准确的提取城镇范围内的水体信息。

③AWEI指数(Automated Water Extraction Index)

$$AWEInsh=4\times(\rho_{band2}-\rho_{band5})-(0.25\times\rho_{band4}+2.75\times\rho_{band7}) \tag{2-12}$$

$$AWEIsh=\rho_{band1}+2.5\times\rho_{band2}-1.5\times(\rho_{band4}+\rho_{band5})-0.25\times\rho_{band7} \tag{2-13}$$

式(2-12)和式(2-13)中Feyisa使用的是Landsat 5TM影像,band1是蓝波段,band2是绿波段,band4是近红外波段,band5是中红外波段,band7也是中红外波段(Feyisa et al.,

2014)。两种自动提取指数,能够将阴影和水体很好地区分,提高了水体提取精度,并且能够很好地应用在地形造成的阴影较深的山体。根据研究区的适用性,本节选取第一种指数。

2)SVM 模型介绍

SVM 是一种基于统计学习理论的机器学习算法,它通过解算最优化问题,在高维特征空间寻找最优分类超平面,解决复杂数据的分类问题(王振武 等,2016)。它具有易用、稳定和具有相对较高的精度而广泛应用于遥感影像分类中,主要针对小样本数据进行学习、分类和预测,类似的根据样本进行学习的方法还有决策树归纳算法等(张雁,2014)。

SVM 算法的基本思路为:通过某一非线性变换将训练数据集 x 映射到一个高维特征空间,并在高维特征空间里构造回归函数 $f(x)$,这一非线性变换是由定义适当的核函数 $K(x_i, x_j)$来实现的。

$$f(x)=\omega\times\psi(x)+b \tag{2-14}$$

本节所构建的 SVM 模型中选用具有较强的泛化能力和较高逼近度的 RBF 核函数以及默认参数进行水体提取。本研究参照全球地表水系产品(Global Surface Water,GSW)(Pekel et al. ,2016),选取训练数据,选取了 50 个水体样本和 100 个非水体样本,其中包括裸地、林地和建筑物等,60%的样本用来训练,剩余的 40%样本用来验证;将 Sentinel-2 卫星波段 2、波段 3、波段 4 和波段 8 影像的反射率、3 种提取水体的指数、从 DEM 数据中提取的坡度因子作为自变量,建立支持向量机(Support Vector Machine,SVM)模型,评价 SVM 模型精度;在所建立的 SVM 模型中,选用具有较强的泛化能力和较高的逼近度的 RBF 核函数和默认参数进行水体提取,最终提取出水体信息。具体的流程如图 2-18 所示。

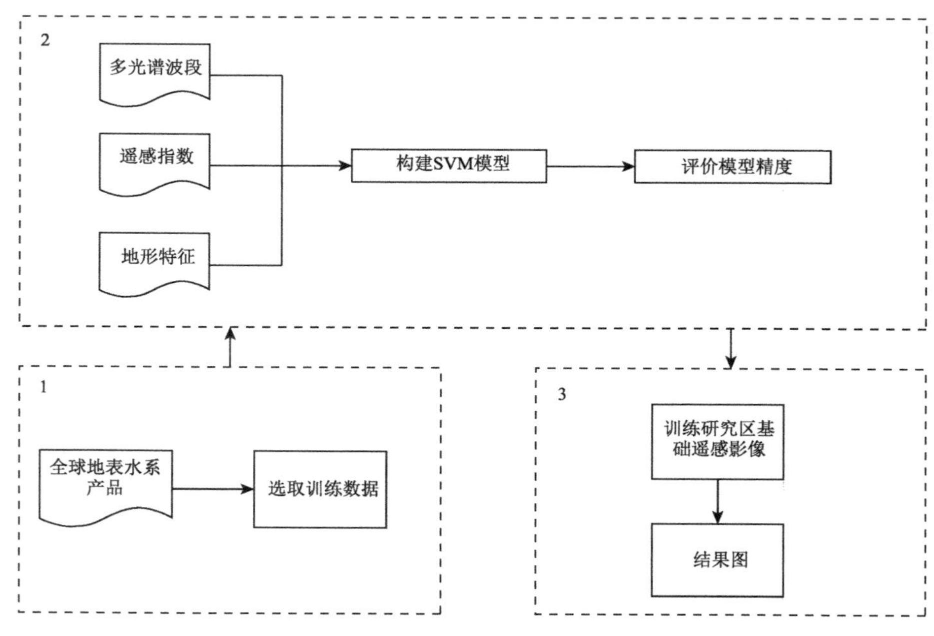

图 2-18 SVM 模型构建流程图

(3)结果与分析

1)特征变量选择

特征变量的选择是建立 SVM 模型的重要步骤,特征变量变化会影响 SVM 模型的精度。

本节验证了单一指数、两两指数组合和三种指数组合下建立的 SVM 模型的精度。将 40%的用于验证模型精度的训练数据，计算 10 次，得到 10 次验证精度，并计算出各种精度的平均值。验证结果证明三种指数组合下建立的 SVM 模型的总体精度最高(表 2-7)，其生产者精度也高于单一指数和两两指数组合方式，故本节选用了 NDWI＋MNDWI＋AWEI 的水体指数组合方式，建立 SVM 模型。

表 2-7　7 种水体指数组合下建立的支持向量机模型的精度

水体指数组合	总体精度(%)	生产者精度(%)	用户精度(%)
NDWI	88.10	67.72	91.12
MNDWI	82.25	42.61	91.33
AWEI	74.37	53.01	61.75
NDWI＋MNDWI	89.78	70.14	94.15
NDWI＋AWEI	91.90	74.35	96.61
MNDWI＋AWEI	81.33	51.37	80.93
NDWI＋MNDWI＋AWEI	94.00	85.71	92.31

2)结果

通过 SVM 模型提取出的湿地信息最为完整，但是有部分噪声信息，主要是影像云雾的阴影被误提，提取结果见图 2-19。在提取细小河流、河流弯曲段时要优于三种水体指数法，在提取湖泊、细小河流、宽阔河流与山间河流四种水体类型时，SVM 模型减弱了阴影的影响，将湖泊附近的细小河流信息提取了出来。同时，SVM 模型能够提取细小河流，并体现河流弯曲的程度，而且能够将水系图中缺失的牛轭湖信息提取出来。SVM 模型提取的山间河流信息相对

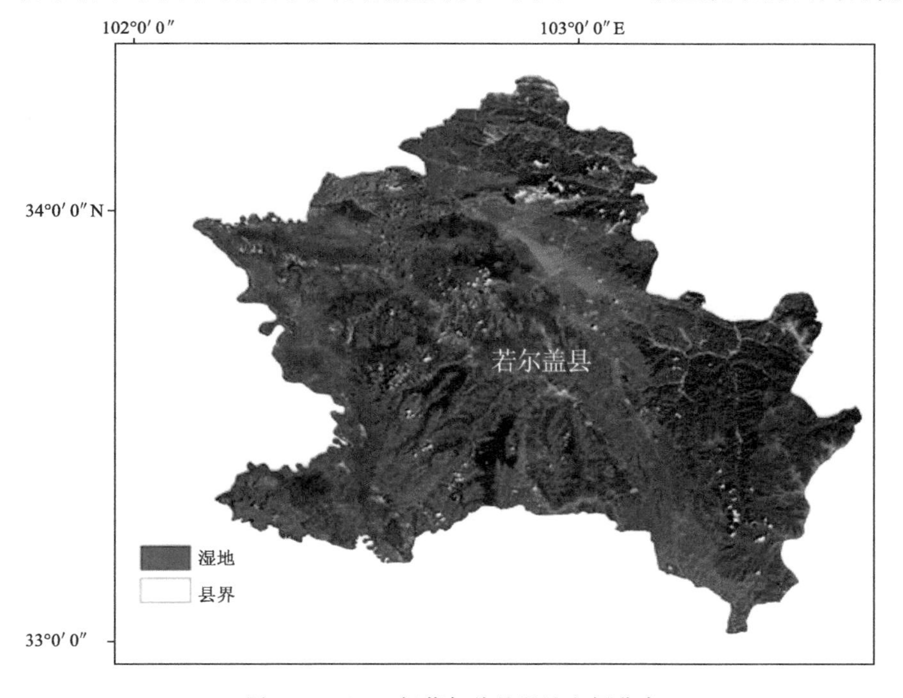

图 2-19　2019 年若尔盖县湿地空间分布

最好，而且减弱了山体阴影的影响。

为了定量评价 SVM 模型精度，利用 Google Earth(谷歌地球)影像作为辅助数据，将对其目视解译结果作为参考。在研究区内选取 80 个验证点，对 SVM 模型提取的结果进行总体精度、生产者精度和用户精度评价，最终得到总体精度为 95.00%，生产者精度为 94.12%，用户者精度为 96.55%。

由 2019 年若尔盖县湿地空间分布图可知，湖泊都分布在该县的中北部，沼泽、沼泽化草甸主要分布在中西部，林地分布在东部山区。黑河贯穿了整个若尔盖县，该县大部分沼泽及沼泽化草甸分布在黑河两侧，呈现斑点破碎状。黑河流域内的沼泽比白河流域高，并且两河流域的中下游均多于上游。弯曲河流发育过程中所形成的牛轭湖主要集中在黑河与热曲旁，处于若尔盖县北部的白龙江有部分断流的现象，故少有牛轭湖。

2.3.6　中国黄土高原土壤侵蚀数据

黄土高原是世界最大的黄土集中分布区，水土流失严重，生态系统脆弱，干旱缺水频发。国家对黄土高原地区的重大关切：一是防治黄土高原的水土流失，治理黄河水患，确保黄河下游安全；二是修复黄土高原的生态环境，建设我国东西部的生态屏障；三是黄土高原地区约占全国国土面积和人口的 1/14，有着丰富的农业和矿产资源，其高强度的开发和巨大潜力直接影响国家的能源战略布局和区域社会经济的可持续发展；四是黄土高原位于丝绸之路经济带的起点，在中华民族伟大复兴的中国梦中具有重要的战略地位。

面向黄土高原地区，针对区域发展中的全球变化、环境演变、生态修复、区域发展等重大科技、社会、经济和生态环境问题，选择具有“矿藏性”的科学数据，或者说有长期的科学研究价值的数据，建设黄土高原区域、二级支流/重点县和小流域/工程规划单元三个层次的多元数据资源，可以为黄土高原地区可持续发展和生态文明建设中的政府决策、科学研究、工程建设、民生项目等提供信息化服务。经过多年努力，在黄土高原数据资源的建设过程中逐渐形成了一批特色数据资源，如中国/黄土高原/重点小流域的土壤侵蚀类型、降雨侵蚀力、土壤侵蚀因子计算工具等多种类型土壤侵蚀系列数据，为国家重大科研项目及重大工程项目的实施提供数据和技术支持，提升了黄土高原科学数据库的知名度，发挥了已有数据资源的价值，并且支撑成果显著。本节重点介绍中国 30 m 分辨率的降雨侵蚀力数据(1981—2010 年)和黄土高原地区影响土壤侵蚀的 90 m 分辨率 8 个地形指标数据。

(1)中国 30 m 分辨率的降雨侵蚀力数据(1981—2010 年)

1)数据内容

本数据集表示了全国范围内多年平均年降雨侵蚀力(单位：MJ · mm/(hm^2 · h · a)，即[兆焦耳 · 毫米/(公顷 · 小时 · 年)])。利用全国范围内 603 个气象站 1981—2010 年逐日降水量资料，运用降雨侵蚀力日模型计算多年平均年降雨侵蚀力，并利用克里金插值方法进行空间内插，得到全国范围内多年平均年降雨侵蚀力。其数据格式为 ESRI-grid 格式，空间坐标系采用 WGS1984 标准，空间精度为 30 m×30 m，全国范围内共分为 1024 幅。

2)字段(要素)名词解释

(a)名词解释：栅格值表示降雨侵蚀力。

(b)量纲(度量单位)：MJ · mm/(hm^2 · h · a)，即[兆焦耳 · 毫米/(公顷 · 小时 · 年)]。

(c)数据精度：30 m×30 m。

3)数据源

全国 603 个气象站 1981—2010 年逐日降水量资料。

4)数据加工方法

利用全国范围内 603 个气象站 1981—2010 年逐日降水量资料,运用降雨侵蚀力日模型计算多年平均年降雨侵蚀力的基础上,利用 ArcGIS 软件利用克里金插值方法进行空间内插,得到全国范围内多年平均年降雨侵蚀力。对图像进行处理分析,进行编辑、处理、图像输出等。

5)数据用途

为从事地学及土壤侵蚀研究的学生和科研人员提供数据,用于降雨侵蚀力的计算。主要应用于地学研究。

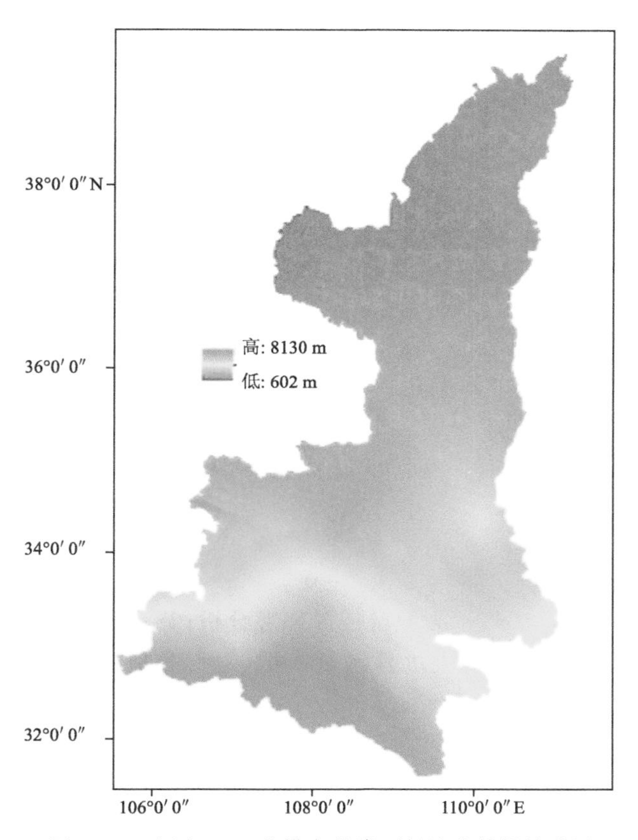

图 2-20　中国 30 m 分辨率的降雨侵蚀力数据缩略图

(2)黄土高原地区影响土壤侵蚀的 90 m 分辨率 8 个地形因子数据

1)数据内容

数据集包含了黄土高原地区影响土壤侵蚀的 90 m 分辨率 8 个地形指标,基于高程提取的坡度、坡向、坡长和山体阴影,利用 CSLE-LS 因子算法计算的坡度因子、坡长因子和坡度坡长因子 8 层。数据存储及命名:文件管理采用两级制,首先按要素分层,共分高程(DEM),坡度(slope),坡向(aspect),山体阴影(shd),坡长(slp_len),坡长因子(L_factor),坡度因子(S_factor),坡度坡长因子(LS_factor)8 层,用 8 个文件夹管理。然后每个专题按 1∶25 万地图标准分幅方式划分图幅,用 1∶25 万标准图幅号命名。

2)字段(要素)名词解释

(a)名词解释:高程数据是对地表的高程分布情况的数字表达;坡度数据是对地表坡面倾斜程度的描述;坡向是对地表坡面方向的描述;坡长是地表径流源点到坡度减小至有沉积出现地方或明显沟道间的水平距离;坡度因子、坡长因子和 LS 因子,是表征地形与土壤侵蚀关系的指标,其定义与 USLE(及 RUSLE、CSLE)相同。

(b)量纲(度量单位):m,°。

(c)数据精度:分辨率 90 m×90 m。

3)数据源

SRTM 数据为 NASA 与 NGA 于 2000 年 2 月获取的全球地表数字高程数据,对外免费发布数据的分辨率为 3″。SRTM 数据目前发展到第 4 个版本,其中的空洞、海岸线等数据问题得到的修复,数据质量较高,已获得广泛应用。

4)数据加工方法

黄土高原及周边地区的 SRTM 源数据从 SRTM Data 网站(http://srtm.csi.cgiar.org/)获取,数据为 ASCII 格式,按 5°×5°分幅,WGS84 坐标。首先将数据转为 ArcGrid 格式,并拼接为一整幅,再按照 1:25 万比例尺标准图幅并向外扩大 0.15°(约 15 km)缓冲区的范围进行裁切。对每个图幅做滤波除噪、洼地和空值填充等处理。坡度、坡向、山体阴影的提取:将每个图幅由 WGS84 地理坐标转为以其图幅中部经线为中央经线的高斯投影(分辨率设为 90 m),计算坡度、坡向、山体阴影。坡度因子、坡长因子、坡度坡长因子提取:将黄土高原地区所在的每个图幅与其邻域 8 个图幅拼接,并将其由 WGS84 地理坐标转为以中心图幅中部经线为中央经线的高斯投影(分辨率 90 m),计算坡长、坡度因子、坡长因子、坡度坡长因子,再裁剪出中心图幅(包括 0.15°的缓冲区)区域。最终将所有数据转回 WGS84 地理坐标。

5)数据用途

为从事黄土高原区域土壤侵蚀和陆地水文分析、植被适宜性评价等相关学科研究的科研教学人员提供黄土高原地区地形因子数据。主要应用领域包括:黄土高原全区或部分地区土壤侵蚀定量评价;黄土高原全区或部分地区侵蚀地形分析;黄土高原全区或部分地区陆地水文分析、植被适宜性评等;基于 GIS 地表过程定量模拟、地形分析的教学;规划、环评等工程;不适宜于小流域(<50 km^2)。

第 3 章　资源学科大数据管理系统

随着各类传感器、通信技术、基础设施的飞速发展，当前的科研模式已经越来越不适应大数据的发展，并且极大地限制了数据驱动的科研创新，如何高效地从科研大数据中挖掘出有用的信息是当前亟须解决的问题。在科学研究领域，继观测实验、理论分析、计算模拟之后，一种“大数据驱动的科学发现”新模式已经开始显现，科学大数据已经成为科技创新的新引擎。本章针对资源学科大数据驱动科研创新所需的海量数据处理需求，主要基于海量地理空间影像数据，介绍如何应用云计算分布式处理的计算框架实现资源学科领域海量地理空间影像数据的批处理。主要包括：弹性计算环境、大数据存储环境、大数据处理框架等技术体系的介绍，资源学科地理空间影像大数据管理系统的架构与关键技术介绍，资源学科大数据管理系统的数据预处理、指数计算、影像分类等应用案例介绍。

3.1　大数据技术体系

面向资源学科的地理空间影像大数据管理与计算不仅需要依托高性能的计算环境，还需要大数据存储环境和大数据处理引擎作为支撑。新一代的基础设施云计算平台可以为地理空间影像大数据提供一个可扩展、弹性计算、无限数据存储能力的运行环境，是实现海量数据管理和快速数据处理的前提条件。大数据计算框架规定了资源学科大数据系统的编程范式，通过大数据计算技术进行开发的数据管理和计算程序，可以充分利用云计算平台按需计算、自由扩展等优势，实现资源学科大数据系统的分布式数据存储和高性能的数据处理。另外，针对资源学科领域计算模型和算法复杂异构的问题，容器技术因其跨平台跨语言封装、简单快速部署等优势，为资源学科领域计算模型和算法面向大数据计算框架的封装提供了解决途径。

3.1.1　云计算平台

云计算(Cloud Computing)，是一种基于互联网的计算方式。通过这种方式，共享的软硬件资源和信息可以按需求提供给计算机各种终端和其他设备。云计算是一种资源交付和使用模式，指通过网络获得应用所需的资源(硬件、平台、软件)，是资源学科大数据管理系统的基础设施，提供了开放、低成本、无限扩展的系统运行环境。

云计算平台可以按照服务的提供者和使用者划分为三类，即公有云、私有云和混合云。公有云是由若干企业和用户共享使用的云环境。在公有云中，用户所需的服务由一个独立的、第三方云提供商提供，云提供商也同时为其他用户服务，这些用户共享这个云提供商所拥有的资源。私有云是指为企业或组织所专有的云计算环境。在私有云中，用户是这个企业或组织的内部成员，这些成员共享着该云计算环境所提供的所有资源，公司或组织以外的用户无法访问这个云计算环境提供的服务。混合云是一种在基于云的资源和非云现有资源之间连接基础设施和应用程序的方法，混合部署最常见的方法是在云和现有内部基础设施之间将组织的基础设施扩展到云中，同时将云资源与内部系统进行连接。

云计算平台主要提供三种服务模式，分别是基础设施即服务(Infrastructure as a Service，IaaS)、平台即服务(Platform as a Service，PaaS)、软件即服务(Software-as-a-Service，SaaS)。其中基础设施即服务，是指为消费者提供“基础计算资源”，如处理能力、存储空间、网络组件或中间件，消费者能掌控操作系统、存储空间、已部署的应用程序及网络组件(如防火墙、负载平衡器等)，但并不掌控云基础架构。平台即服务是指消费者使用主机操作应用程序，掌控运作应用程序的环境(也拥有主机部分掌控权)，但并不掌控操作系统、硬件或运作的网络基础架构。软件即服务是指云计算平台为消费者提供应用程序使用，但并不掌控操作系统、硬件或运作的网络基础架构，是一种服务观念的基础，软件服务供应商，以租赁的概念提供客户服务。

云计算相较于本地计算的优势主要体现在其具备低成本、数据安全、可扩展性、快速部署、弹性计算和无限存储空间的特点。作为支撑地理空间影像大数据管理的基础设施，云计算不仅为大数据平台提供了系统部署和数据存储的硬件条件，而且还为其提供了可用运行的软件环境，使得像地理空间影像这样的大数据管理与处理系统可以快速方便地部署和扩展。当资源学科的数据处理面对海量的数据处理需求时，传统的方式是通过横向扩展(增加主机)或者纵向扩展(增强当前主机)的方法。横向扩展需要在新的物理机上配置软件环境，往往带来较大的工作量，纵向扩展不需要配置新的软件环境，但受限于技术规格其扩展能力往往有限。云计算中的弹性主机通过虚拟化技术可以实现计算能力的自由扩展，从而解决了计算资源的弹性动态分配问题。此外，公有云平台基本都提供无上限的存储容量，因此用户无需担心应用中的数据存储空间不足的问题，云平台的数据存储可以为资源学科提供 PB 级别的数据存储空间，并且基于云平台还提供了稳定安全可伸缩的数据库服务。而针对在云平台中运行大数据处理框架的应用场景，国内外各大公有云提供商也提出了 MapReduce 这类典型大数据计算模式的服务，支持运行 Spark 框架下的应用程序。亚马逊的云服务 AWS(Amazon Web Service)还存储公开发布的遥感数据集，并提供数据访问接口和消息订阅服务。

3.1.2 大数据分布式处理框架

大数据处理框架是大数据系统的中枢，具体负责对数据的分析、处理和计算。大数据处理框架，根据其计算模式可以分为批处理计算框架和流计算处理框架。批处理框架可应用于非实时的大规模数据的处理，主要通过将数据分片发送到集群中的多个节点上进行计算，根据中间结果重新组合数据，最后将计算结果进行输出。批处理系统一般操作的是大量静态数据，这些数据往往被分布在多个节点进行并行处理，待全部数据结果处理完成后得到返回的结果。如 Spark 即是这类大数据处理模式的主流框架。而流处理框架与批处理框架的区别在于处理数据的类型不同。流处理系统并不是针对已经存在的数据集进行操作，而是对从外部系统接入的无边界数据集进行连续不断地处理、聚合和分析。流计算处理期望的延迟在毫秒或者秒级别。流数据处理框架可以分为两类：逐项处理和微批处理，逐项处理每次仅处理一条数据，是真正意义上的流处理，其典型代表为 Storm。微批处理将一小段时间内的数据当作一个微批次，对这个微批次的数据进行处理，其典型代表为 Spark Streaming(Spark 的流式处理框架)。

目前,Apache Spark 是市面上使用最多的大数据计算框架,可以应用于海量离线数据批处理、实时数据流处理、机器学习和图计算等场景。Spark 的核心数据抽象是弹性分布式数据集(Resillient Distributed Dataset,RDD),一个可以并行操作、有容错机制的数据集合。通过 RDD 的一系列转换(Transform)和行动(Action)操作实现对数据的计算聚合。相较于 Hadoop MapReduce(分布式编程模型)其优点是能够将中间数据存储在内存中而不是磁盘,从而避免了多次数据的读写,显著提高运算效率。根据 Apache Spark 官方给出的数据 Spark 在运行迭代计算程序的速度能做到比 Hadoop MapReduce 的运算速度快上 100 倍。

由于原始的 Spark 计算框架并不支持地理空间影像数据的处理,因此必须要扩展 Spark 的数据结构才能实现地理空间影像数据的分布式处理。而基于 Spark 的开源栅格数据处理框架 GeoTrellis 为基于 Spark 的地理空间影像数据的处理提供了开发包。它不仅提供了基于 Spark 的栅格数据操作接口的实现,同时还提供了诸多地图代数(Map Algebra)操作,从而实现高性能的波段运算和矢量栅格操作。另外,针对影像分类研究问题所需要的各种机器学习算法,Spark 也提供了 Spark MLlib 工具包,支持如 K-Means、支持向量机、随机森林等算法的分布式并行计算方法。

3.1.3　大数据分布式存储

数据获取能力的不断增强必然带来累积数据的爆发式增长。而传统集中式的数据管理模式由于扩展性差、容错率低、存储成本高等原因,已经不能有效支撑资源学科地理空间影像大数据的存储与管理,而大数据技术的发展,为地理空间影像大数据的分布式存储、共享和检索提供了有效的解决方案。如著名的 MapReduce 框架 Hadoop 最早提供了一种大数据的分布式文件存储系统 HDFS(Hadoop Distributed File System)。HDFS 是一种以流式数据访问模式来存储海量数据,并可安全高效地运行在计算机集群上的分布式文件存储系统。其最大的特点是可以屏蔽底层集群中计算机硬件的差异,从而将整个集群以一个整体的形式对外部呈现出来。HDFS 在数据存储的同时,可以自动完成数据冗余备份,操作简单且安全可靠。

HDFS 采用了 master/slave 架构,即一个 HDFS 集群是一个 NameNode(名称节点)和一定数目的 DataNode(数据节点)组成。Namenode 是一个中心服务器,负责管理文件系统的名字空间以及客户端对文件的访问。DataNode 受 NameNode 管理,并负责本节点上文件的存储管理。一个文件放在 HDFS 存储系统中,实际是被分成了一个或多个数据块,这些数据块存储在不同的 DataNode 上。NameNode 执行文件系统的名字空间操作,比如打开、关闭、重命名文件或目录,并负责数据块到具体 DataNode 节点的映射。DataNode 负责处理文件系统客户端的读写请求,并在 NameNode 的统一调度下进行数据块的创建、删除和复制。因此,HDFS 本质上是被设计成了一个能够在大的集群中进行跨机器地可靠地大文件存储。HDFS 将每个文件存储成一系列具有相同大小的数据块。为了容错,这些数据块都存储有副本,并且可对每个文件的数据块大小和副本系数进行配置。图 3-1 即为 HDFS 文件系统数据操作的流程。

3.1.4　虚拟化容器技术

基于大数据系统的模型计算处理不可避免会面临模型算法的封装问题。容器技术为模型

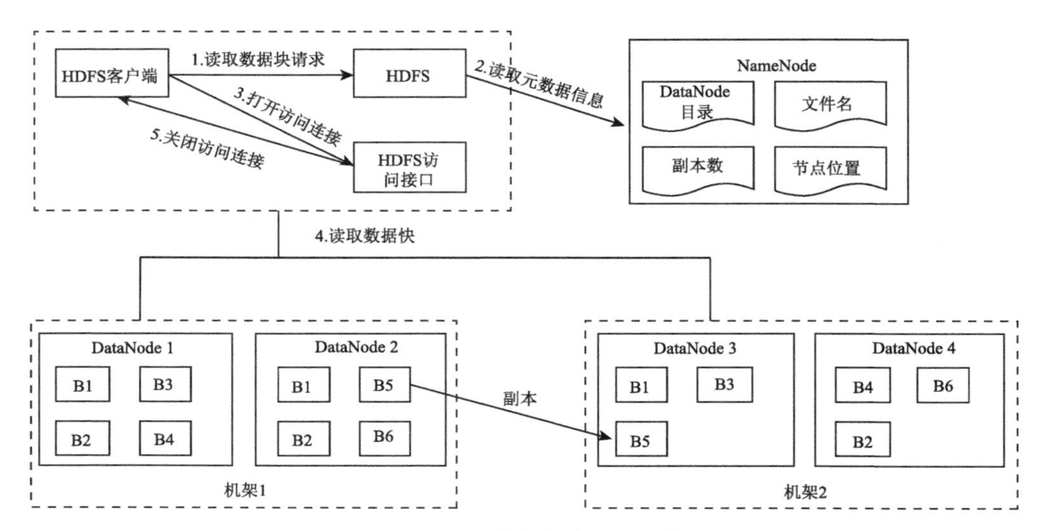

图 3-1 HDFS 数据操作流程示意图

算法封装成大数据框架可处理的程序提供了技术途径。容器是轻量级的操作系统级的虚拟化,可以让我们在一个资源隔离的进程中运行应用及其依赖项。通过容器技术,可将资源学科领域异构的算法模型所必需的组件打包成一个镜像,在不同的操作系统平台运行。这些运行的容器在系统中是与其他部分隔离开的一系列进程。通过容器技术为算法模型从开发到测试再到生产部署的各个过程都提供了实现途径。容器是模型算法开发、部署和管理应用方式的又一次飞跃。

此外,容器具有可移植性和一致性。容器镜像提供了可移植性和版本控制,确保了能在开发人员的电脑上运行的应用同样也能在生产环境中正常运行。也就是说,容器具有一个软件独立的运行环境,其所依赖的环境与操作系统和硬件设施无关。相较于虚拟机技术将操作系统在单一硬件上运行,容器可以共享同一个操作系统内核,将应用与系统其他部分隔离开,并且容器在运行时所占用的资源更少。此外,利用容器技术基于多个容器的模型算法应用更加易于对模型算法的管理。封装了模型算法的多容器应用可以跨多个云环境进行编排,从而满足复杂的基于多模型的大数据实现。

目前,应用最广泛的容器技术为 Docker。Docker 是由 PaaS 云服务商 dotCloud 在 2013 年公布的开源虚拟化容器技术,被用来运行在数千台服务器上,实现操作系统级别的虚拟化,快速自动部署和共享 Linux 应用。Docker 使用命名空间(namespaces)实现在操作系统之上应用程序之间的完全隔离,并且保证了应用程序使用资源的安全性,包括网络、文件系统和用户等。Docker 容器由基础镜像(images)创建,一个镜像可以只包含基础的操作系统,或者是一些构建完备的程序。Docker 容器镜像可分层构建和复用,如 Tomcat 服务器,首先构建底层操作系统,然后构建 Java 环境,最后部署安装 Tomcat 程序。构建容器可以手动执行命令,或者在 Dockerfile 文件中写入指令自动化构建。Docker 已经成为了容积技术的代表性产品,因此各大云厂商也都提供了基于 Docker 的云计算和部署服务,例如 AWS ECR 和 ECS,阿里云的容器服务 ACS。具有这些容器服务,用户可以快速、便捷地将自己的镜像发布和存储到云服务器,对外提供高性能的计算和管理服务。

3.2 资源学科大数据管理系统关键技术

资源学科领域的很多科研人员需要借助于地理信息系统和遥感影像处理桌面软件对地理空间影像数据进行处理。这些桌面软件仅可在单机环境下运行，可用于处理小规模的数据集，在面临大规模长时间序列的地理空间影像数据的处理上则难以应对。面向资源学科领域广泛应用的地理空间影像数据，本节将基于 Spark 大数据框架设计面向地理空间影像大数据的管理与处理系统的架构，并提出面向地理空间影像的大数据处理关键技术。在此基础上，展示资源学科领域大数据处理实现案例。

3.2.1 大数据系统架构设计

面向资源学科的地理空间影像大数据处理系统的架构主要包括数据源层、数据规范化 ETL(Extract-Transform-Load)层、资源学科大数据模型服务层、大数据应用层四个层次如图 3-2 所示。

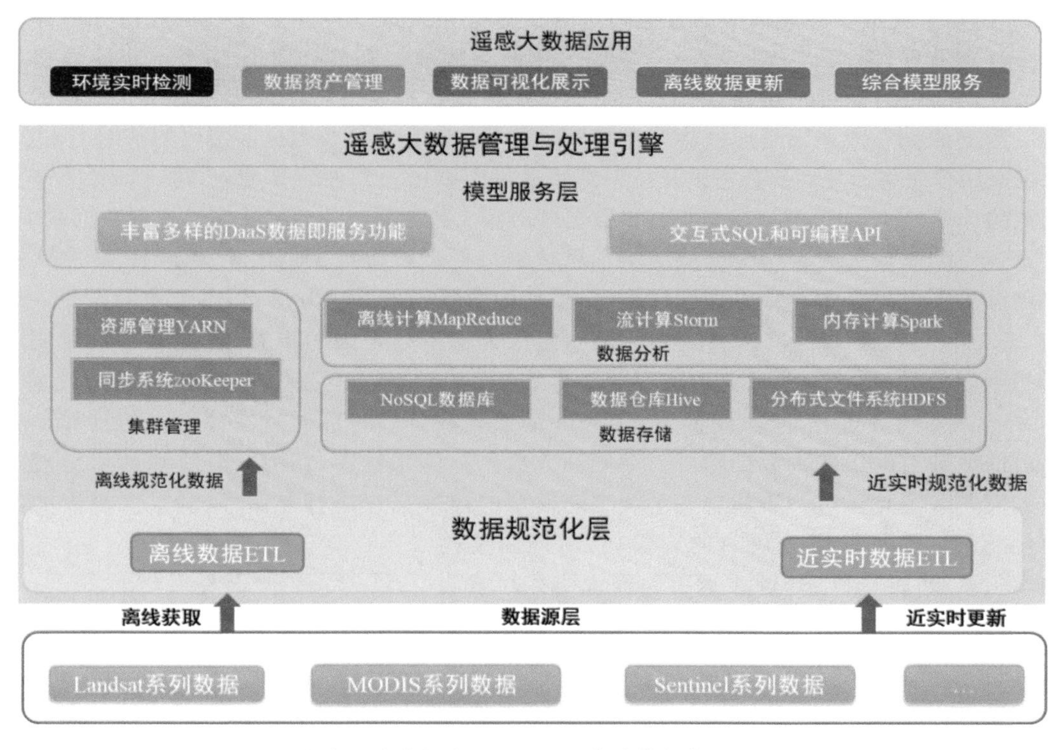

图 3-2　面向资源学科领域地理空间影像大数据管理系统的架构图

数据源层：包括公开地理空间影像数据集近实时更新和离线数据的定期自动查询、获取、归档登记等。数据源层除了具备物理上归档数据的功能，同时也包括通过公开数据源的 API 访问接口实时获取数据的能力。

数据规范化 ETL(抽取、转换、加载)层：该层主要是对数据进行规范化整合，为进一步的存储和处理提供规范化数据保障。由于地理空间影像数据产品多样，同一传感器可以生产出多种类型、不同等级的数据集，在进行数据的入库存储和进一步分析前，必须对数据进行整合清洗，消除不完整的数据、错误的数据和重复的数据。数据规范化 ETL 层还负责数据格式、空间投影等变换处理，可将不同来源的数据转换为一致的格式和尺度，方便对数据的统一管理和进一步应用。

模型服务层：该层是基于资源领域算法模型计算处理的 Web 服务层。该层主要通过容器技术对算法模型服务的封装、管理、自动部署、运行计算提供服务。这些模型服务基于 Spark 这类的大数据处理框架实现，可基于云主机构成的集群进行并行化的批处理，从而大幅提升面向大规模模型计算的处理效率。

服务应用层：该层主要针对不同的资源学科研究领域，基于地理空间影像模型计算服务和数据管理服务。实现基于地理空间影像数据的资源监测、可视化分析、辅助决策和共享应用。

3.2.2　地理空间影像大数据切片方法

资源学科领域中地理空间影像大数据的分析问题可以简单归纳为假设 X 为输入数据，$f(X)$为应用于 X 方法，得到结果 Y。因此，普通的数据处理任务可以用公式表达为 $Y=f(X)$。而基于大数据处理框架的方法则是通过对分布式地理空间影像数据进行分块并输入到各个计算节点，即 $X=\{X1,X2,\cdots,XN\}$。因此大的数据集被分成了 N 个更小的数据集在多个节点同时进行处理。这些大的地理空间影像数据在本质上可以理解为附带元数据的多维矩阵。数据的化整为零则是通过将多维矩阵进行分块切割成瓦片数据并编码的基础上来实现。大数据应用程序将切片后的数据以及模型算法通过网络传送到各计算节点，再有各计算节点进行模型的计算，最终通过编码组织将结果数据输出到大数据系统的分布式文件或者数据库中。

地理空间影像大数据影像分块的基本思想是将目标影像数据通过由上到下、从左到右的顺序划分为不重叠且大小相等的影像块，影像块的形状一般是正方形，而影像块的大小一般设置为 256×256 或者 128×128 等。由于原始影像大多不是规则的正方形，这就导致在使用正方形切割影像时，不可避免地会造成部分边界数据冗余。为了不丢失信息量，可通过设置 NoData 的方式对边界进行补全，设置为 NoData 的数据在计算时可被过滤掉不参与计算。分块切片后的地理空间影像大数据则可以存储到大数据存储系统中。并且，分块切片后地理空间影像如需要可视化可进一步建立基于金字塔模型的栅格瓦片进行存储，以满足大规模的数据可视化场景。为了检索分块后的影像切片，还需要高效的索引系统，这里以 Hilbert 索引为例说明瓦片索引的作用。

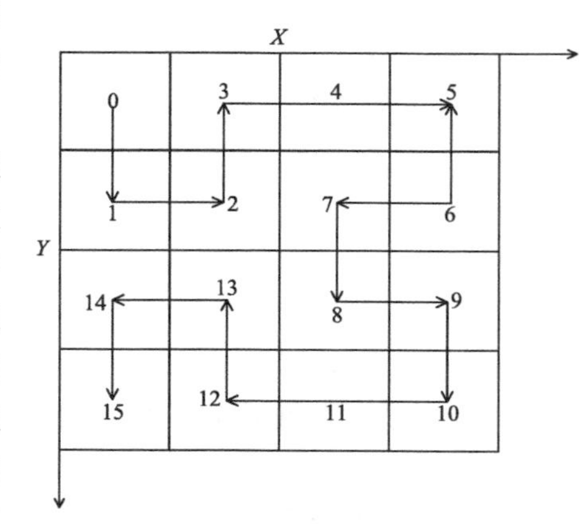

图 3-3　Hilbert 空间填充曲线

Hilbert 曲线是一种空间索引曲线，该曲线可以依次填充满每个切片单元，且保证每个切片单位只通过一次，如图 3-3 所示。Hilbert 曲线索引编码是对贯穿的影像切片单元进行编码。每个编码作为该切片单元的唯一索引。可以看出 Hilbert 曲线可以满足相邻的切片数据在物理上的相邻存放，这解决了模型做 Focal 运算时，因目标像元依赖周围像元导致的访问效率问题。Hilbert 曲线编码使得像元存放过程中充分考虑目标像元与其他像元之前的相邻关系，使得越靠近目标像元的周边像元离目标像元的存储位置越近。可以看出，利用 Hilbert 曲线编码可以实现海量地理空间影像数据的均匀排布，从而减少影像的入库出库时间，提高数据的检索效率。

3.2.3　面向大数据处理的地理空间影像数据模型

当使用 Spark 这类大数据框架对地理空间影像数据进行分布式处理时，首先必须要实现支持大数据框架定义的数据模型。如 Spark 框架中的 RDD 弹性分布式数据集即为大数据处理的核心模型。Spark 框架中的 RDD，可以简单理解为一个分布式的数组，里面存放着若干个相同数据结构的数据片，通过将这些数据分散到各个节点以实现分布式的数据处理。Spark DataFrame 与 RDD 一样也是一种分布式数据集合，每一条数据都由几个命名字段组成。从概念上来说，它和关系型数据库的表或者 R、Python 中的 DataFrame 等价，但是 DataFrame 相较于其他 DataFrame 采用了更多优化。DataFrame 比 RDD 也更适用于结构化数据的处理。

此外，Spark 将 DataFrame 看作比 RDD 更高级别抽象的数据结构，DataFrame 比 RDD 更加适用于机器学习等对于结构化数据的操作，因此 Spark 大数据处理中支持的机器学习计算模型也是以 DataFrame 为模型，DataFrame 适应的机器学习通常是对结构化数据处理的方式。因此，为了运用机器学习模型对地理空间影像进行处理，有必要在由地理空间影像数据分块切分为影像切片后进一步进行基于 DataFrame 数据模型的封装。如图 3-4 即为地理空间影像切片基于 DataFrame 数据模型的封装示例。可以看出，使用 Hilbert 空间填充曲线对影像建立索引后，每个瓦片用 Hilbert 索引的地址来引用。图 3-4 中的 tile_index 字段即为地理空间影像切片的 Hilbert 索引地址，图 3-4 中的 cell_num 表示像元在地理空间影像切片中的索引位置，band_1、band_2、…、band_*n* 为不同影像通道的像元值。

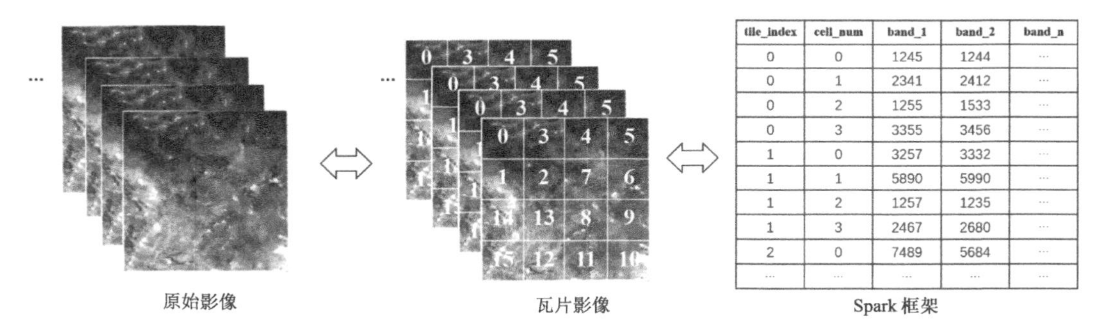

图 3-4　地理空间影像切片的 DataFrame 结构化封装

3.2.4　基于关系型数据库的地理空间影像数据目录

数据目录用于索引直接来源于文件的地理空间影像。基于目录可以进行影像文件级别的管理，地理空间影像大数据管理系统采用 PostgreSQL 数据库，并使用 PostGIS 作为空间扩展，从而支持空间信息的存储和操作。PostgreSQL 是一种对象-关系型数据库管理系统(ORDBMS)，也是目前功能最强大、特性最丰富和最复杂的自由软件数据库系统。PostGIS 可以支持空间数据的存储和查询，并遵循 OGC(Open Geospatial Consortium)的空间数据操作规范，可对地理空间影像的空间信息进行管理、空间度量、几何拓扑分析等。地理空间影像大数据管理系统的组织主要通过以下四张表来组织(表 3-1 至表 3-4)，其数据关系图如图 3-5 所示。

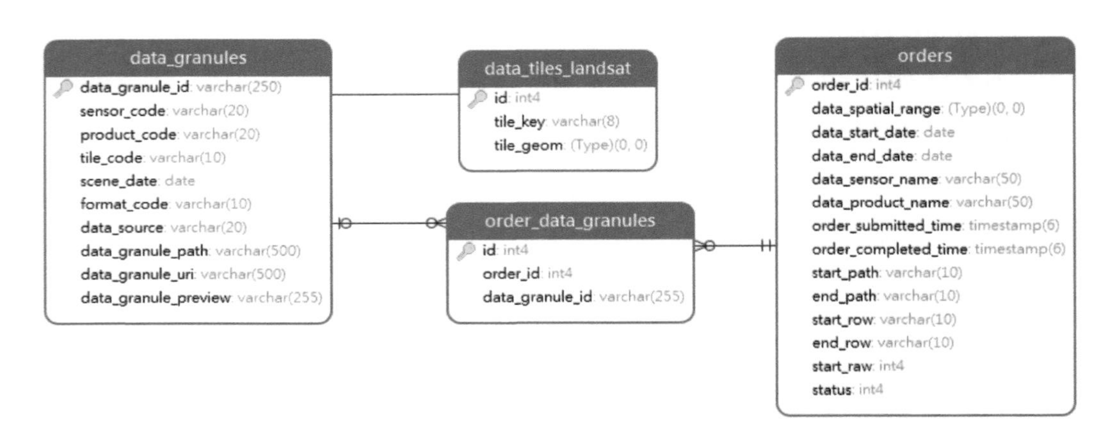

图 3-5　地理空间影像数据目录系统的数据关系图

表 3-1　地理空间影像数据的基本信息(data_granules)

序号	字段名称	字段描述	字段类型	长度	允许空值	缺省值
1	data_granule_id	主键	varchar	256		
2	sensor_code	传感器代码	varchar	16		
3	product_code	数据产品代码	varchar	16		
4	tile_code	瓦片位置	varchar	16		
5	scene_date	影像获取时间	Date			
6	format_code	数据格式	varchar	16		
7	data_source	数据源	varchar	256		
8	data_granule_path	数据本地路径	varchar	512	√	
9	data_granule_url	数据网络 url	varchar	512	√	
10	data_granule_preview	数据预览图	varchar	512	√	

表 3-2　landsat 数据每个瓦片对应的空间位置(data_tiles_landsat)

序号	字段名称	字段描述	字段类型	长度	允许空值	缺省值
1	id	主键,外键	varchar	256		
2	tile_code	瓦片位置	varchar	16		
3	tile_geom	瓦片的空间位置	geometry(MultiPolygon,4326)			

表 3-3　每个订单包含的 data_granule 信息表(order_data_granules)

序号	字段名称	字段描述	字段类型	长度	允许空值	缺省值
1	id	主键,外键	varchar	256		
2	order_id	订单编号	integer			
3	data_granule_id	每一景影像的唯一编号	varchar	256		

表 3-4　每个提交的订单信息和状态表(orders)

序号	字段名称	字段描述	字段类型	长度	允许空值	缺省值
1	order_id	主键	varchar	256		
2	data_spatial_range	传感器代码	geometry(multipolygon,4326)	16		
3	data_start_date	影像获取起始时间	date			
4	data_end_date	影像获取终止时间	date			
5	data_sensor_name	影像获取时间	varchar	16		
6	data_product_name	数据格式	varchar	16		
7	order_submitted_time	订单提交时间	timestamp			
8	order_completted_time	订单完成时间	timestamp	512	√	
9	start_path	影像起始 path	varchar	512	√	
10	end_path	影像终止 path	varchar	512	√	
11	start_row	影像起始 row	varchar	16	√	
12	end_row	影像终止 row	varchar	16	√	
13	status	订单状态	integer		√	

3.3　资源学科大数据管理系统应用案例

资源学科大数据管理系统选取基于遥感卫星影像大数据驱动的荒漠化信息提取作为应用案例。荒漠化精细反演需要多种模型参与计算，传统单机串行的计算方法会带来计算压力大、消耗时间长的问题。因此，选择大数据计算技术来改善数据密集型计算场景中的时间效率问题。案例主要面向 Landsat 卫星影像数据，综合多种荒漠化信息提取模型，设计实现分布式的地理空间影像数据存储、分布式的基于影像数据的计算模型，并以中蒙俄经济走廊为研究区实现对该区域荒漠化信息的快速提取。

3.3.1　案例研究区背景与基本思想

地处中蒙俄经济走廊核心地段的蒙古国是荒漠化严重区域，对于中国毗邻区域乃至整个蒙古高原区域有着显著的生态环境影响，准确掌握该区域的荒漠化状况对于促进整个区域的荒漠化风险防控、区域可持续发展和一带一路国际合作均具有重要的意义。荒漠化遥感信息精细反演应用多个模型进行组合分析，并根据地块特征应用不同的荒漠化信息提取模型。荒漠化信息提取中每个模型的计算都需要执行数据读取、模型计算、结果输出，多模型计算则涉及多次重复读取计算与输出，随着模型数量的不断增加，模型计算所消耗的时间也会随之成倍增长。基于大数据技术的并行模型计算，可以实现数据一次性读取、多模型并行计算的处理流程，如图 3-6 所示。

案例选取的数据源为美国地质调查局(United States Geological Survey，USGS)官网获取的覆盖蒙古国全境的 2015 年 Landsat 8 遥感影像，选取蒙古国西北部为实验区，反演得到该区域 NDVI(Normalized Difference Vegetation Index)、MSAVI(Modified Soil-Adjusted Vegetation Index)、TGSI(Topsoil Grain Size Index)、Albedo 等多种地表参考变量，其计算公式如

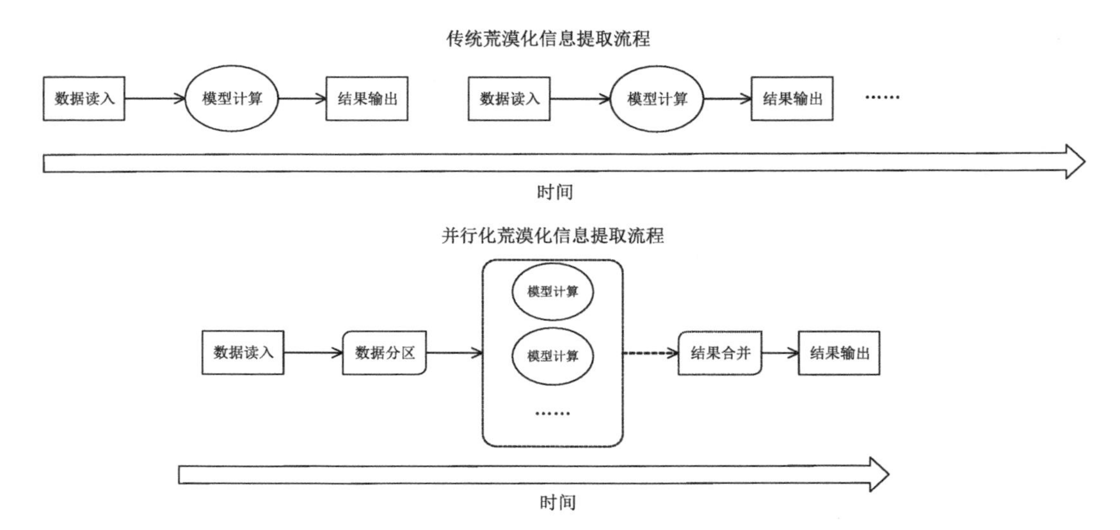

图 3-6 荒漠化信息提取流程对比

下所示：

$$\mathrm{NDVI}=(\mathrm{NIR}-\mathrm{RED})/(\mathrm{NIR}+\mathrm{RED}) \tag{3-1}$$

$$\mathrm{MSAVI}=\left(2\mathrm{NIR}+1-\sqrt{(2\mathrm{NIR}+1)^2-8(\mathrm{NIR}-\mathrm{RED})}\right)/2 \tag{3-2}$$

$$\mathrm{TGSI}=(\mathrm{RED}-\mathrm{BLUE})/(\mathrm{RED}+\mathrm{BLUE}+\mathrm{GREEN}) \tag{3-3}$$

$$\mathrm{Albedo}=0.356\mathrm{BLUE}+0.13\mathrm{RED}+0.373\mathrm{NIR}+0.085\mathrm{SWIR1}+0.072\mathrm{SWIR2}-0.0018 \tag{3-4}$$

式中，NIR 为近红外波段，RED 为红波段，BLUE 为蓝波段，GREEN 为绿波段，SWIR1、SWIR2 均为短波红外波段。

分别对 NDVI、MSAVI、TGSI 与 Albedo 进行统计回归分析，计算定量关系，从而构建 Albedo-NDVI、Albedo-MSAVI、Albedo-TGSI 特征空间。由于 NDVI、MSAVI 与 Albedo 具有较强的负相关性，TGSI 与 Albedo 具有较强的正相关性，因此可通过在代表荒漠化变化趋势的垂直方向上划分特征空间，将不同的荒漠化区域有效地区分开来。计算公式如下所示：

$$\mathrm{DDI}_{\mathrm{MAX}}=K_{\mathrm{MAX}}\cdot\mathrm{NDVI}-\mathrm{Albedo} \tag{3-5}$$

$$\mathrm{DDI}_{\mathrm{MID}}=K_{\mathrm{MID}}\cdot\mathrm{MSAVI}-\mathrm{Albedo} \tag{3-6}$$

$$\mathrm{DDI}_{\mathrm{MIN}}=K_{\mathrm{MIN}}\cdot\mathrm{TGSI}+\mathrm{Albedo} \tag{3-7}$$

式中，$\mathrm{DDI}_{\mathrm{MAX}}$为 Albedo-NDVI 特征空间模型的荒漠化分级指数，$\mathrm{DDI}_{\mathrm{MID}}$为 Albedo-MSAVI 特征空间模型的荒漠化分级指数，$\mathrm{DDI}_{\mathrm{MIN}}$为 Albedo-TGSI 特征空间模型的荒漠化分级指数，而K_{MAX}、K_{MID}、K_{MIN}分别由 Albedo-NDVI、Albedo-MSAVI、Albedo-TGSI 特征空间中拟合的直线斜率确定。最后，通过分析 Albedo-NDVI、Albedo-MSAVI、Albedo-TGSI 三种特征空间模型机理，分析各个模型验证精度，对比土地利用数据得出精度评估。基于大数据计算环境的荒漠化信息提取涉及数据预处理、指数信息提取、影像数据分类等，其技术路线如图 3-7 所示。

3.3.2 数据预处理环节

卫星影像数据不可避免地会受到大气中各种气体和悬浮颗粒物的吸收和多次散射作用的

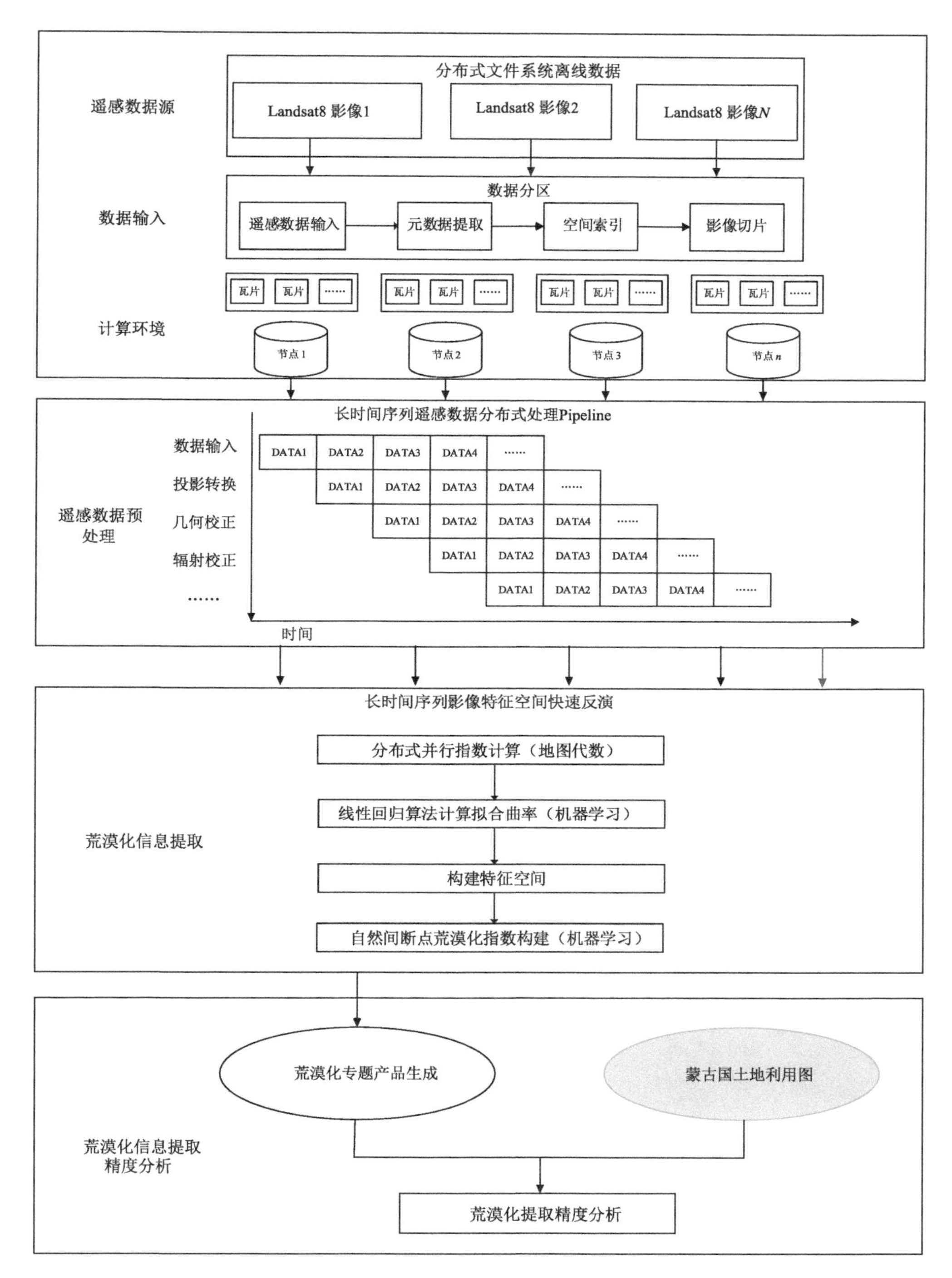

图 3-7　基于大数据计算环境的荒漠化信息提取技术路线图

影响。大气校正处理正是去除云和气溶胶等对数据的影响，得到地表真实反射率的过程。因此，卫星影像经过大气校正后所产生的即为地表反射率产品。在使用影像数据进行时间序列分析或不同区域对比分析时，有必要先进行大气校正的预处理过程。在进行大气校正前，一般还需要对地理空间影像数据进行辐射定标，将记录的原始 DN 值转换为大气外层表面反射率，消除传感器本身产生的误差。

本案例采用的 Landsat 8 OLI(Operational Land Imager)数据源是美国 USGS 向公众提供的支撑地表变化研究的卫星影像数据产品。2016 年 USGS 推出了一套 Landsat 8 影像的大气校正软件 LaSRC(Landsat 8 Surface Reflectance Code)，被认为是最精确的 Landsat 8 OLI 大气校正软件。LaSRC 算法根据辐射定标参数生成大气层顶部(Top Of Atmosphere，TOA)的反射率和亮度温度数据，再对 TOA 数据执行大气校正，从而得到地表反射率(Surface Reflectance)数据。其使用的辅助数据集如水蒸气、臭氧、气溶胶光学厚度可从 MODIS(Moderate Resolution Imaging Spectroradiometer)中获取，数字高程由 GTOPO5(全球数字高程模型 DEM 数据)中获取。但是，LaSRC 大气校正程序安装环境极为复杂，不仅需要安装在 Linux 环境下，依赖十多个软件包，并且软件包之间也存在依赖关系，安装顺序或者安装包版本出错很容易导致整个软件程序的安装失败。同时，LaSRC 程序由 C 语言和 Fortran 语言开发，有大量的历史累积代码，LaSRC 原生程序不支持分布式计算，重新开发实现分布式难度巨大。因此，可以利用 Docker 容器技术解决 LaSRC 程序在大数据计算环境下的快速部署和分布式计算的问题。通过 LaSRC 算法程序封装为 Docker 镜像，复制和部署到集群环境，并使用 Kubernetes 容器编排引擎分发计算任务，则可以实现影像粒度层面的分布式 Landsat 8 OLI 大气校正处理。图 3-8 即为基于容器技术的 LaSRC 算法分布式处理示意图。

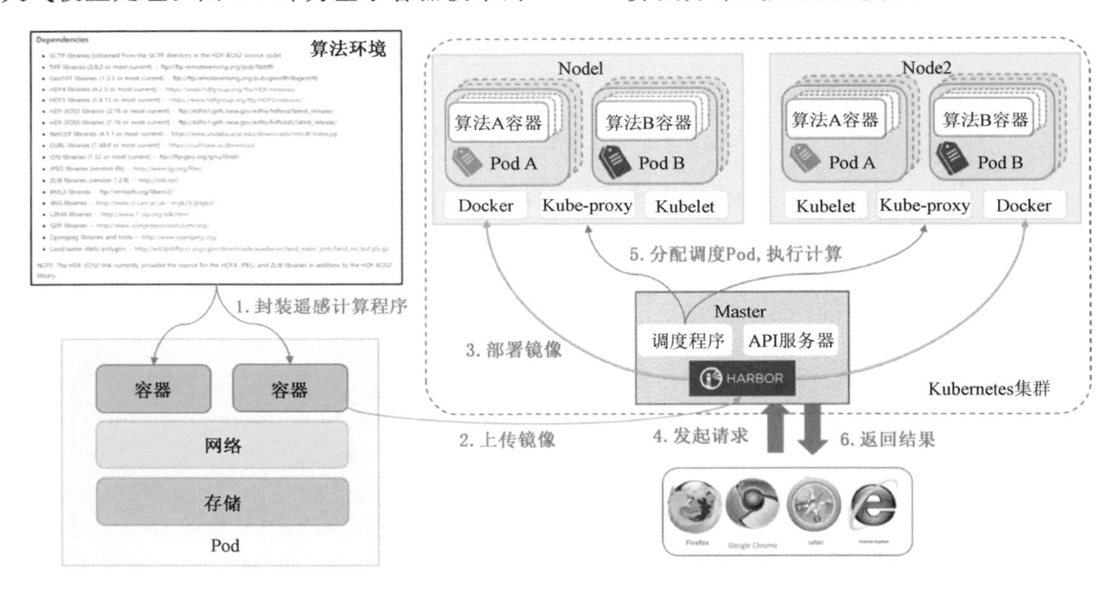

图 3-8　基于容器技术的 LaSRC 算法分布式处理

3.3.3　指数信息计算环节

资源科学领域有大量基于光谱传感器影像数据的指数计算模型，用于表征地物要素等信息的状态。本案例提取荒漠化信息选择的指数信息包括：NDVI、MSAVI、TGSI 与 Albedo。这里以 NDVI 为例来说明大数据框架下指数信息计算的环节。NDVI 用于评估目标地区绿色植被生长状况，也是植物生长状态以及植被空间分布密度的最佳指示因子。NDVI 广泛应用于草地长势监测、作物产量/密度估计、森林覆盖监测、荒漠化监测等诸多资源环境研究领域。NDVI 能反映出植物冠层的背景影响，如土壤、潮湿地面、枯叶、粗糙度等，其计算公式为（NIR－R）/（NIR＋R）。NDVI 为负值表示地面覆盖为云、水、雪等，对可见光高反射；NIR 和 R 近似相等时，NDVI 为 0 表示有岩石或裸土等；NDVI 为正值时，表示有植被覆盖，且随覆盖度增大而增大。

传统方法进行 NDVI 提取主要是依靠单机桌面软件平台完成，如：ENVI、ERDAS、ArcGIS 等。这些软件共同的特点是都具有图形化的界面，可以实现影像的可视化表达，同时提供了简单易用的操作接口，便于用户进行数据的处理。但是，随着地理空间影像数据在空间分辨率、时间分辨率、光谱分辨率的不断提高，单机桌面软件的计算效率和数据吞吐能力已经无法满足海量地理空间影像数据处理的应用场景。因此，基于 Spark 框架首先对具有空间位置信息的影像数据建立了可用作 Spark 大数据处理的 RDD，封装为 RDD 之后的地理空间影像可以在大数据环境下进行多节点的分布式瓦片切割存储，如图 3-9 所示。影像切片的大小可为任意大小，但是推荐设置为对影像行列数整分的大小。切片后的索引包括空间瓦片位置和时间标签的时空索引，索引方案采用 Hilbert 曲线来确保像元存储的邻近性。经过 RDD 封装和存储后的影像切片可以自由地在 Spark 框架下进行指数模型的分块并行计算。

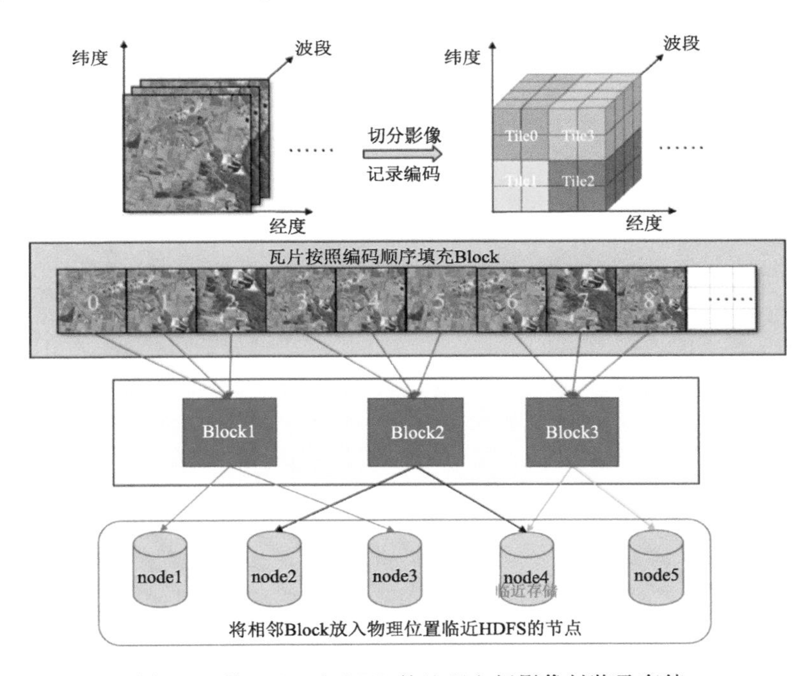

图 3-9　基于 Spark RDD 的地理空间影像封装及存储

3.3.4　特征空间构建与聚类环节

在预处理和指数信息计算的基础上，实现荒漠化信息提取中最为关键的步骤是要基于 NDVI、MSAVI、TGSI 与 Albedo 几个指数计算结果构建特征空间，并针对特征空间的结果，使用聚类算法将其划分为不同等级的荒漠化程度。构建特征空间主要是通过计算相关波段的线性关系来实现，而荒漠化等级的划分基于聚类算法来实现。聚类是一种非监督的学习方法，主要以集群为理论基础，通过计算机对数据进行集聚统计分析。影像数据的非监督分类以地物在特征空间中的类别特征为依据，主要根据待分类样本特征参数的统计特征来建立决策规则。大数据框架 Spark MLlib 机器学习组件提供了基于 DataFrame 数据结构的机器学习算法，包括本案例要用到的 *K*-Means 算法。Spark 这种基于内存的分布式计算非常适合于 *K*-Means这种多次迭代的应用场景。

在本例中，首先将影像数据结构转换为 Spark 的 DataFrame 数据结构，以便利用 Spark MLlib 对卫星影像数据进行机器学习方法的调用。此外，基于 DataFrame 的特征空间构建与聚类算法实现需要对 NDVI、Albedo、MSAVI、TGSI 指数信息先进行归一化处理。然后通过 org. apache. spark. ml 提供的 Regression 类，分别计算 Albedo-NDVI、Albedo-MSAVI、Albedo-TGSI 线性回归的斜率 a，根据公式 $a \cdot k=-1$，可以计算出 k。将 k 值带入荒漠化差值指数表达式中可以计算荒漠化 DDI。最后通过聚类算法，把 DDI 依据像元值调用 *K*-Means（*K* 均值）算法，将荒漠化程度分为五类，所得五段 DDI 数值区间从大到小依次分为无荒漠化、轻度荒漠化、中度荒漠化、重度荒漠化、极重度荒漠化区域，如图 3-10 所示。

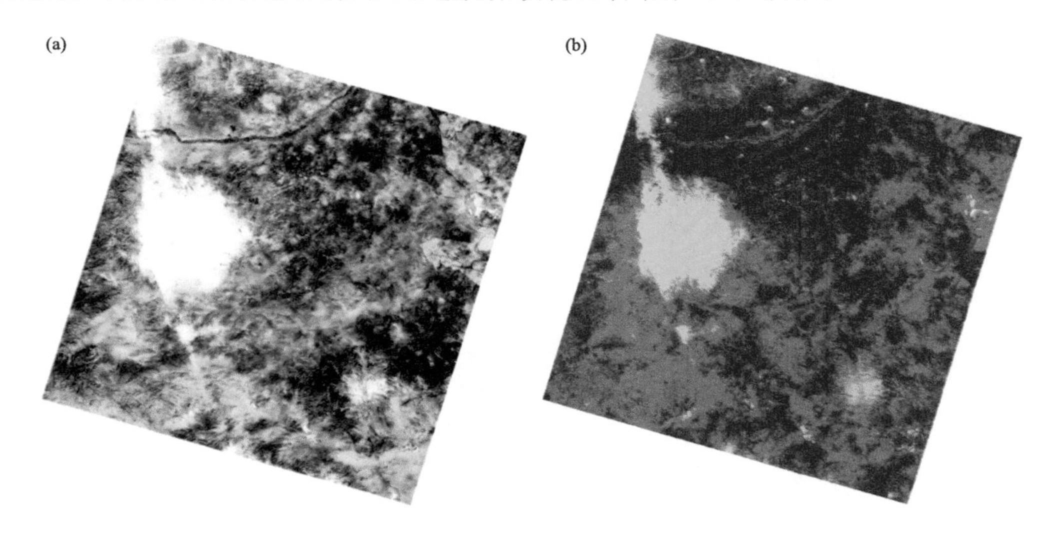

图 3-10　Landsat 8 真彩色合成遥感影像(a)与对应的荒漠化分类信息提取结果(b)

第4章　资源学科创新应用平台系统与工具

资源学科创新应用平台网站是基于Web+WebGIS模式开发的在线应用平台。平台最终以WEB网站的形式提供在线的资源与功能服务，除了核心系统要实现文档、科学数据、多媒体资源的管理与发布，还需要一些工具实现内容的分析与可视化。网站程序使用Python语言、可扩展标记语言XML、Tornado Web框架、TorCMS系统开发。对地理空间数据使用WebGIS技术进行发布，后台使用MapServer地图服务器，前端使用Leaflet与OpenLayers 3 JavaScript库分别实现不同的应用。实现了资源相关元数据、数据集的在线发布、数据表格在线可视化演示、数据专题库在线发布等功能。本章主要对资源学科创新应用平台系统与工具的设计以及开发进行说明与介绍。主要包括：平台设计、平台功能实现、平台工具及资源学科知识图谱等。

4.1　资源学科创新应用平台设计

资源学科创新应用平台的核心功能是实现内容管理系统，以满足内容发布与管理、原人地系统数据资源转换与发布、地图数据可视化等核心功能需求为目标，首先对原有系统功能进行梳理、原中国自然资源数据库进行转换，并进一步进行了平台系统与数据库设计与开发、地图资源管理与服务发布开发等相关工作，推动资源学科创新平台整合集成人地系统资源和信息汇集、处理、分析、应用的技术能力和知识服务能力。

4.1.1　背景

资源学科创新应用平台是面向人地系统基础研究、国家经济建设和国家战略需求，以人口、资源、环境和发展(PRED)为核心的数据库服务系统。资源学科创新应用平台是在完善原中国自然资源数据库的基础上，通过整合东北黑土区、黄土高原、西南山地等人地关系典型区域以及中国周边与全球主要国家(地区)的人地系统数据而形成的。数据库的内容涉及自然资源、环境、人口、社会经济、生态等多个方面，主要为地球科学基础研究、区域可持续发展、政府管理决策以及社会公众提供数据服务。

资源学科创新应用平台原为“人地系统数据库”，使用ASP语言与ACCESS数据库，在Windows Server 2003服务器上开发、部署的应用系统。在“十二五”信息化建设过程中，系统实现了资源汇集、入库、发布、服务的功能，完成了数据管理、发布与在线服务的使命。但是随着技术的发展，原有的技术选型已经渐渐变得老旧，无法满足系统的功能开发与升级，维护的成本也越来越高。

在“十三五”信息化建设过程中，项目专家与技术团队对原有系统平台进行了调研与评估，认同对原有系统进行重新开发的技术方案。强调在新系统的设计上，要基本实现原有系统的功能，并将原系统的资源迁移到新的系统中。

4.1.2　技术选型

在技术选型方面，根据原有系统在开发、部署、运维中存在的问题进行了总结，认为专有技术虽然能够快速建立系统、上线运行，但是在长期的使用与功能扩展过程中，选择使用开放的系统与技术能够更好地节省成本，技术上也更加灵活。

平台的操作系统选择 GNU Linux 系统，具体为 Debian Linux 10；系统开发语言主要使用 Python 3；使用 Web Service 提供的编程接口，给各应用系统提供可拓展的集成能力，数据使用 GeoJSON 格式进行交换与存储。

在 GIS 数据管理与发布方面，平台基于云 GIS 架构的 WebGIS 可视化技术，实现了矢量数据、栅格数据、遥感影像、地图图件等数据资源的在线获取；用户可直接通过互联网、基于 Web 浏览器获取相关的数据与信息。

运用开源的 MapServer 地图服务器提供地图服务功能，使用异构多业务体系——Web 和桌面数据在线编辑，使用 OGC 共享标准的通信协议。在线地图应用部分，使用 MapServer 实现地图切片功能并发布 WMS(Web map service)服务。同时，使用 MapServer 程序进行切片处理，既保护原始数据，又提高了客户端加载的速度，有效地解决了地理信息共享的安全问题。

以下将对使用的主要技术进行简单介绍。

(1)数据库

数据库使用 PostgreSQL，它是一个自由的对象-关系数据库服务器，基于 BSD(Berkeley Software Distribution)风格许可证以开源软件的方式发行。它提供了相对其他开放源代码数据库系统(比如 MySQL 和 Firebird)和专有系统(比如 Oracle、Sybase、IBM 的 DB2 和 Microsoft SQL Server)之外的另一种选择。

PostgreSQL 功能先进，实现了大量的功能。除了关系型数据库之外，还实现了 Key-value 的存储功能，大大扩展了其应用的范围。在系统的设计中，大量使用 key-value 的功能实现标签化管理，实现科学数据的管理与查找功能。

(2)编程语言

Web 系统的开发需要多种编程语言，分别实现服务器端与客户端的功能。在资源学科创新平台的开发过程中，服务器端使用 Python 语言进行开发，客户端则使用 HTML 5、JavaScript 与 CSS 3 等通用语言。

1)Python 语言

Python 语言是一种面向对象的、直译式的计算机程序设计语言，其最大的特点是其独特而又简洁的语法，它可以借助扩展模块轻松地完成复杂编程任务。作为脚本语言，Python 非常灵活，一般不需要程序员对脚本显式编译，Python 会根据需要自行编译。

2)HTML 5 语言

前端使用 HTML 5 的网页语言。HTML 5 是一个概括性的术语，包含了新的以及增强的 HTML 元素、CSS 样式、JavaScript API 和事件。这些技术相互交叉，提供了大量的新特性来提升用户体验，使网站更贴近于原生应用，而且能够与设备更好地集成。HTML 5 网页核心语言其功能基本包括：提高网页语义、表单、Canvas 绘图、本地存储、页面之间的信息传递、视频与音频、网页套接字、地理位置及微数据等。

3）JavaScript 语言

JavaScript 语言是 WWW 上强大的编程语言，它不仅能用于开发真正交互式的 Web 页面，而且像胶水一样将 Java 小程序、ActiveX 控件、浏览器插入件、服务器脚本和其他 Web 对象集成起来，使开发人员能够生成 Internet 和企业 Intranet 上使用的分布式应用程序。

4）CSS 3

层叠样式表（Cascading Style Sheets，CSS）是 HTML 网页标准语言制定者"W3C"万维网联盟在 1996 年底制定并发布的一个网页排版样式标准，是对 HTML 功能的补充；它并不是一种程序设计语言，而只是一种用于网页排版的标记性语言，其特点是通过对 HTML 选择器进行设定，来达到对网页中字体、颜色、背景、图像及其他各种元素的控制，使网页能够完全按照设计者的要求来显示。CSS 可以是嵌套的，所以其应用相当灵活。

（3）技术框架

在软件开发中目前已经有大量成熟的类库与工具，以及抽象层次更高一点的技术框架可供使用。选择使用成熟的技术框架可以减少系统开发的时间与人力成本，并且也会降低出现问题的概率。技术框架构建了一个相关组件的技术组件，这个技术组件的科学性和易用性直接影响下一步开发的科学性和方便性。技术框架是为扩展而设计的，为后续扩展的组件提供很多辅助性、支撑性的方便易用的实用工具。在技术框架方面有很多选择，但是在资源学科创新平台开发的技术造型上使用了成熟、稳定的框架。

1）Tornado Web 框架

Tornado 框架是 Python 的 Web 服务器框架，基于开源协议发布。Tornado 和现在的主流 Web 服务器框架（包括大多数 Python 的框架）相比有着明显的区别：它是非阻塞式服务器，而且速度相当快。由于其非阻塞的方式和对 Epoll 的运用，Tornado 每秒可以处理数以千计的连接，因此 Tornado 是实时 Web 服务的一个理想框架。

2）Bootstrap 框架

Bootstrap 框架内置了许多漂亮样式，即便是非专业的前端开发人员也能轻易使用。它秉承了一切从简的风格，使得开发人员能够毫无顾虑、放心使用，而无须担心这个 div 的高度、那个 span 的宽度等细枝末节的问题。即使没有设计师的团队，也能够使用这套框架迅速构建一个网站原型，甚至是构建一个生产环境的网站。

3）jQuery 框架

jQuery 框架是一个兼容多浏览器的 JavaScript 框架，它的优势在于它可以使用很短的代码实现很强大的功能，且快速地实现页面上各种强大的效果。

4.1.3　程序实现的技术路线

程序系统要实现的功能包括基础资料汇集、文档发布、实时信息发布、地图在线发布、提供元数据服务、数据资源目录导航服务、提供数据共享分发服务、平台系统后台信息发布与用户管理功能等。另外，作为中国科学院"十三五"信息化建设专项"科学大数据工程"的平台之一，要满足项目的一些总体要求。

在相关共建共享机制构建的基础上，按照资源学科领域相关基础数据的汇集、整编、规范化整合和集成，形成资源学科领域基础数据库(群)架构；建设先进的大数据驱动资源学科创新应用平台，对资源学科大数据进行存储、处理、分析；针对三个典型大数据驱动科研活动开展应用示范，以数据开放和共享为基础形成示范，最终总结出创新服务模式和机制。技术路线如图4-1所示。

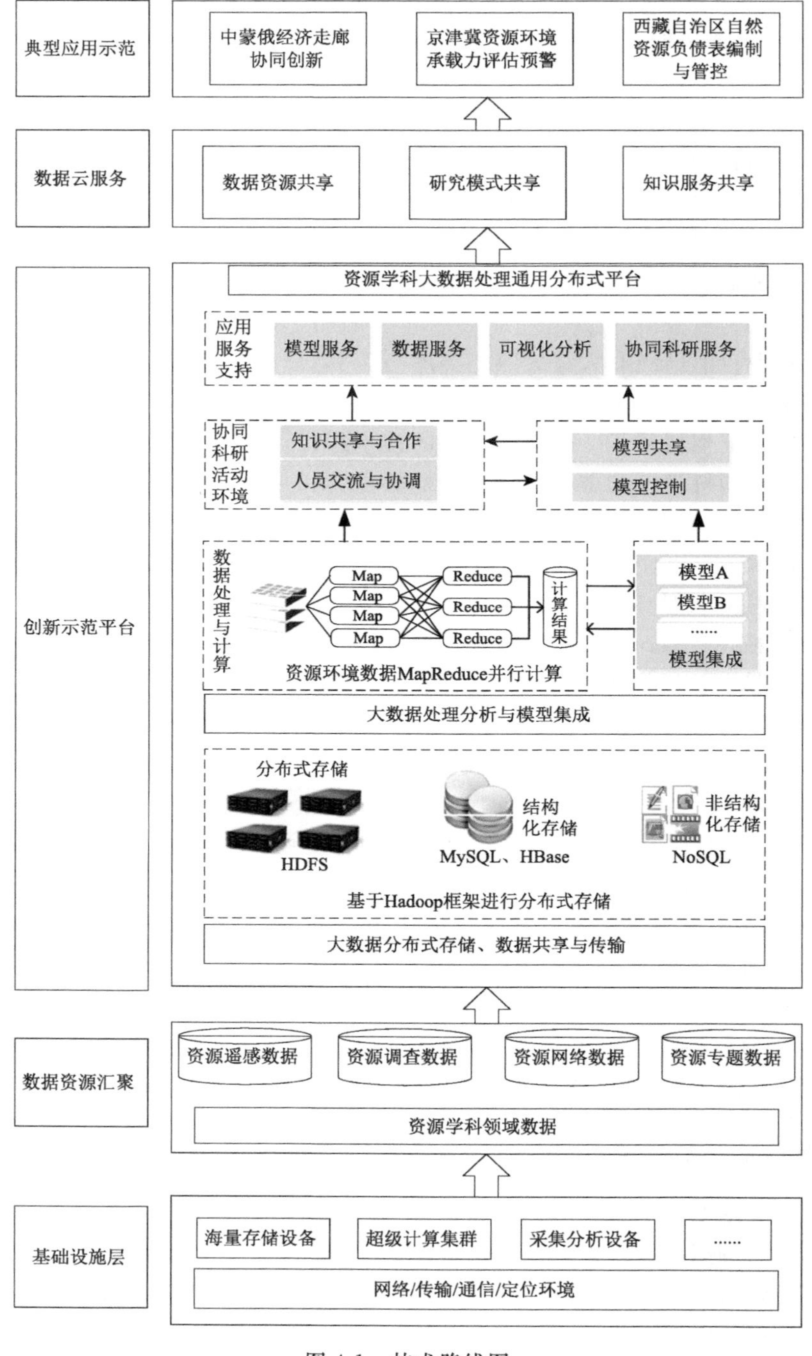

图 4-1 技术路线图

鉴于系统发布资源的异构性，除了核心的内容管理系统，对于不同的应用（地图服务、元数据服务），采用 Web Service 的设计模式。不同的应用使用单独的服务进行发布，门户网站通过接口进行调用。

技术方案包括以下四个方面的实施途径。

（1）基础数据资源的汇集和整编。首先确立获取资源学科领域数据的方法和途径，研究构建不同子库间及数据要素间的关联关系，深度整合集成建设单位拥有的资源学科数据。依托于项目牵头单位的人地系统主题数据库对 40 个数据子库开展统一的数据深度整编处理，面向开展网络资源环境大数据挖掘，形成资源学科领域大数据存储库。

（2）建设先进的大数据驱动学科创新应用平台。平台分为基础设施、数据存储管理、数据处理计算与模型集成、协同科研活动环境、数据分析应用服务五部分。实现面向本领域典型科研活动的数据分析算法、软件等集成与实现云服务，建立资源环境大数据处理的通用分布式新型平台。集成资源环境领域数据处理与分析模型，构建资源环境领域协同科研活动环境，实现资源环境大数据可视化分析，为用户提供数据资源服务、集成模型服务、协同科研服务、数据可视化服务。

应用服务支持部分，主要面向科学家用户，为他们提供研究所需要的各种超级计算能力、资源环境数据资源、科技文献或者是数据处理、计算所需要的模型和工具软件，基于协同环境开展跨区域、跨学科的协同研究。该部分包括数据可视化、模型服务、数据服务、协同科研环境服务。数据可视化分析运用计算机技术、GIS 可视化分析技术、专业领域知识，通过可视化表达规则，如 OGC 的 SLD 规则，实现网络环境中的资源环境数据可视化问题。数据服务与模型服务将大数据资源与模型服务集成到平台界面，实现数据集中化和服务同步，体现云服务的平台理念，实现资源环境大数据的共享与互操作。

（3）数据共享服务。通过在线服务、离线定制、跟踪服务、主动服务、委托服务等多种途径提供共享服务。在保障已有科学数据库的正常服务的情况下，新增数据内容、服务功能在项目实施过程中动态发布，及时运行服务，依托数据云服务环境，保障重点数据库面向学科发展的公共支撑服务，提升服务效果。

（4）建立平台运维技术团队，定期对平台进行检查、测试与运行维护。对平台系统进行总体的测试与调研，对数据资源、平台功能进行清查与梳理，系统地进行问题修正与改进。安排落实运行环境、运维人员与运维方案。

4.1.4 科学数据资源管理思考与设计

数据分类是数据管理中必不可少的环节，国内外相关的地球科学数据共享机构都建有自己的分类体系。然而，这些分类体系各自独立、应用目标差异很大。资源学科创新平台以科学数据资源的发布与应用为核心，关键在于实现数据的管理。

数据分类是最重要和最基本的数据管理方法。数据分类使用预先设计的类别体系实现资源的入库。然而，类别体系的设计很难做到面面俱到。为了弥补数据分类的局限性，使用标签作为数据管理的另外一种方法。标签就是一个词条，用户可以使用它来为自己感兴趣的资源（如图片、视频、网页、文献等）添加个性化标注，以方便查找、分类、检索和分享。

数据资源首先要实现标准化描述。在元数据和数据标签的基础上，对数据资源的外部数据特征、内部数据特征进行统一描述，在语义上将多源异构的数据资源转化为结构化的信息。

在统一的描述标准下，对各种类型的数据进行有效的组织，为后续数据资源关联关系的挖掘和计算奠定基础。主要从基本描述、时空描述、深度描述三个侧面来描述数据资源。其中，基本特征描述包括数据名称、数据类型、采集工具、格式等基本信息；时空特征描述侧面主要是与时间、空间相关信息的描述，包括时间范围、空间范围、空间参照等；深度特征描述侧面对隐藏在数据内部的特征进行描述。

数据资源的标准化描述之间存在着能够定量或定性分析的相互关系，称为数据资源的关联关系。研究总结归纳出数据资源存在的语义、时间、空间三种关联关系。并两两计算数据资源间的语义相关度、空间相关度、时间相关度，完成对数据资源相互关联程度的定量表达。语义相关度由关键词或标签语义相似度和专题类别相关度决定；空间相关度由空间拓扑关系和空间度量关系共同决定；时间相关度由时间拓扑关系和时间度量关系共同决定。

4.2 资源学科创新应用平台功能实现

鉴于系统发布资源的异构性，对于不同的应用（文档、实时信息发布、地图服务），采用Service的设计模式。不同的应用使用单独的服务进行发布，门户网站通过接口进行调用。

平台基于云GIS架构的WebGIS可视化技术，实现了矢量数据、栅格数据、遥感影像、地图图件等数据资源的在线获取。用户可直接通过互联网、基于Web浏览器获取相关的数据与信息。

- 基于基本的资源学科大数据专业知识，建立平台人地关系典型区域系统数据模型；
- 基于云GIS架构的WebGIS技术，实现人地关系典型区域系统数据的整合与集成；
- 支持资源学科创新平台数据在线录入；
- 实现地图资源发布、尼泊尔基础地理数据等专题数据服务内容的在线可视化应用；
- 实现数据、元数据、专题数据库等数据报表的输出。

4.2.1 页面布局与首页设计

资源学科创新平台实现的页面布局如图4-2所示。在网站后台设置本站信息分类、本站单页信息、本站所有数据（元数据）信息管理、链接管理及各种专题管理。

图4-2 资源学科创新平台实现的页面布局

具体包括：

1）分类管理：数据（元数据）、新闻资讯、地图、数据集、数据表、专题数据库等；

2）数据（元数据）信息管理：包括元数据的标题、所属分类、更新时间等；

3）链接管理：包括网站的友情链接；

4）专题管理：包括地图、学科资源、专题服务等。

4.2.2　文档发布实现

文档具体有三种形式，包括 Post、Page、Wiki。它们在资源学科创新平台系统中用于不同的文档类型，入口访问的路径也不一样。

文档输入时，按数据库设计的字段逐项输入，具体包括：

- 标题，文档或元数据的主旨；
- 关键词，文档或元数据的关键词，限制在 4～5 个，作为搜索引擎关键词；
- 标签，文档或元数据的分类标签；
- 分类，网站共设几个分类，建设中网站所有文档或元数据归纳到分类中；
- 图片，文档或元数据的标志性图片，直观表达，供用户查看；
- 内容，文档或元数据的所有内容，基于 Markdown 语法输入。

4.2.3　信息发布实现

信息发布程序用在资源学科创新平台系统发布如数据(元数据)、数据服务接口、地图等信息。科学数据元数据按数据库字段在线录入，并基于网页形式进行浏览与查询。根据数据库的定义，进行增删改查操作。Web 地图服务实现地图制图成果在线发布。如图 4-3 所示，为已发布的典型区域数据集。采用地图服务器 MapServer，并发布 WMS 服务。科学数据元数据使用 OGC 的 CSW(Catalogue Service for Web，网络目录服务)标准发布接口；地图服务发布 WMS 接口。

图 4-3　典型区域数据集发布

4.2.4 用户管理实现

用户注册、登陆与权限管理是信息系统的基本功能。在资源学科创新平台中设计了不同的用户权限，具体的权限见表 4-1。

表 4-1 用户权限

	管理员用户	编辑用户	注册用户	普通用户
查看信息	√	√	√	√
管理用户组	√			
登录	√	√	√	
修改登录密码	√	√		
修改个人信息	√	√	√	
添加文档		√		
发布信息		√		
修改/删除记录		√		
查看文件列表		√		
查看文件下载列表		√		
添加外部链接		√		
上传图片		√		
修改图片		√		

(1)管理用户组

只有管理员才有权限对用户权限进行管理。该系统可对用户的角色进行修改，角色分为编辑、管理员、访问者等几种。

(2)修改用户信息

注册后，如果用户的信息填写有误或者信息有变更，用户可以通过点击登陆处的“修改信息”进行修改，修改的内容包括密码、电子邮箱等。

(3)信息查询

在本站首页搜索栏中输入关键词，即可查询相关信息。

(4)修改文档/信息

用户可利用该系统对信息进行修改，找到需要修改的信息，点击“修改”，弹出界面，对需要修改的信息逐一修改，确认无误后，点击“提交”，即信息修改成功。

4.2.5 检索实现

全文检索是 20 世纪末产生的一种新的信息检索技术。经过几十年的发展，特别是以计算机技术为代表的新一代信息技术应用，使全文检索从最初的字符串匹配和简单的布尔逻辑检索技术演进到能对超大文本、语音、图像、活动影像等非结构化数据进行综合管理的复合技术。由于内涵和外延的深刻变化，全文检索系统已成为新一代管理系统的代名词，衡量全文检索系统的基本指标和全文检索的内涵也发生巨大变化。

全文数据库是全文检索系统的主要构成部分。所谓全文数据库是将一个完整的信息源的全部内容转化为计算机可以识别、处理的信息单元而形成的数据集合。全文数据库不仅可以存储信息，而且还可以对全文数据进行词、字、段落等更深层次的编辑、加工，所有全文数据库无一不是海量信息数据库。

在实现资源学科创新平台的全文检索功能方面，使用 Python 开发的 Whoosh 工具。Whoosh 全文检索工具易与系统开发进行集成；虽然执行效率与基于 Lucene 引擎的应用或 Sphinx 等全文检索工具相比差一些，但是在小型系统中完全能满足功能与时间上的要求，且易使用。全文检索的文本入库需要对文本内容进行解析，关键是语义的解析，在这方面英文与中文是不一样的。在具体的实现中，使用了结巴分词工具作为全文检索的中文分词模块。

具体的使用方法是根据关键词对全文的文档、数据及信息进行检索。输入“关键词”，基于资源学科创新平台系统全文检索模块，返回检索的结果，如图 4-4 所示。

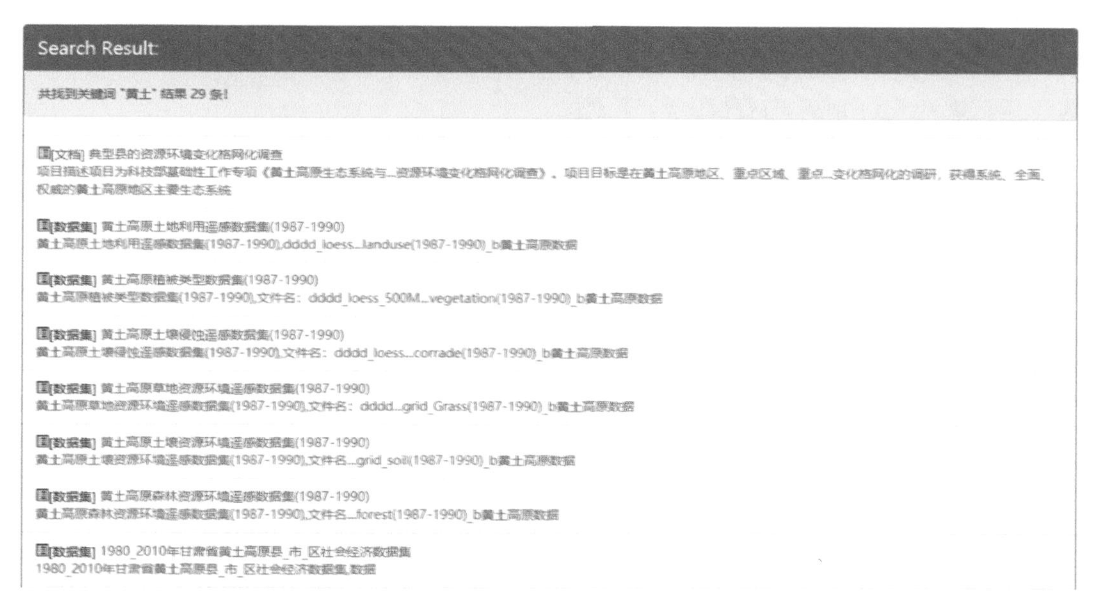

图 4-4　全文检索结果图

4.2.6　数据库设计与开发

数据库是内容管理系统的核心部分，用于存储网站的内容。内容管理系统，主要是对数据库完成增删改查等操作。针对课题资源进行设计，初步拟定了数据表、数据集、专题数据库、数据服务接口四种数据服务模式。

在 Python 语言中使用 Peewee 模块连接 PostgreSQL 数据库。Peewee 实现了多种数据库的 ORM(Object Relation Model)，其应用与部署也非常灵活、简单。在系统的设计中，使用了 PostgreSQL 传统的关系型数据库的功能，实现信息的索引、关联，并进一步使用其 Key-Value 存储功能来保存扩展的属性，使用上非常灵活。

数据库中的表主要有以下几个：

1）TabMember：主要用来存储用户信息；

2）TabTag：主要包括系统中的分类、标签等信息；

3) TabPost：主要用来存储内容发布、信息发布的信息，此表中的记录都要与 TabTag 进行关联；

4) TabWiki：记录单个单面的内容。

除了上述的核心表格，还有其他的表格记录不同数据表之间的关系，记录之间的推荐关系等。

4.2.7 数据服务接口

数据服务功能，除了供用户来查找、使用，还开放了服务接口，供其他计算机来访问与调用。数据服务接口主要分两方面，一是针对科学数据资源，二是地图服务接口。数据资源交换主要是指元数据接口。系统中的元数据服务功能使用了 Python pycws 第三方库提供元数据发布服务。

4.3 资源学科创新应用平台工具

除了基本的信息发布与管理功能，针对用户的需求与内容挖掘方面，设计实现数据可视化以及基本的在线互操作等功能。这些不同的应用构成资源学科创新平台的应用工具。

4.3.1 电子表格数据可视化

数据表是数据库最重要的组成部分之一。数据库只是一个框架，数据表才是其实质内容，是可以直接在线查看、访问和分析的数据表格。如图 4-5 所示为数据表可视化。

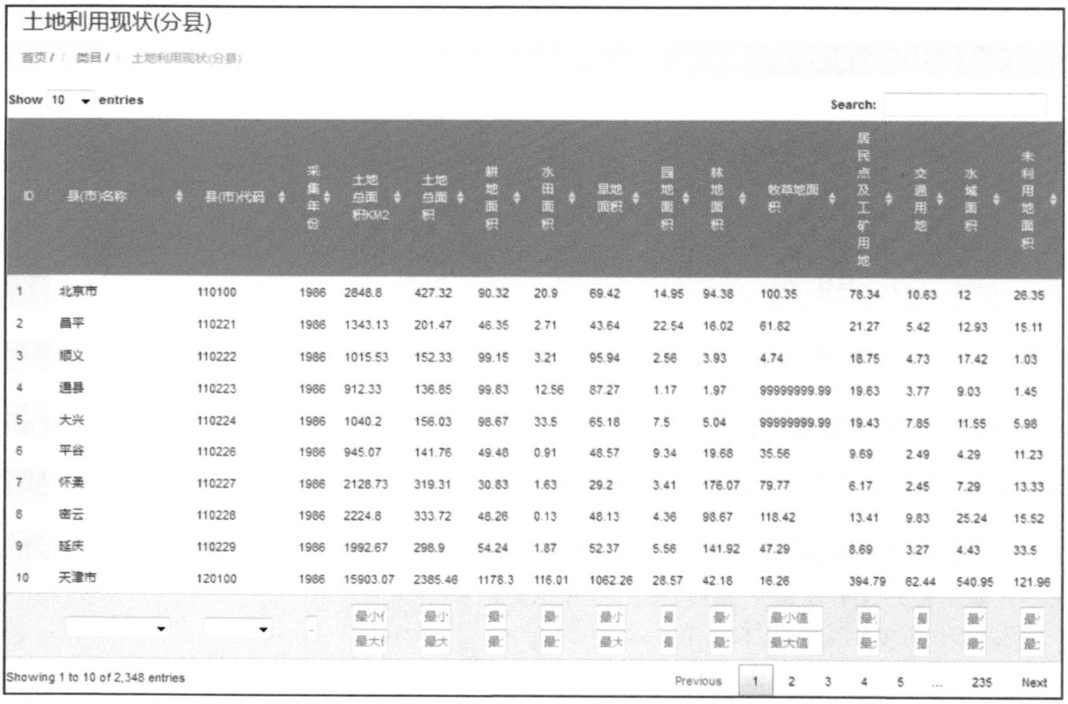

土地利用现状(分县)

首页 / 类目 / 土地利用现状(分县)

Show 10 entries　　Search:

ID	县(市)名称	县(市)代码	采集年份	土地总面积KM2	土地总面积	耕地面积	水田面积	旱地面积	园地面积	林地面积	牧草地面积	居民点及工矿用地	交通用地	水域面积	未利用地面积
1	北京市	110100	1986	2848.8	427.32	90.32	20.9	69.42	14.95	94.38	100.35	78.34	10.63	12	26.35
2	昌平	110221	1986	1343.13	201.47	46.35	2.71	43.64	22.54	16.02	61.82	21.27	5.42	12.93	15.11
3	顺义	110222	1986	1015.53	152.33	99.15	3.21	95.94	2.56	3.93	4.74	18.75	4.73	17.42	1.03
4	通县	110223	1986	912.33	136.85	99.83	12.56	87.27	1.17	1.97	99999999.99	19.63	3.77	9.03	1.45
5	大兴	110224	1986	1040.2	156.03	98.67	33.5	65.18	7.5	5.04	99999999.99	19.43	7.85	11.55	5.98
6	平谷	110226	1986	945.07	141.76	49.48	0.91	48.57	9.34	19.68	35.56	9.69	2.49	4.29	11.23
7	怀柔	110227	1986	2128.73	319.31	30.83	1.63	29.2	3.41	176.07	79.77	6.17	2.45	7.29	13.33
8	密云	110228	1986	2224.8	333.72	48.26	0.13	48.13	4.36	98.67	118.42	13.41	9.83	25.24	15.52
9	延庆	110229	1986	1992.67	298.9	54.24	1.87	52.37	5.56	141.92	47.29	8.69	3.27	4.43	33.5
10	天津市	120100	1986	15903.07	2385.46	1178.3	116.01	1062.26	28.57	42.18	16.26	394.79	62.44	540.95	121.96

Showing 1 to 10 of 2,348 entries　　Previous 1 2 3 4 5 … 235 Next

图 4-5 数据表可视化输出

资源学科创新应用平台基于 WebGIS 相关技术进行原网站数据表爬取,获取资源学科元数据信息,将抓取到的资源数据进行清理、保存,建立相应数据库进行存储。基于前端表格控件 DataTables 对一些数据列进行下拉框搜索。实现多个下拉框同时搜索相应数据。实现区间数值查询功能,根据输入的条件对数据进行检索等功能。

资源学科创新应用平台数据表是原人地系统数据库数据仓储的重要资源,是数据库最重要的组成部分之一。数据表格的设计应按照一定原则对信息进行分类,同时为确保表结构设计的合理性,还需要对表进行规范化设计,以消除数据表中的冗余信息,保证每一个数据表对应一个主题,使表格更易维护。

XLSX 文件作为实体存储于服务器端。其元信息按设计的数据库字段进行在线录入,并由相关辅助文件来定义数据元信息。对存储为 XLSX 的数据表实现在线浏览查看,数据表输出以 HTML 文本的形式进行存储。用户可链接该数据表标题、浏览数据及其元信息。

所有的数据元信息对外发布 RSS(Really Simple Syndication)聚合接口。科学数据元数据使用 OGC 的 CSW 标准发布接口。数据表中生成的中间数据供下一步使用。

数据表包括的内容有:自然资源、社会资源、生态环境。如图 4-6 所示。

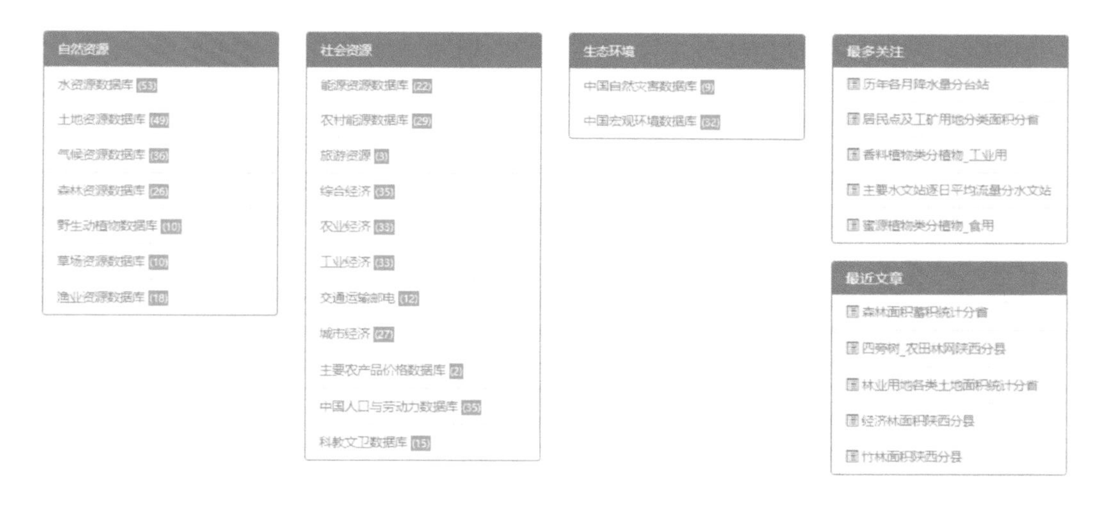

图 4-6　数据表

自然资源:指天然存在的(不包括人类加工制造的原材料)并有利用价值的自然物,如土地、矿藏、水利、生物、气候、海洋等资源,是生产的原料来源和布局场所。联合国环境规划署的定义为:在一定的时间和技术条件下,能够产生经济价值,提高人类当前和未来福利的自然环境因素的总称。自然资源中包含:水资源数据库、土地资源数据库、气候资源数据库、森林资源数据库、野生动植物数据库、草场资源数据库、渔业资源数据库。社会资源:为了应对需要,满足需求,所有能提供而足以转化为具体服务内涵的客体,皆可称为社会资源。社会资源中包括:能源资源数据库、农村能源数据库、旅游资源、综合经济、农业经济、工业经济、交通运输邮电、城市经济、主要农业产品价格数据库、中国人口与劳动力数据库、科教文卫数据库。

生态环境:即"由生态关系组成的环境"的简称,是指与人类密切相关的,影响人类生活和生产活动的各种自然(包括人工干预下形成的第二自然)力量(物质和能量)或作用的总和。生态环境中包括:中国自然灾害数据库、中国宏观环境数据库。

在数据表中，以水资源数据库为例，水资源量流域分区的数据表可以通过过滤查询任意一项数据的最大值或最小值，可以选取各个省份的查询，同时还可以进行数据可视化，如图 4-7 所示。

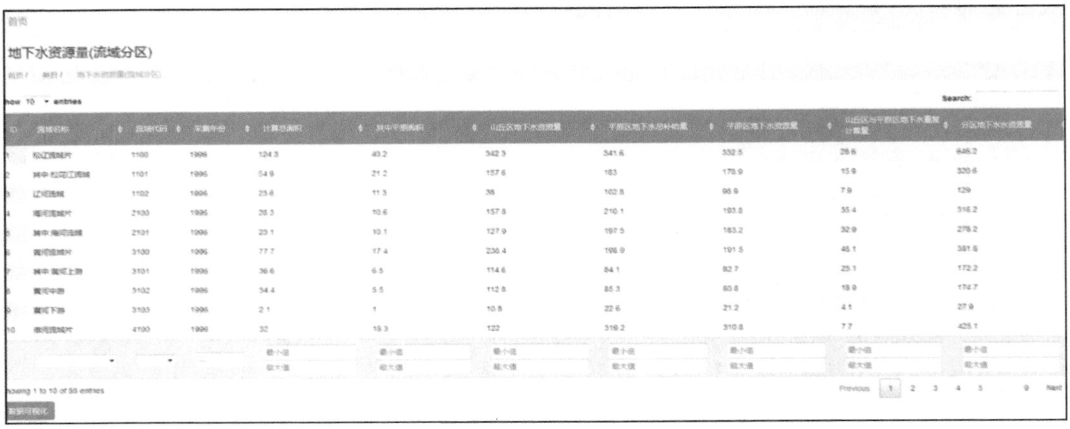

地下水资源量(流域分区)

how 10 entries　　Search:

ID	流域名称	流域代码	采集年份	计算总面积	其中平原面积	山丘区地下水资源量	平原区地下水总补给量	平原区地下水资源量	山丘区与平原区地下水重复计算量	分区地下水资源量
1	松辽流域片	1100	1996	124.3	40.2	342.3	341.6	332.5	28.6	646.2
2	其中:松花江流域	1101	1996	54.9	21.2	157.6	183	178.9	15.9	320.6
3	辽河流域	1102	1996	23.6	11.3	38	102.8	98.9	7.9	129
4	海河流域片	2100	1996	26.3	10.6	157.8	210.1	193.8	35.4	316.2
5	其中:海河流域	2101	1996	23.1	10.1	127.9	197.5	183.2	32.9	278.2
6	黄河流域片	3100	1996	77.7	17.4	238.4	198.9	191.5	45.1	381.6
7	其中:黄河上游	3101	1996	36.6	6.5	114.6	84.1	82.7	25.1	172.2
8	黄河中游	3102	1996	34.4	5.5	112.8	85.3	80.8	18.9	174.7
9	黄河下游	3103	1996	2.1	1	10.8	22.6	21.2	4.1	27.9
10	淮河流域片	4100	1996	32	16.3	122	319.2	310.8	7.7	425.1

howing 1 to 10 of 88 entries　　Previous 1 2 3 4 5 … 9 Next

数据可视化

图 4-7　数据表可视化

4.3.2　学科数据集的发布与管理

资源学科创新应用平台实现了数据库列表管理与展示功能，数据集以数据视图列表形式显示。内容视图包括数据集标题、分类、标签及摘要等信息。根据数据的不同类型与主题，将所有关于资源数据整理并归类于主题数据库中，使用 XML 架构文件(. xsd 文件)中的信息生成新类，可提供经过筛选和排序后的数据表内容视图。用户可以通过访问本平台服务系统门户网站查询、检索并获取相关资源的知识信息，在数据挖掘、可视化等技术支持下建立用户友好的、多样化的资源信息传播方式。

资源学科创新平台数据集以数据视图列表形式显示，可提供经过筛选和排序后的数据表内容视图。内容视图包括数据集标题、分类、标签及摘要等信息。

采用 OGC 制定的空间信息目录服务的标准协议 CSW 框架，协助用户在已有的 Web 服务中搜索资源数据和服务元信息(元数据)的网络目录服务协议。其共享标准实现了应用系统的交互，屏蔽系统软、硬件平台的不同，完成矢量数据集、栅格数据集、地图数据等标准服务。

数据集中主要包括：基础地理数据、典型区域数据、生态环境数据、全球数据、社会经济数据。如图 4-8 所示。

基础地理数据中包括：行政区划数据、地形地貌。

典型区域数据中包括：黄土高原、东北黑土、三江平原、松辽平原。

生态环境数据中包括：土壤植被、环境监测。

全球数据中包括：泛第三极、中蒙俄区域。

社会经济数据中包括：自然资源数据、经济资源数据。

4.3.3　专题数据库

专题数据库是一个静态界面，结合 HTML 与 Bootstrap 框架，开发实现数据可视化检索

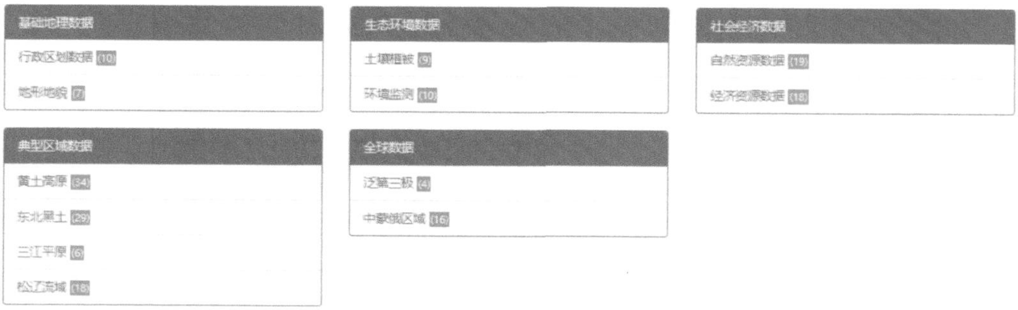

基础地理数据
行政区划数据 (10)
地形地貌 (7)

生态环境数据
土壤植被 (9)
环境监测 (10)

社会经济数据
自然资源数据 (19)
经济资源数据 (18)

典型区域数据
黄土高原 (34)
东北黑土 (29)
三江平原 (6)
松辽流域 (18)

全球数据
泛第三极 (4)
中蒙俄区域 (16)

图 4-8　数据集

的界面;根据相关数据,实现根据类型、名称在线检索展示功能。前后端程序分别集成到当前网站程序之中。对专题数据服务内容进行在线录入并入库,针对某一专题进行数据资源整合与集成,实现文档内容、地图数据、矢量数据、栅格数据、遥感影像等数据资源的可视化展示,建立“周边国家地理背景数据、中亚五国地理背景数据、西亚国家地理背景数据、西伯利亚及贝加尔湖资源环境数据库、南美洲地理背景数据库、周边国家及全球人口资源经济文化数据库、典型示范区分布图、延河流域数据子库、西北水资源数据库、中国的自然资源图集、中国自然资源统计图、经济与人口统计图集”等专题数据库。

4.3.3.1　周边国家地理背景数据

周边国家地理背景数据为静态在线共享数据,包括:周边国家气候数据库、周边国家数字高程 DEM、周边国家自然保护区数据库、周边国家地名数据库、周边国家铁路数据库、周边国家公路数据库、周边国家水系数据库、周边国家行政边界数据库。分别点击右侧导航栏可查具体数据,进入可见数据视图。如图 4-9 所示为周边国家气候数据库。

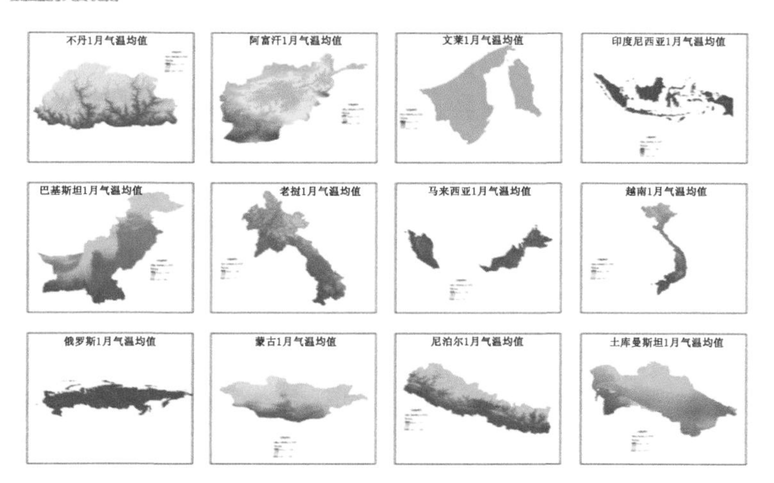

图 4-9　周边国家气候数据库

4.3.3.2 中亚五国地理背景数据

中亚五国地理背景数据为静态在线共享数据，该数据库包含 5 国的中亚五国气候数据库、中亚五国数字高程 DEM、中亚五国自然保护区数据库、中亚五国地名数据库、中亚五国铁路数据库、中亚五国公路数据库、中亚五国水系数据库、中亚五国行政边界数据库。中亚五国包括：哈萨克斯坦、吉尔吉斯斯坦、土库曼斯坦、塔吉克斯坦、乌兹别克斯坦。点击右侧导航栏可见地理背景数据视图。如图 4-10 所示为中亚五国气候数据库。

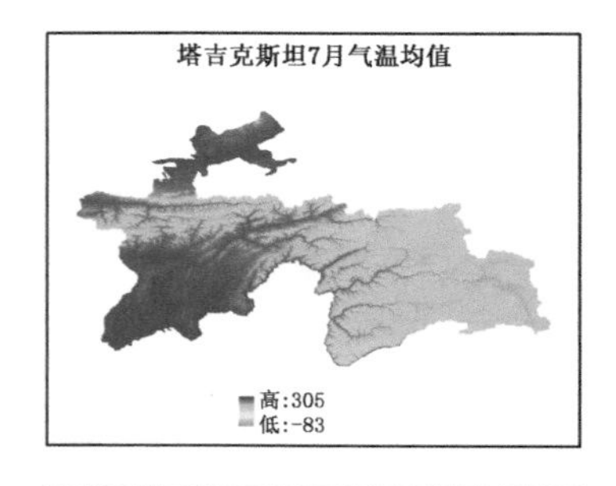

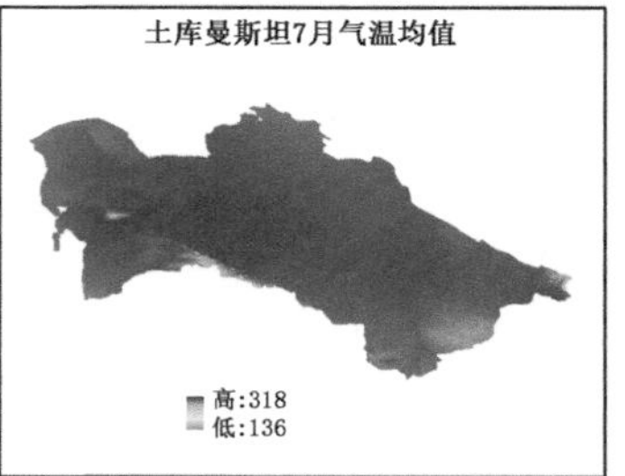

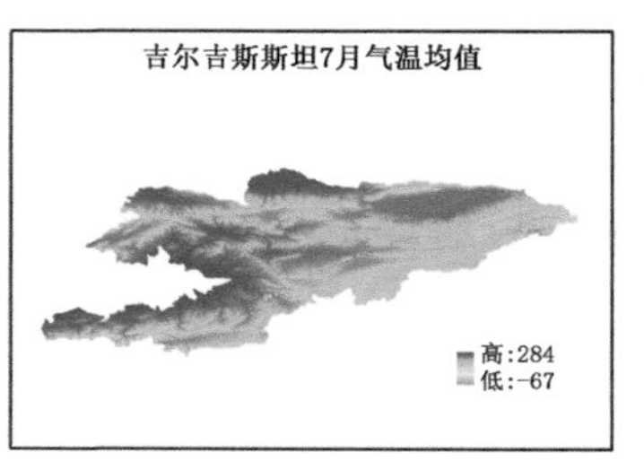

图 4-10 中亚五国气候数据库

4.3.3.3 西亚国家地理背景数据

西亚国家主要包括：叙利亚、土耳其、也门、阿拉伯联合酋长国、亚美尼亚、阿富汗、巴林、柬埔寨、格鲁吉亚、伊朗、伊拉克、以色列、约旦、科威特、黎巴嫩、阿曼、卡塔尔、沙特阿拉伯等国。西亚国家地理背景数据库为静态在线共享数据，包括：西亚国家气候数据库、西亚国家数字高程 DEM、西亚国家自然保护区数据库、西亚国家地名数据库、西亚国家铁路数据库、西亚国家公路数据库、西亚国家水系数据库、西亚国家行政边界数据库。点击右侧导航数据，可见数据视图。如图 4-11 所示为西亚国家气候数据库。

4.3.3.4 西伯利亚及贝加尔湖资源环境数据库

西伯利亚及贝加尔湖资源环境数据库数据为静态在线共享数据，包括：贝加尔湖地区数字高程 DEM、贝加尔湖地区地名数据库、贝加尔湖地区自然保护区数据库、贝加尔湖地区铁路数据库、贝加尔湖公路数据库、贝加尔湖水系数据库、贝加尔湖地区土地覆被数据库、西伯利亚 DEM 数据库、西伯利亚森林覆被数据、西伯利亚水系分布。点击右侧导航栏可见资源环境视图。如图 4-12 所示为贝加尔湖地区气候数据库。

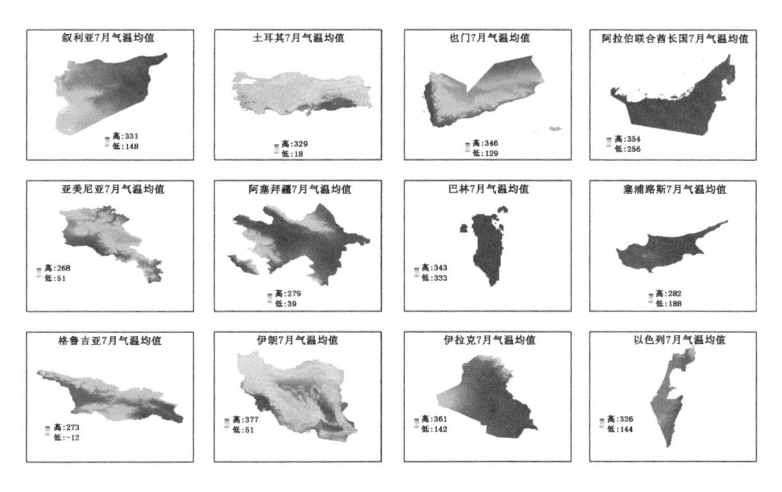

图 4-11　西亚国家气候数据库

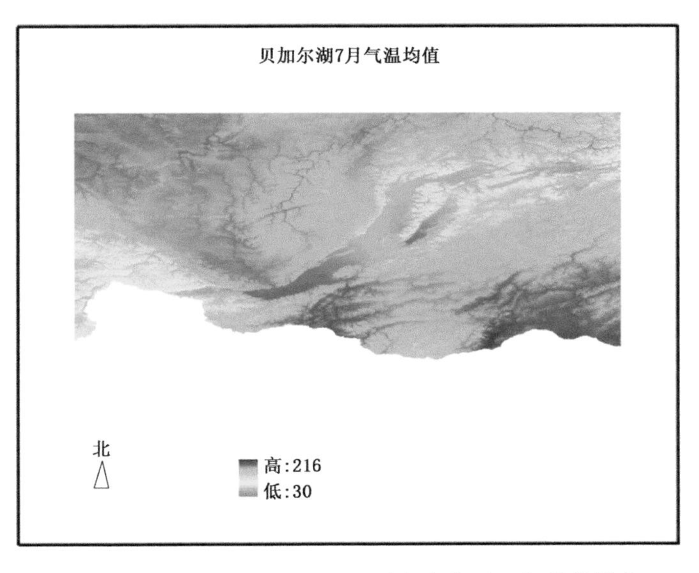

图 4-12　贝加尔湖地区气候数据库

4.3.3.5　南美洲地理背景数据库

南美洲地理背景数据库为静态在线共享数据，包括：南美洲气候数据、南美洲数字高程

DEM、南美洲地名数据库、南美洲自然保护区数据库、南美洲铁路数据库、南美洲公路数据库、南美洲水系数据库、南美洲行政边界数据库。点击右侧导航栏可见地理背景数据视图。如图 4-13 所示为南美洲气候数据库。

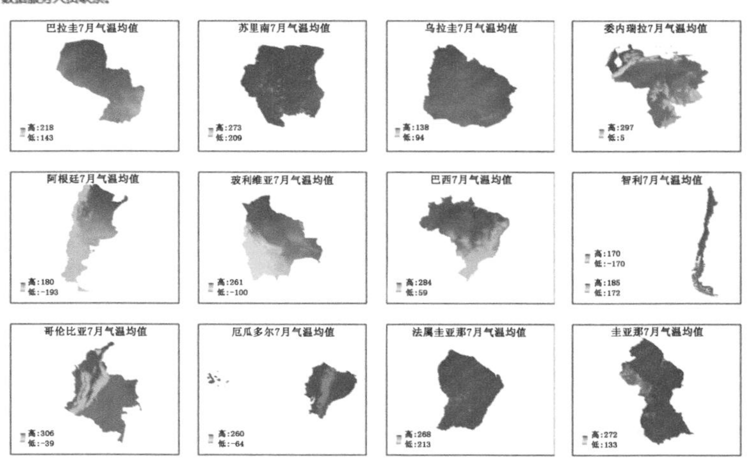

图 4-13　南美洲气候数据库

4.3.3.6　周边国家及全球人口资源经济文化数据库

周边国家及全球人口资源经济文化数据库为静态在线共享数据，包括：中国与周边国家的主要口岸分布数据库，中亚五国主要水库水文信息数据库，全球矿产资源分布，周边国家水资源数据库，世界各国人口社会经济数据库，世界各国能源数据库，世界各国土地、森林、气候、水资源数据库，世界主要国家宗教文化数据库。如图 4-14 所示为中亚五国主要水库水文信息数据库。

4.3.3.7　延河流域数据子库

延河流域数据子库是延河项目数据表，数据包括：延河水土保持一期项目数据、延河水土保持项目及项目区基本情况数据、延河水土保持二期项目数据、延河水土保持项目初始及结束年基本情况。在数据库中点击右侧目录可查看项目数据表，如图 4-15 所示。

4.3.3.8　西北水资源数据库

西北水资源数据库中为动态图，如图 4-16 所示，点击右侧导航可见地区水资源及干旱情况。数据库包含：西北干旱区位置、遥感图像显示、西北河流流域、西北降水等值线、西北干旱区干涸带、西北干旱指数、西北干旱区图一、西北干旱区图二、西北干旱区图三。

4.3.3.9　中国的自然资源图集

中国的自然资源图集包含：土地资源分布图、林业资源分布图、草畜资源分布图、渔业资源分布图、农村能源分布图、农业经济分布图、农业气候资源分布图、自然地理背景图、生态环境背景、中国农业资源情况、中国农业区划图集、农业资源潜力、资源环境变化、农业生产现状变化。

周边国家及全球人口、资源、经济与文化数据库　中亚五国主要水库水文信息数据库

中亚五国主要水库水文信息数据库

此数据为在线共享数据，但由于原始数据的数据量很大，目前我们暂时先将其快视图放在网上供用户查询和下载，如需原始数据，请与我们的数据服务人员联系。

> 周边国家及全球人口、资源、经济与文化数据库

- 中国与周边国家的主要口岸分布数据库
- 中亚五国主要水库水文信息数据库
- 全球矿产资源分布
- 周边国家水资源数据库
- 世界各国人口社会经济数据库
- 世界各国能源数据库
- 世界各国土地、森林、气候、水资源数据库
- 世界主要国家宗教文化数据库

图 4-14　中亚五国主要水库水文信息数据库

延河流域数据子库　延河一期项目淤地坝实施情况一览表

- 延河水土保持一期项目数据
- 延河水土保持项目及项目区基本情况数据
- 延河水土保持二期项目数据
- 延河水土保持项目初始及结束年基本情况

延河一期项目淤地坝实施情况一览表

县区	序号	工程名称	实施年度	控制面积	库容(万m³)		可淤地面积	坝高	工程量
				km²	总库容	拦泥库容	hm²	m	万m³
	366	合计		400.2	3070.3	1794.8	425.2	3389.1	312.8
宝塔区	1	丈子沟	1994	1.0	9.2	6.0	0.5	10.0	1.72
	2	丈子沟	1994	1.3	8.6	7.0	1.1	14.0	2.86
	3	一里铺	1994	1.2	9.6	5.1	1.5	18.0	3.02
	4	进塔	1994	0.8	9.4	4.5	1.2	12.0	1.26
	5	高家沟	1994	1.1	9.3	6.0	1.0	12.0	1.53
	6	冯庄53号	1994	3.1	18.0	12.0	0.7	8.0	5.53
	7	水眼沟	1994	0.7	4.5	3.0	0.7	4.0	0.15
	8	水眼沟	1994	0.6	5.5	4.0	0.6	4.0	0.15
	9	登高峁	1994	0.7	0.6	0.4	0.5	2.0	0.10

图 4-15　延河流域数据子库

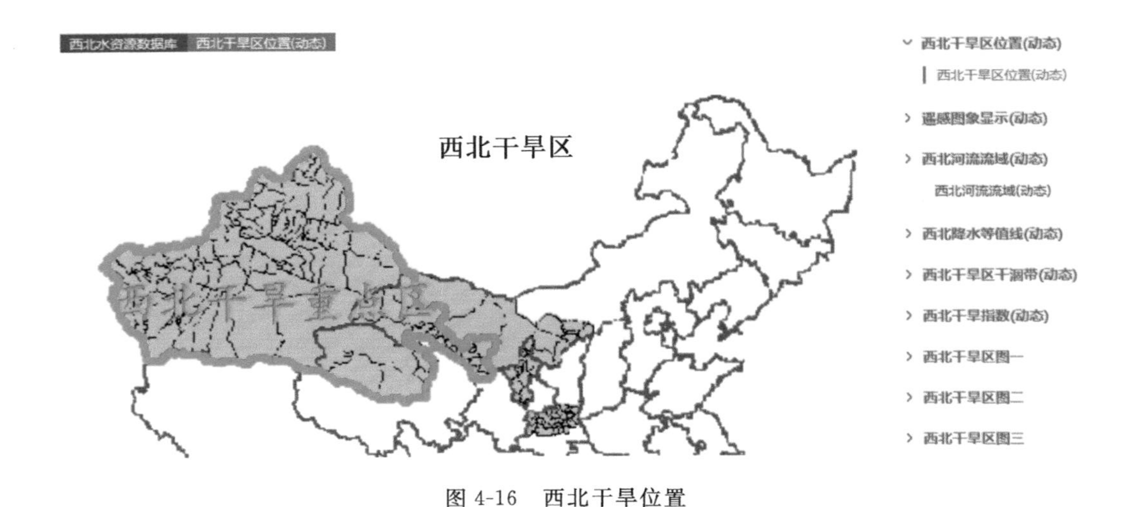

图 4-16　西北干旱位置

4.3.3.10　中国自然资源统计图

中国自然资源统计图包含：土地资源图、生物资源图、农业资源图、工业资源图、综合经济资源图、人口与劳力。

4.3.3.11　经济与人口统计图集

经济与人口统计图集包含：目录、工农业、人口、教育、从业及工资、物价及消费、城建及运输。目录栏可见数据库中的所有数据目录，如图 4-17 所示。

图 4-17　经济与人口统计图集目录截图

4.3.4　数据直通车

对专题数据服务内容进行在线录入并入库，针对某一专题进行数据资源的整合与集成，实现文档内容、地图图件、矢量数据、栅格数据、遥感影像等数据资源的可视化展示，建立尼泊尔基础地理数据库、中国西藏基础地理数据库、中国喜马拉雅山地区冰川及冰湖编目数据(2004年)等 15 项专题数据库。如图 4-18 所示为数据直通车。

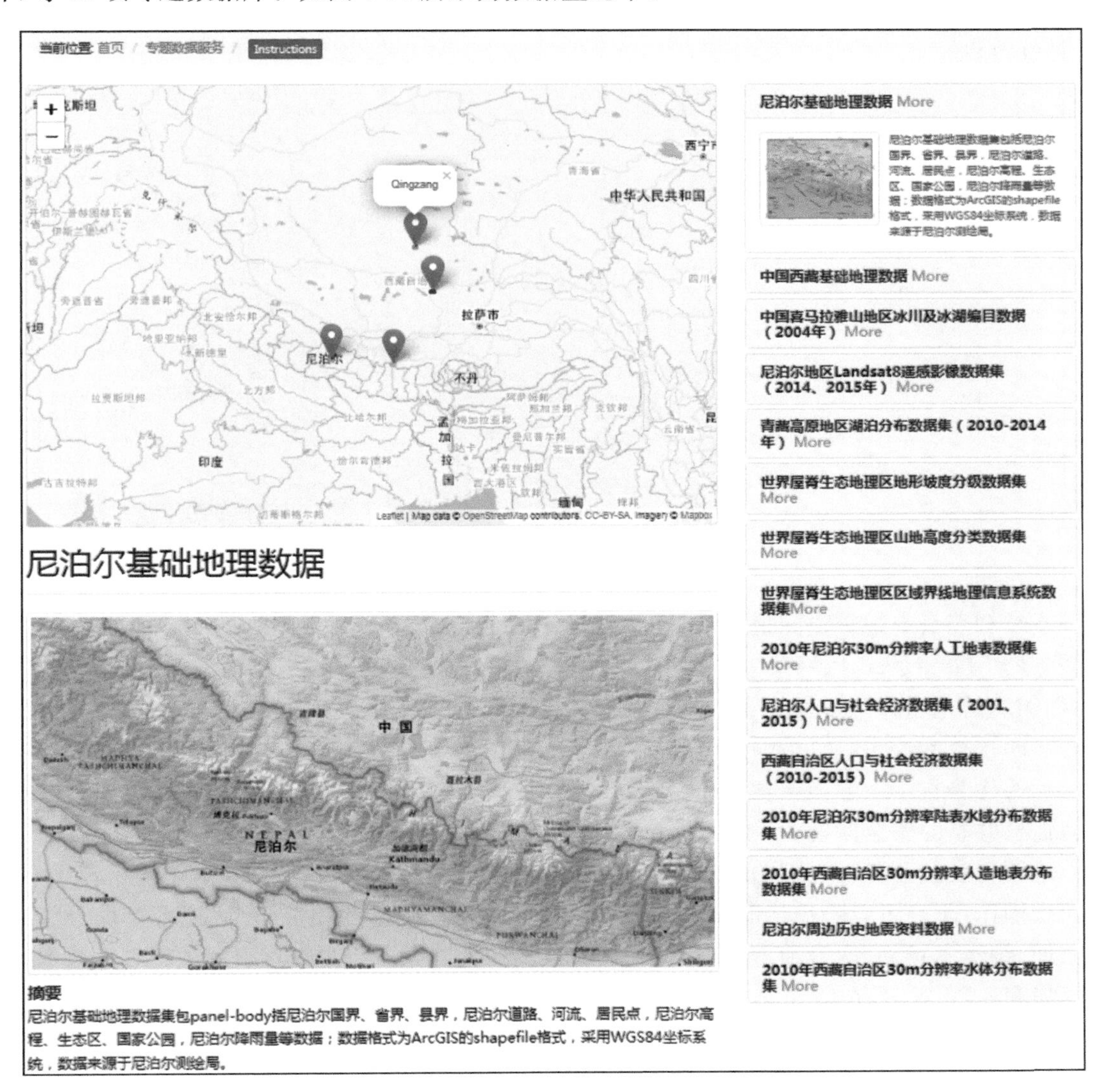

图 4-18　数据直通车

4.3.5　在线地图服务发布

使用 GIS 桌面软件处理功能来实现地图资源的投影转换、格式转换、地图图件拼接、地图编码等功能，其他功能包括文件操作、文本读写都由 Python 语言本身实现。在线地图服务发布工具以桌面软件的形式开发，可基于 GUI(Graphical User Interface)方式进行操作。但同时也可通过命令行接口进行调用使用，若进一步，还可基于 Web 方式进行远程调用。

本系统基于云 GIS 架构的 WebGIS 可视化技术，实现矢量数据、栅格数据、遥感影像、地图图件等数据资源的在线获取；用 MapServer 作为地图服务器，并发布 WMS 服务，实现地图图件与 GIS 数据资源的在线发布与可视化应用，在使用功能上实现了地图集在线浏览、实时缩放、查看地图坐标、在线地图叠加、视图链接共享、位置标注共享等地图在线应用功能。如图 4-19 所示为地图发布效果图。

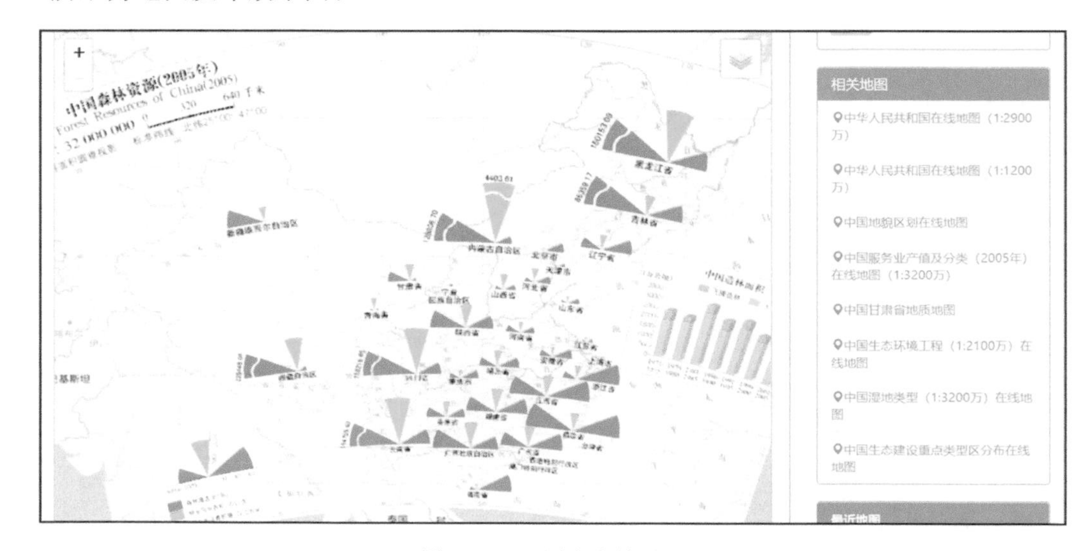

图 4-19　地图发布效果图

系统利用具有地理空间位置信息的数据制作地图。实现地图制图成果在线发布。采用地图服务器 MapServer，以网站中的地图作为主要地图背景，采用预先生成的方法存放在服务器端，把相应的地图瓦片发送给客户端。由于客户端请求的地图是预先生成的，不需像传统方式进行实时计算和绘图，所以瓦片地图技术能够在地图的显示方面具有速度的优越性。运用地图切片的优势在于一方面保护了原始数据，另一方面提高了客户端加载的速度，有效地解决了地理信息共享的安全问题。

地图列表包含各种类型的地图资源，如基础地图、自然地理地图等。在地图应用程序中完成在线操作，用户可以操作地图缩放、地图平移、查看地理坐标和相关信息、地图叠加、地图数据处理、编辑工具栏、取消和重复、保存和下载地图和元数据。用户可以引用地图和元数据。

如图 4-20 所示，在线地图分为：基础地图、自然地理地图、栅格数据。

基础地图包括：国家地图、省级地图、社会经济。

自然地理地图包括：地形地貌、气候地图、土壤植被、生态环境。

栅格数据包括：专题栅格数据。

注册登录后点击在线地图资源可显示地图的详细信息，其中包括标题、类别、标签、日期、纬度、经度、全屏显示、三维视图、收藏、地图来源、当前缩放比例、位置信息、最大缩放比例、最小缩放比例和地图内容。

在“全屏”模式下，用户可以在线编辑 GeoJson 数据，可进行添加新标记、新折线或新多边形。可进行设置、保存，下载。还支持诸如浏览、缩放、覆盖之类的常用操作。在线地图右侧有

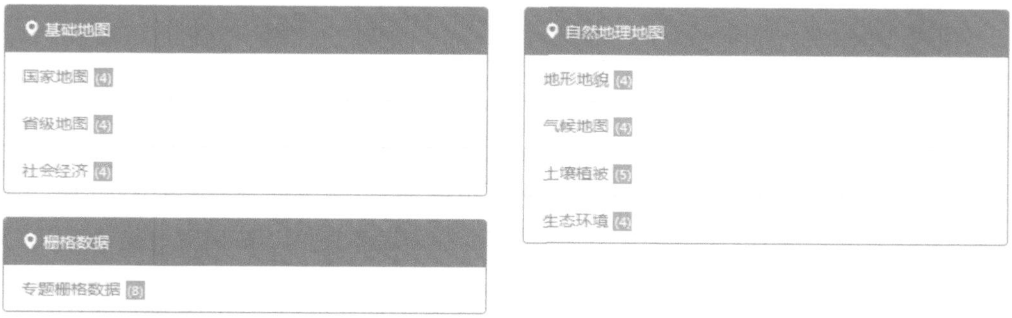

基础地图
国家地图 4
省级地图 4
社会经济 4
栅格数据
专题栅格数据 8
自然地理地图
地形地貌 4
气候地图 4
土壤植被 5
生态环境 4

图 4-20　地图分类

地图叠加功能，选择需要叠加的地图，滑动滚动条，可以设置叠加的大小及范围。在线地图界面有三维视图，点击三维视图可更换地图及经纬网展示形式。

4.3.6　3D 地图发布

Cesium 是一个用于显示三维地球和地图的开源 js 库。它可以用来显示海量三维模型数据、影像数据、地形高程数据、矢量数据等。三维模型格式支持 gltf、三维瓦片模型格式支持 3d tiles。矢量数据支持 geojson、topojson 格式。影像数据支持 wmts 等。高程支持 STK 格式。

资源学科创新应用平台对八个数据集实现 OGC WMS 服务接口，包括美国马里兰大学地理系土地覆盖数据（UMD Land Cover Classification 1998）；IGBP（International Geosphere-Biosphere Programme）全球土地覆盖数据（GLCC 1992 年）；欧空局全球陆地覆盖数据（ESA GlobCover 2005）；欧空局全球陆地覆盖数据（ESA GlobCover 2009）；Modis 土地覆盖数据 2001；欧洲联盟 Global Land Cover 2000；全球地势栅格数据；东北地区 Landsat 影像服务。

如图 4-21 所示为数据资源三维可视化效果图。

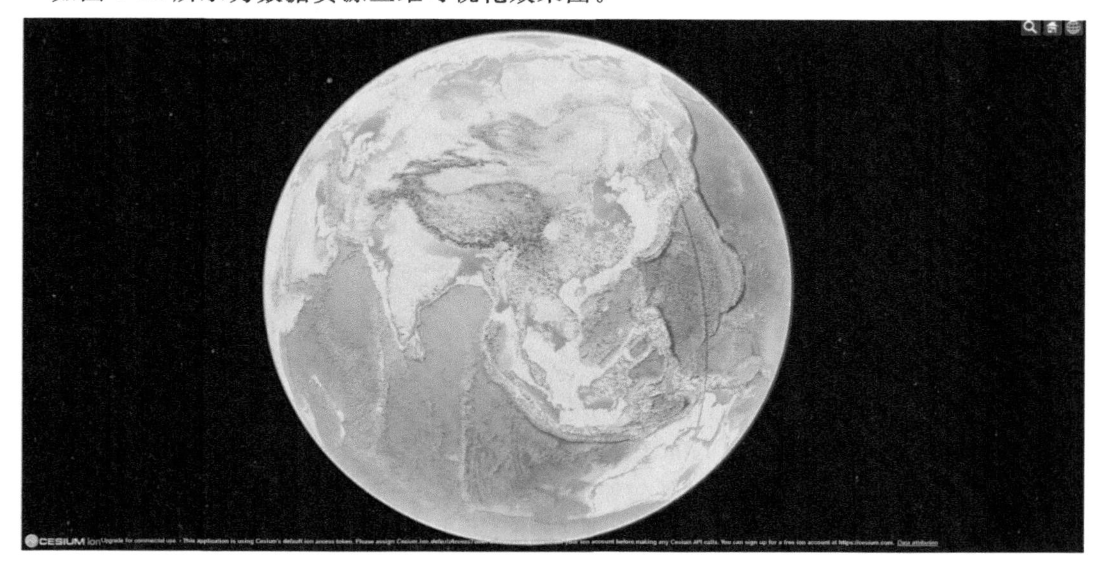

图 4-21　数据资源三维可视化效果图

4.4 资源学科知识图谱

知识图谱本质上是语义网络，是一种基于图的数据结构，由节点（Point）和边（Edge）组成。在知识图谱里，每个节点表示现实世界中存在的“实体”，每条边为实体与实体之间的“关系”。知识图谱是关系的最有效表示方式。通俗地讲，知识图谱就是把所有不同种类的信息（Heterogeneous Information）连接在一起而得到的一个关系网络。知识图谱提供了从“关系”的角度去分析问题的能力。

基于知识图谱的问答系统很难直接回答自然文本状态的问题，所以要把问题转化为一定的结构。在实现过程中选择使用 RDF 模型。RDF（Resource Description Framework，资源描述结构），即资源描述框架，其本质是一个数据模型（Data Model）。它提供了一个统一的标准，用于描述实体/资源。简单来说，就是表示事物的一种方法和手段。RDF 形式上表示为 SPO 三元组，有时候也称为一条语句（statement），知识图谱中我们也称其为一条知识。RDF 由节点和边组成，节点表示实体/资源、属性，边则表示了实体和实体之间的关系以及实体和属性的关系。

4.4.1 技术选择与特点概述

在构建资源学科知识图谱的过程中，需要使用图形数据库进行数据存储。经过技术选型与对比，选择使用 Neo4j 工具。Neo4j 是一个世界领先的开源图形数据库，由 Java 编写。图形数据库也就意味着它的数据并非保存在表或集合中，而是保存为节点以及节点之间的关系。Neo4j 的数据由节点、边、属性构成。

在 Neo4j 中，无论是顶点还是边，都可以有任意多的属性。属性的存放类似于一个 HashMap，Key 为一个字符串，而 Value 必须是基本类型或者是基本类型数组。

在 Neo4j 中，节点以及边都能够包含保存值的属性，此外，可以为节点设置零或多个标签（例如 Author 或 Book），每个关系都对应一种类型（例如 WROTE 或 FRIEND_OF），关系总是从一个节点指向另一个节点（但可以在不考虑指向性的情况下进行查询）。

Neo4j 具有以下的特点：

- 它拥有简单的查询语言 Neo4j CQL；
- 它遵循属性图数据模型；
- 它通过使用 Apache Lucence 支持索引；
- 它支持 UNIQUE 约束；
- 它包含一个用于执行 CQL 命令的 UI：Neo4j 数据浏览器；
- 它支持完整的 ACID（原子性、一致性、隔离性和持久性）规则；
- 它采用原生图形库与本地 GPE（图形处理引擎）；
- 它支持查询的数据导出为 Json 和 XLS 格式；
- 它提供了 REST API，可以被任何编程语言（如 Java、Spring、Scala 等）访问；
- 它提供了可以通过任何 UI MVC 框架（如 Node JS）访问的 Java 脚本；
- 它支持两种 Java API：Cypher API 和 Native Java API 来开发 Java 应用程序。

py2neo 是配合 neo4j 图数据库来使用的 Python 第三方库。使用 Python 语言可以方便地对文字进行处理、分析,使用 py2neo 库,可以将文字处理过程与 Neo4j 数据存储与可视化连接起来,在项目实施过程中是较优的方案。

4.4.2　资源学科创新平台构建知识图谱构建

资源学科创新平台构建知识图谱构建目前采用自顶向下的方式是指通过本体编辑器(Ontology Editor)预先构建本体,本体构建不是从无到有的过程,而是依赖于从百科类和结构化数据得到的高质量知识中所提取的模式信息。

知识图谱 schema 构建,相当于为其建立本体(Ontology),最基本的本体包括概念、概念层次、属性、属性值类型、关系、关系定义域(Domain)概念集以及关系值域(Range)概念集。

针对资源学科创新平台系统中的文档、数据、资料,由文字加工人员人工进行本体提取,并进一步由专家审核,形成可信本体库。基于课题的具体要求,建立资源与典型区域相关的知识,建立“是”“有”“属于”等谓词,通过专家知识建立初始谓词三元组。

针对资源学科构建的知识图谱示例如图 4-22 所示。

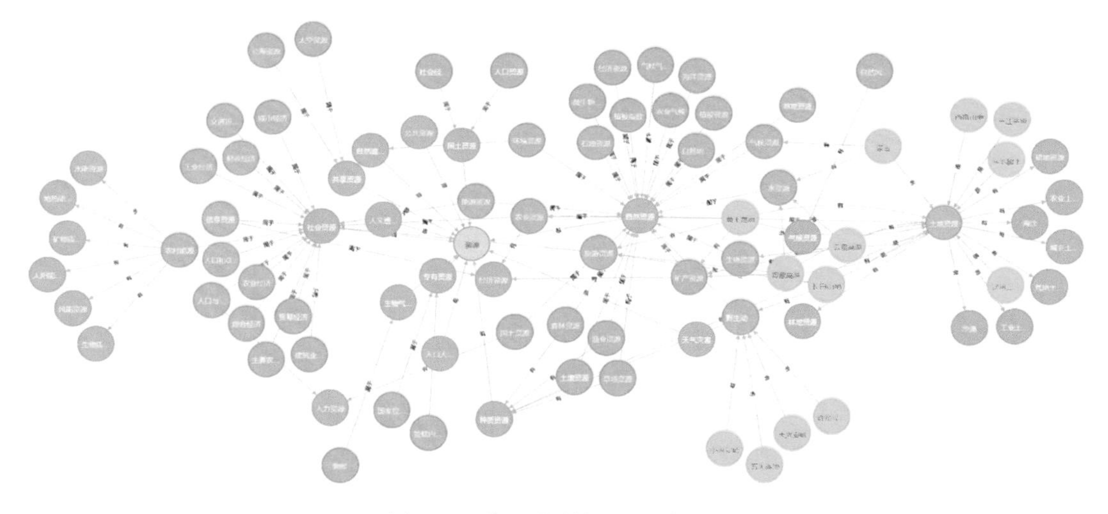

图 4-22　资源学科知识图谱示例

第5章 资源学科模型表达与共享

5.1 资源学科模型表达

5.1.1 资源学科模型分类体系

资源领域涉及资源、环境、区域可持续发展等多个方面，包括水循环和水资源、土壤和土地资源、气候变化影响与适应、生态系统、环境科学与工程、区域可持续发展、遥感科学与地理信息科学等相关学科，是一个综合的现代学科群。资源领域多学科交叉与综合的特点导致了资源学科领域的模型共享和集成的复杂度和难度远高于其他学科。通过研究分析资源学科科学计算模型的应用特点，科学地划分资源学科领域模型分类体系，可以为资源学科模型共享中元数据的设计提供参考依据，同时为资源学科领域的模型共享提供系统的集成方案。

基于资源学科领域模型的应用目标、建模方法、组织层次，资源学科领域模型体系由概念模型、物理模型与数学模型三大层次组成。

概念模型层次：指通过对研究对象的观察与抽象，形成概念，利用科学的归纳方法，建立起概念之间的关系与影响方式。

物理模型层次：又被称为实体模型层次，是现实世界的相似体，是对现实世界的缩小或放大。相似理论是它的基础，具有相似性的特点。物理模型可模拟风沙、水流与泥沙等的运动、自然地表形态及建筑物等。在地形、环境、场景表达和动力实验等的模拟方面，物理模型都能得到很好的应用。

数学模型层次：对现实世界结构及特性，使用数学方程来进行描述。其他的分类方法还包括：静态模型与动态模型；连续模型与离散模型；解析模型与模拟模型；现象、机理和过程模型；空间模型与非空间模型等。

资源学科领域模型大多是由单一学科科学计算模型组合而成，同时这些学科之间也有通用的分析模型，如统计学模型、数学模型等。因此，根据它们的应用范围，将其设计为通用分析与专业应用两大类模型体系，如图5-1所示。

通用分析模型：通用分析模型主要面向资源学科领域研究中多个要素均适用的基本分析模型，其往往基于概率统计、线性代数、几何拓扑、数学分析等数学基础。由于资源领域学科模型不可避免地与空间尺度、空间分布等空间特征密切相关，所以将适用于资源学科领域的通用分析模型进一步划分为空间分析模型和非空间分析模型。空间分析模型主要由地理空间模型组成，进一步细化其子类为分布分析模型，关系分析模型，预测、评价、决策分析模型。非空间模型主要由统计学模型组成，无论是在自然资源领域还是社会资源领域，统计学模型在科学研

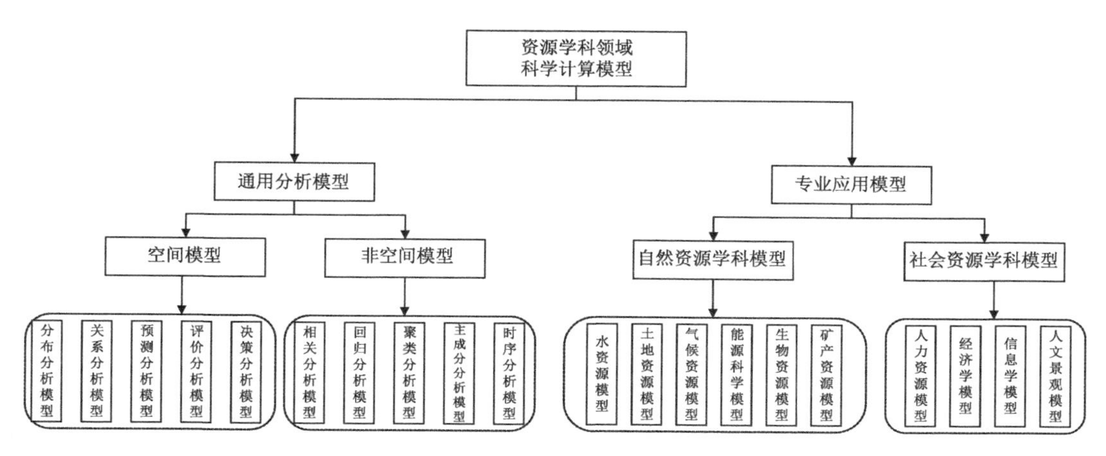

图 5-1　资源学科领域科学计算模型分类体系

究、现状分析、辅助决策中都得到了非常广泛的应用。

专业应用模型：专业应用模型是指应用于具体领域或者是为支撑具体问题决策的模型，根据资源的属性特征以及学科特点，将其划分为自然资源学科模型和社会资源学科模型。自然资源学科模型包括了水、土地、气候、生态、矿产、能源等具有自然属性的学科在发展过程中产生的科学模型。社会资源学科模型，强调人类社会资源相关的科学模型，主要包括人力、经济、信息、人文景观等学科长期研究产生的科学模型。

通过建立资源学科科学计算模型分类体系，为下一步模型的元数据设计、模型集成与实现、模型服务共享奠定了基础。

5.1.2　资源学科模型元数据

元数据即描述数据的数据。根据应用场景的不同，元数据具有不同的作用、结构与形式。资源学科计算模型描述五方面的功能。一是描述模型元数据的标识信息，包括标识、语言、字符编码、元数据创建信息等；二是描述资源学科模型服务的基本信息，包括标题、别名、摘要、关键字等；三是描述模型的实现信息，主要包括算法说明、实现方式、实现日期、开发者信息等；四是描述模型操作的信息，包括模型访问方式、模型分发、使用说明等；五是描述每个科学计算模型的参数基本信息，包括名称、方向、描述、类型等。

根据模型元数据的功能，将元数据主体结构分为五个复合元数据元素，其中包括了模型元数据文件信息、模型服务信息、模型实现、模型操作和模型参数，如图 5-2 所示。

（1）模型元数据文件信息

模型元数据文件信息，主要记录了模型元数据文件的唯一标识，模型元数据使用的语言、字符编码、创建的日期、元数据标准名称以及元数据的应用场景。还包括了该元数据记录的联系人信息，包括姓名、组织、办公地点、电子邮箱、电话以及联系人在模型共享工作中担任的角色。

（2）模型服务信息

模型服务信息用于对资源学科模型进行描述，可以把模型的特点、应用范围、适用条件记录下来，方便对模型进行归类，同时提供模型搜索信息。主要包括标题、别名、日期与相关时

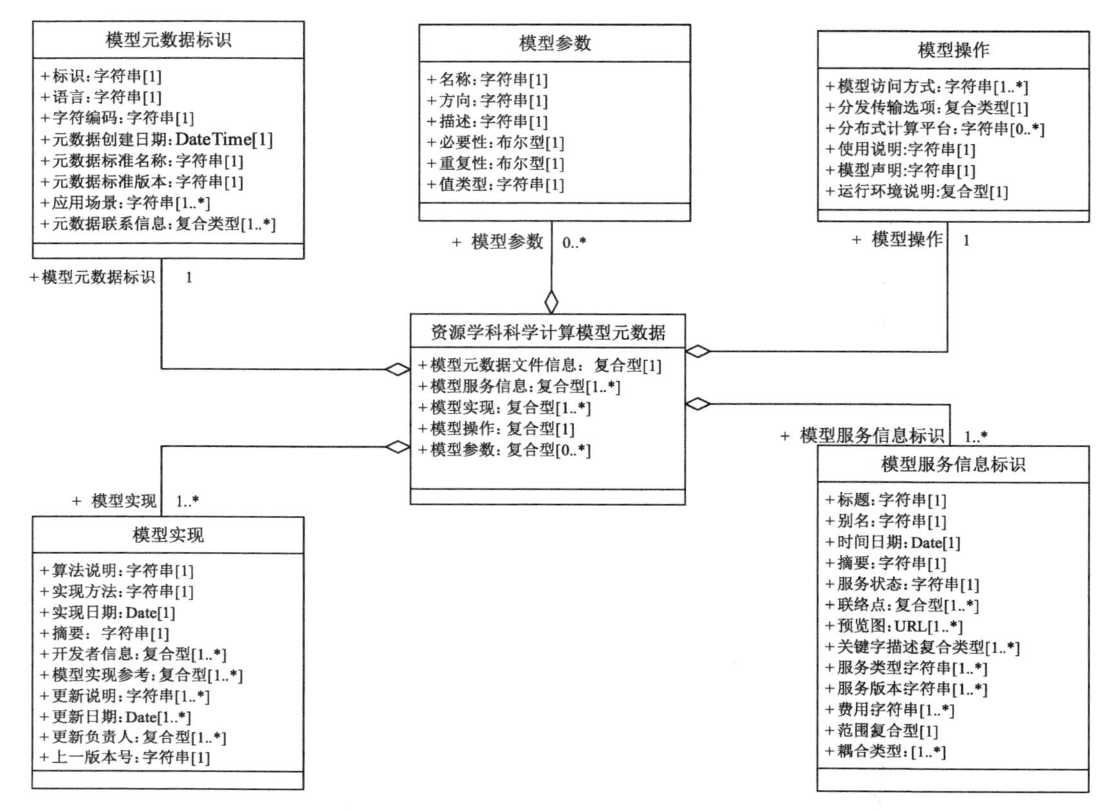

图 5-2　资源学科科学计算模型元数据 UML 图

间、摘要信息、服务状态、联络点、费用、与数据的耦合程度等。

(3)模型实现

模型实现元数据主要用于描述模型的具体实现细节,记录了在模型开发和更新过程中产生的有用信息,主要包括了算法说明、实现方式、实现日期、开发者信息、模型实现参考、更新说明、更新日期等。

(4)模型操作

模型操作元数据是用来记录模型调用的相关信息,包含了模型如何进行服务,模型运行的软硬件环境以及模型操作中需要注意的事项。模型操作的元数据项主要包括:模型访问方式、分发传输选项、使用说明、模型生命和模型的运行环境。

(5)模型参数

每个资源学科模型处理单元可能包括多个输入和输出参数,为了让资源学科大数据管理平台能够理解和支持这些参数,除基本信息以外,还需要提供参数的必要性和重复性信息,即参数是否必须提供以及模型是否需要多个相同参数。模型参数的元数据项主要包括:名称、方向、描述、必要性、重复性和值类型。

5.2　资源学科模型共享

5.2.1　资源学科模型共享模式

资源学科大数据管理系统的模型来源主要有两方面：一是资源学科创新应用平台管理中心发布的模型，二是科研人员个人或机构在本系统中发布的模型。模型共享通过积分的机制促进可持续的发展，即科研人员发布模型时，可以给模型标价（以积分的形式），当此模型被其他人员下载或在线调用时，可以获得相应的积分；同时为了鼓励科研人员使用资源学科创新应用平台中的模型/工具，根据用户访问使用资源学科创新应用平台模型/工具的次数/机时等定期奖励积分。实现资源学科模型共享包括六个步骤：一是模型开发与共享转换，二是模型注册，三是模型审核，四是模型发现，五是模型应用，六是复杂应用集成，其流程如图 5-3 所示。

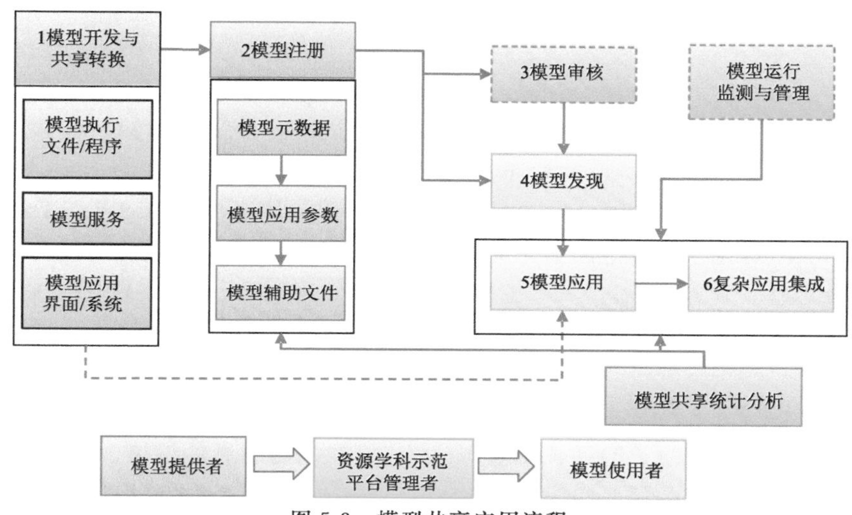

图 5-3　模型共享应用流程

模型开发与共享转换：是指模型提供者进行模型的开发，或者按照模型共享服务要求对模型程序进行改造（并行化、服务化等，使得模型能够在分布式计算环境下高效运行），定制模型应用界面或应用系统（部署在高性能计算系统上的模型应用系统）。资源学科创新平台的管理人员可以参与到模型服务的改造与模型应用系统开发。

模型注册：是指将模型信息发布到资源学科应用平台中，以便用户能够及时发现所需的模型/工具。模型注册包括：填写模型元数据、模型服务参数（可以是直接下载、在线应用、接口服务三种服务形式的参数）和上传模型应用辅助文件（辅助用户使用模型的说明资料、缩略图等）。其中，直接下载是指用户将模型/工具下载到本地运行；在线应用是指提供相应的模型应用界面，通过界面用户设置模型的计算条件、上传输入参数，在线执行模型，获取计算处理结果的应用；接口服务是指通过规范的接口（如 OGC WPS 规范）对模型进行封装，对外提供接口调用服务，对应于模型服务情况。

模型审核：是指资源学科应用平台的模型共享管理员对科研人员注册的模型的元数据、辅助文档以及模型是否能够运行等进行测试、审核。通过测试的模型才能在资源学科创新应用平台公开。

模型发现：是指科研人员在资源学科创新应用平台搜索自己需要的模型的过程。模型发现可以通过模型关键词搜索、分类导航等形式实现。模型发现时还可以通过语义关联和推理技术，将相关的模型、数据、文献资料等推荐给用户。

模型应用：是指模型发现后，根据模型的服务方式进行模型的应用。如，模型下载服务方式提供模型程序直接下载并可在本地运行的功能；模型在线应用服务方式通过图形化界面在线输入计算条件和输入参数的信息后，在线运行模型；模型接口服务方式提供符合 OGC 接口规范的模型 Web 服务，可在第三方应用系统中通过调用模型接口，实现模型功能的整合。

模型的复杂应用集成：是指针对复杂的应用情景，利用模型共享子平台中发布的模型服务，将模型服务进行有序的组合，形成完成复杂问题的服务链。在服务链引擎的驱动下，交互性完成复杂应用。

5.2.2　资源学科模型互操作接口

标准化已经成为推动当前模型共享发展的重要因素，也是对资源学科模型共享的基本要求。在资源学科密切相关的地理学领域，已经出台了许多关于互操作的规范。互操作规范通过规定交互双方需要遵守的规则，来确保调用方能够使用统一的程序接口，规范化调用模型，以及获取服务元数据。资源学科的模型互操作接口是根据资源学科自身特点，基于 OWS (OpenGIS Web Services Architecture，OpenGIS Web 服务体系)以及 CSW、WPS 等规范设计实现。OGC/CSW 提供了地理空间信息服务与地理空间数据发布与发现的能力，是一种地理空间信息注册与目录服务规范。CSW 主要采用 WSDL、SOAP、UDDI、ebRIM 等标准来实现地理空间信息目录服务。资源学科创新平台则采用了 CSW 来构建模型服务的注册中心，并以统一的方式来对模型服务进行注册、发现与绑定。

资源学科模型服务实现了三个服务接口：(1)Get Capabilities：模型调用端通过该接口获取模型服务的接口描述信息；(2)Describe Process：模型调用端通过该接口获取指定的资源学科模型元数据；(3)Execute：模型调用端通过该接口，传递输入参数、调用模型、获取运行状态和获取计算结果。资源学科模型的目录服务实现了五个服务接口：(1)GetCapabilities：用户通过该接口获取模型目录支持的接口描述信息(2)Describe Record：用户通过该接口获取模型记录的模式信息；(3)GetRecord：用户通过该接口查询资源学科模型共享目录中元数据记录信息；(4)GetRecordById：用户通过该接口获取指定 Id 的模型元数据记录信息；(5)Transaction：用户通过该接口实现对模型元数据记录的增加、修改以及删除操作。

5.3　资源学科模型实践

资源学科模型共享不仅只针对模型对象提供共享服务，还对共享对象提供模型的计算服务。这意味着资源学科模型共享需要实现分布式的架构，即“模型发布、模型发现、模型的调用”。在分布式模型共享架构中，主要由模型提供者、模型注册中心、模型服务中心、模型调用者四个部分组成，如图 5-4 所示。

模型提供者，是模型信息的主要来源，一般由资源学科领域的专家组成，是模型的开发、管理和维护者，通过将资源学科科学计算模型集成到“模型服务”，实现对模型功能共享；模型注

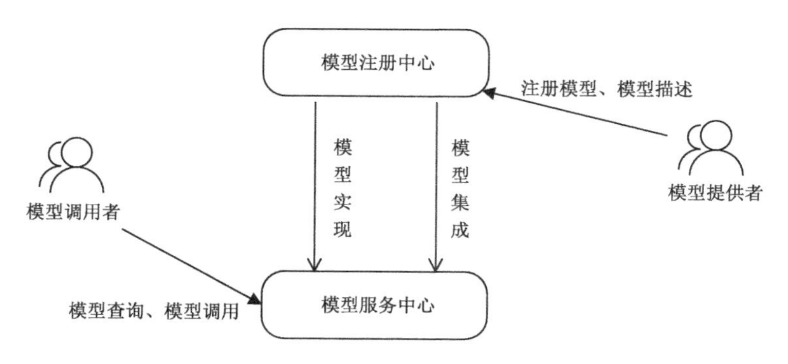

图 5-4　分布式资源学科模型共享架构

册中心，是全局的模型服务信息库，维护可用的模型服务的基本信息。该中心能够接收“模型服务”的注册信息，而且能够帮助模型客户端寻找符合条件的模型服务；模型服务中心，主要是面向模型的调用者，在分布式环境下通过 Web Service 的形式提供用户模型的计算服务，以及共享资源学科大数据管理系统的计算资源；模型调用者，是模型共享的用户，通过资源学科模型的访问接口进行远程调用，实现模型的共享以及计算服务。

基于上述架构设计的资源学科创新应用平台模型共享服务系统框架如图 5-5 所示，包括：分布式高性能计算层、模型/工具资源层、模型服务层、模型注册发现层，以及模型应用与用户层。分布式高性能计算层是模型服务系统运行的基础，是模型资源或模型服务运行的物理环境，是满足资源学科模型运算所需的高性能计算的保障。模型/工具资源层是资源学科模型共

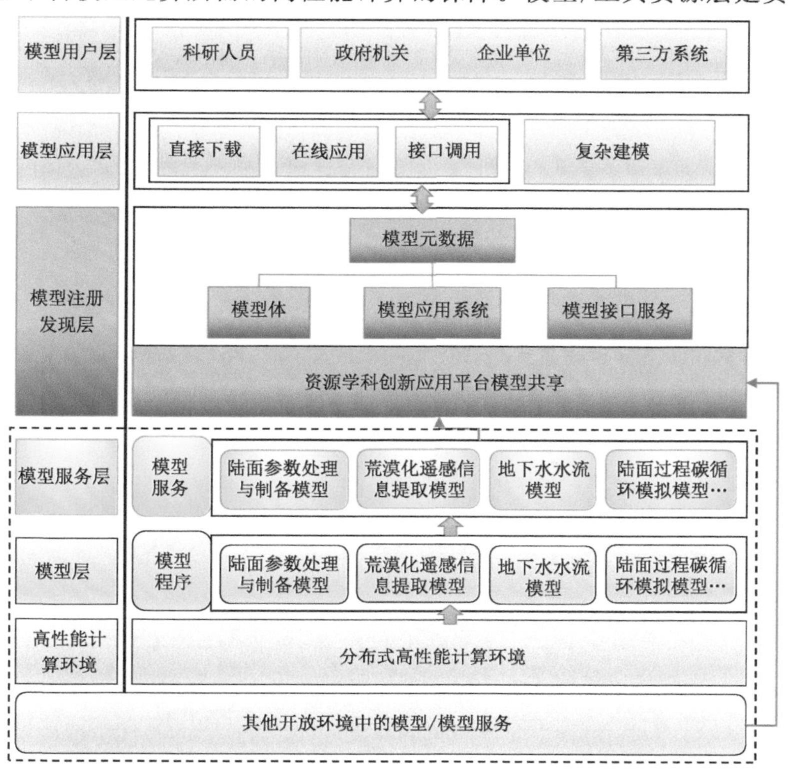

图 5-5　资源学科创新应用平台模型共享服务系统框架

享系统的核心，主要实现基于大数据环境的资源学科模型共享。模型服务层在模型资源层的基础上，按照 OGC WPS 规范对模型资源进行改造和标准接口封装，以便复杂模型或第三方应用系统调用集成。

模型注册发现层是模型服务系统的窗口，实现分布式异构模型在模型服务系统中的集中注册与统一发现，如图 5-6 所示为在资源学科创新应用平台注册的模型服务目录，图 5-7 为模型元数据详细信息界面。

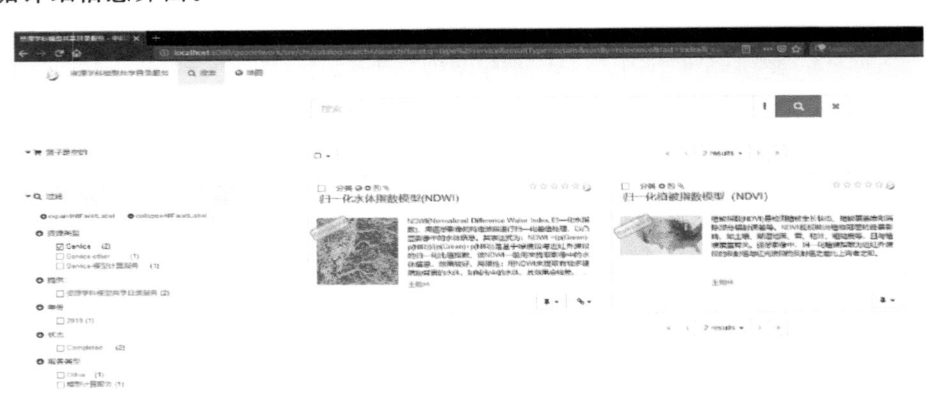

图 5-6　资源学科创新应用平台模型服务目录界面

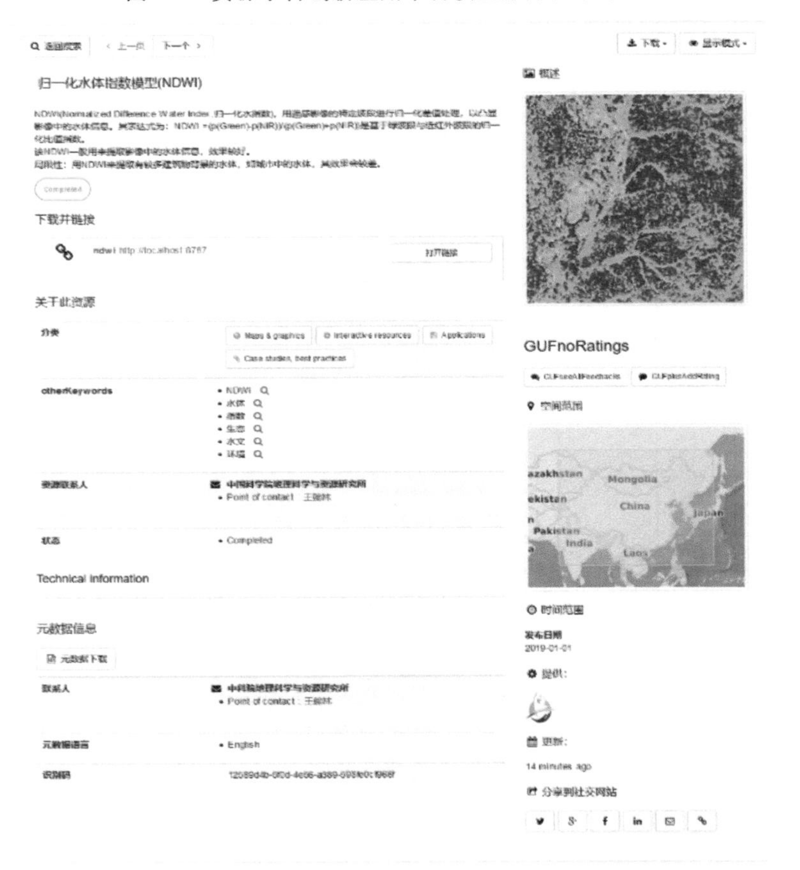

图 5-7　资源学科创新应用平台模型元数据详细信息界面

模型应用层根据模型注册时的形态，提供三种方式的模型应用，即直接下载、在线访问、接口调用。针对复杂的应用，可以实现多模型的工作流构建，通过模型组合成复杂的模型链。如图 5-8 所示即为资源学科模型共享服务应用的可视化界面，该界面提供了数据检索和查询服务，并可以通过行列号、经纬度、矢量范围查询到 Landsat 8 影像数据，提交计算任务。

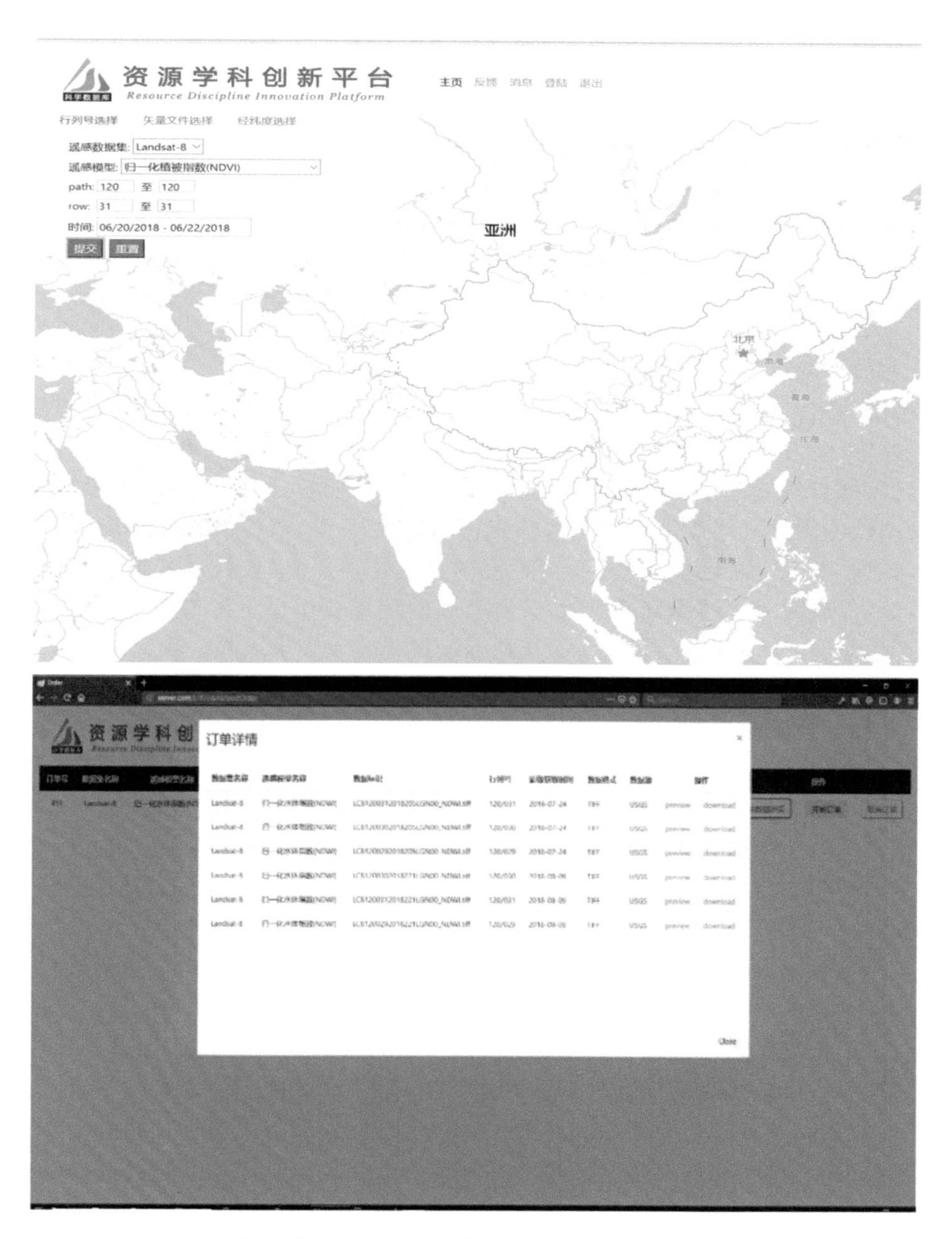

图 5-8　资源学科创新应用平台模型共享服务应用可视化界面

第6章 资源学科科研信息化模式

6.1 跨国科学考察信息化模式

6.1.1 中蒙俄经济走廊交通与管线生态风险防控典型应用示范

(1)典型应用需求

连接中国与蒙古的中蒙铁路是中蒙俄(中国、蒙古国、俄罗斯)区域主要的跨境交通干线,是“一带一路”中蒙俄经济走廊建设以及沿线国家规划对接过程中交通联通的核心基础。中蒙俄经济走廊区域自然地理复杂多样,纬度地带性分异特征明显,生态环境脆弱敏感、荒漠化问题严重,其中蒙古国是全球荒漠化问题的热点区域。2017年,蒙古国自然环境和旅游部发布数据显示,该国76.8%的土地已遭受不同程度的荒漠化,且仍以较快的速度蔓延。随着中蒙铁路沿线(蒙古段)荒漠化问题日趋严峻,其所引起的环境变化也不可避免地对中蒙铁路沿线(蒙古段)产生影响,给中蒙俄经济走廊的交通基础设施建设带来风险。因此,为保障跨境区域国际战略大通道生态安全,推动中蒙俄经济走廊建设,迫切需要构建精细化的荒漠化信息提取方法体系,准确掌握中蒙铁路沿线(蒙古段)荒漠化状况,为区域荒漠化风险防控、生态安全保障和社会可持续发展提供重要支撑。具体体现在以下三点。

尽管早在20世纪80年代、90年代就开始了中蒙俄区域荒漠化问题研究,但多数研究获得的荒漠化数据要么依赖现成的国外长时间序列、粗空间分辨率卫星数据产品,要么只是实现局部区域的高分辨率反演但拓展不到某一大范围研究区域。这些研究或者空间分辨率过粗只能反映宏观状况,或者在小区域的方法研究不能全局应用,难以为中蒙铁路沿线(蒙古段)荒漠化防控提供全域性的定量、精确的科学数据支撑。如果能够把局地精确荒漠化监测的方法与地理分异实际规律相结合,实现中蒙铁路沿线(蒙古段)荒漠化反演,那无疑为本区域荒漠化研究长期数据瓶颈问题的解决提供方法突破。

中蒙铁路是中蒙俄区域的交通主动脉,是“一带一路”中蒙俄经济走廊建设交通联通的核心基础,该区域面临的荒漠化问题是制约“一带一路”绿色发展首当其冲的障碍。单纯聚焦于方法研究的荒漠化监测,在数据生产方面主要依靠人工处理。基于大数据计算快速处理数据和不断迭代优化参数的能力,能为更大空间区域、更长时间序列、按需生产的荒漠化反演产品提供科学范式。进而在精确获得荒漠化分布格局和差异的基础上,为识别诊断中蒙俄经济走廊主要交通沿线荒漠化风险,数据驱动支持“一带一路”绿色发展提供方法和数据支撑。

面向2030的联合国可持续发展目标(Sustainable Development Goals,SDGs)在第15个子目标中明确指出到2030年实现土地退化零增长(Land Degradation Neutrality,LDN)。在

SDGs 土地退化零增长目标使命驱动下，科学、精准识别中蒙铁路沿线（蒙古段）荒漠化的现状是 SDGs 抑制荒漠化的典型区域实证，具有全球荒漠化研究示范和对比意义。

（2）应用内容建设

选取中蒙铁路沿线（蒙古段）两侧 200 km 范围内的区域作为研究区（如图 6-1 所示）。研究区共涉及苏赫巴托尔省、东戈壁省、中戈壁省、戈壁苏木贝尔省、肯特省、中央省、乌兰巴托、鄂尔浑省、布尔干省、后杭爱省、色楞格省、达尔汗省和库苏古尔省 13 个省市。研究区整体地势高亢，多为高原，属大陆性温带草原气候，季节变化明显，春、秋两季短促，降水量较少且 70%集中在 7—8 月。风大、天气变化快是该区域气候的最大特点。研究区南部土地覆被类型主要为荒漠草地、半荒漠和荒漠，北部主要为典型草地和森林，主要植物有蒙古茅草、科尔金斯基茅草、胡杨、芨芨草等。该区域是蒙古国人口较为稠密地区，以畜牧业和采矿业为主。

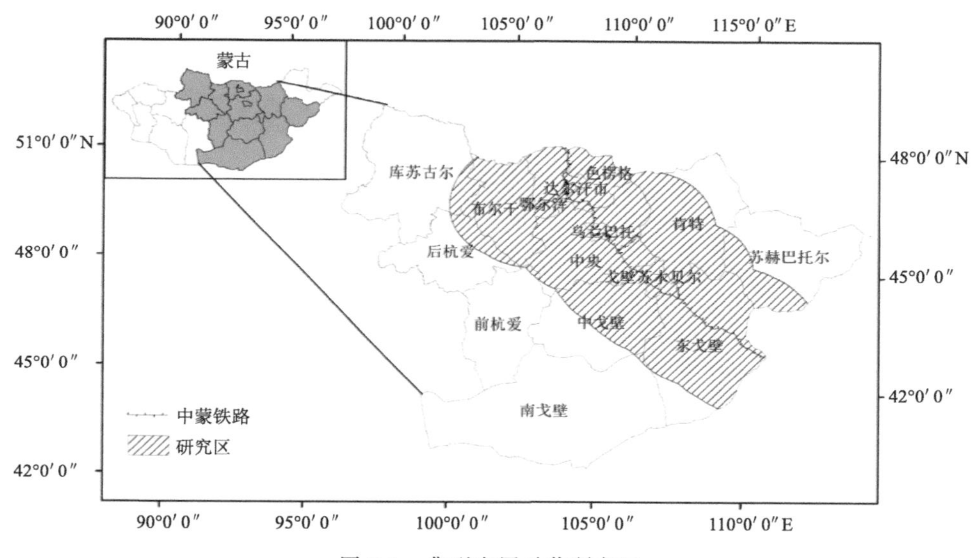

图 6-1　典型应用示范研究区

本应用以 Landsat 8 数据为基础数据源，在荒漠化信息提取的预处理阶段需要对其进行辐射定标、大气校正、瓦片切割以及云掩膜。针对预处理阶段的辐射定标和大气校正，设计了基于影像级别的并行化数据处理方案。

根据中蒙铁路沿线（蒙古段）主要省份地形地势、气候水文以及人口资源等自然人文要素，结合蒙古国畜牧业草场区划等研究成果，以蒙古国 200 mm 等降水量线为干旱和半干旱区的分界线，将中蒙铁路沿线（蒙古段）主要省份分为南部和北部两大部分。在考虑到地形地势及河流径流也会对局部气候的影响，对南北部干旱半干旱地区进一步细分，将南部分区归为南部戈壁区，北部分区归为中央省及其北部区，以及东部的东蒙古高原三个分区。

本研究团队于 2018 年以蒙古国西北部为试验区，完成了 Albedo-NDVI、Albedo-MSAVI、Albedo-TGSI 三种特征空间模型的适用性分析，研究发现，Albedo-NDVI 模型适用于植被覆盖度高、森林比率较大区域，Albedo-MSAVI 模型适用于植被覆盖度相对较低区域，Albedo-TGSI 模型适用于植被覆盖度极低，戈壁、裸地广泛分布区域。因此，在中央省及其北部区、东蒙古高原区、南部戈壁区三大区域分别选用 Albedo-NDVI、Albedo-MSAVI、Albedo-TGSI 三种特征空间模型进行荒漠化信息提取。

为验证本应用所得中蒙铁路沿线(蒙古段)荒漠化数据产品的准确性,在研究区域内均匀布置验证点,基于高分辨率的 Google Earth 数据、真彩色 Landsat 8 遥感影像数据以及其他与蒙古国荒漠化相关的文字、图片资料对验证点进行判读,并搜集同期的蒙古国荒漠化相关资料数据与本研究所得结果进行对比,完成精度评价。

基于所得中蒙铁路沿线(蒙古段)荒漠化分布数据,客观分析中蒙铁路沿线(蒙古段)荒漠化程度格局,进一步认识中蒙铁路沿线(蒙古段)荒漠化区域的整体空间地带性分布特点,发现中蒙铁路沿线(蒙古段)不同区域荒漠化的分布规律,为本区域荒漠化防控提供精细的数据和方法支持,技术路线如图 6-2 所示。图 6-3 所示为中蒙铁路沿线(蒙古段)2015 年荒漠化分布。图 6-4 所示为中蒙铁路沿线(蒙古段)1990—2010 年新增土地退化区域分布。

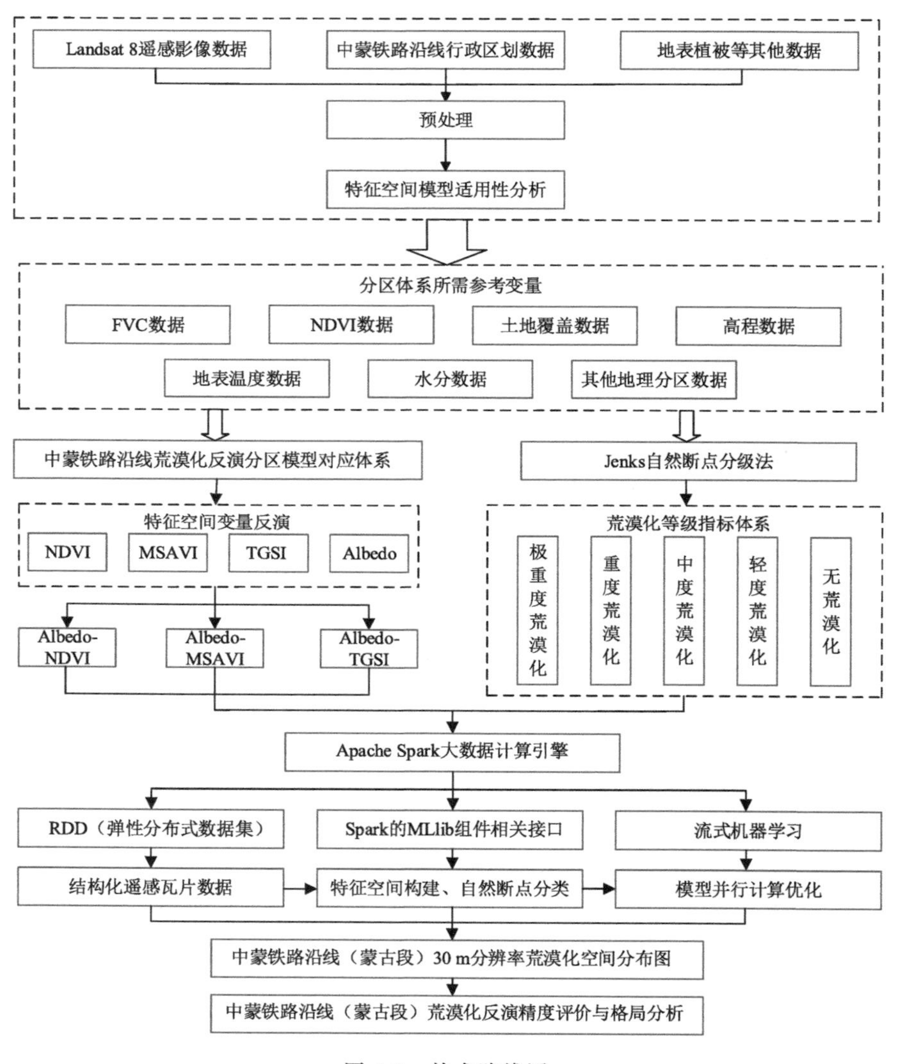

图 6-2　技术路线图

(3)典型应用在线

由于应用案例使用的数据源为 Landsat 8 T1 数据,T1 级别的数据发布前已经由 USGS

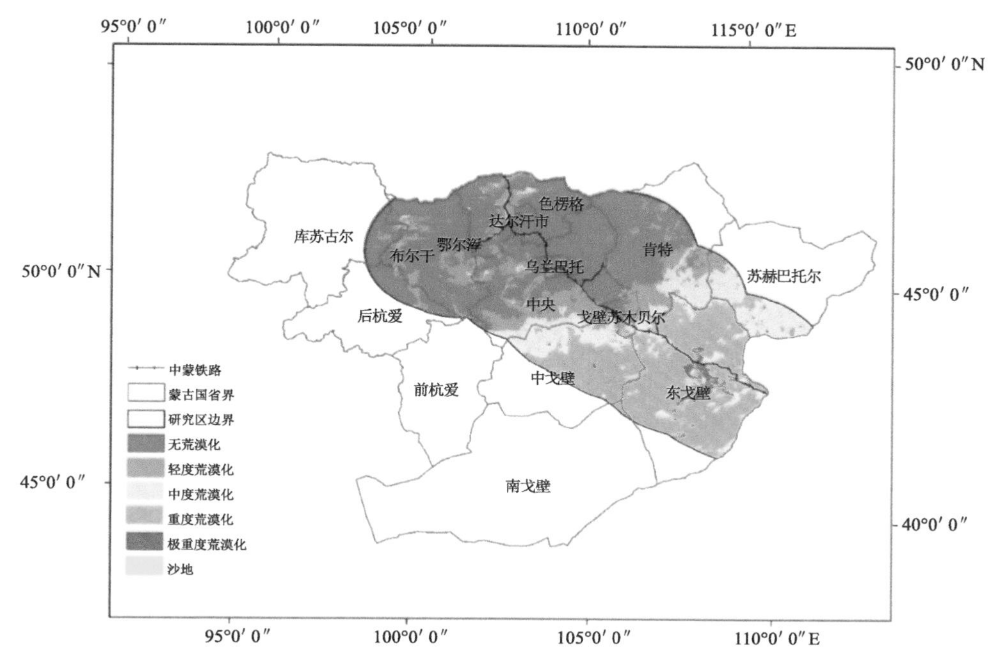

图 6-3　中蒙铁路沿线(蒙古段)2015 年荒漠化分布图

完成了几何精确校正,在荒漠化信息提取的预处理阶段只需要对其进行辐射定标、大气校正、瓦片切割,以及云掩膜处理。基于遥感大数据的荒漠化信息精细提取技术路线如图 6-5 所示。

针对预处理阶段的辐射定标和大气校正,使用 Docker 容器技术设计了基于影像级别的并行化数据处理方案。Landsat 8 数据的云掩膜可以通过 QA(Quality Assessment)波段进行云雾的判断,然后对 RDD 中包含的影像值进行转换操作,实现其他波段云雾信息的去除。云掩膜和波段信息提取本质上都是两个或多个波段计算,通过 RDD 的转换操作可以实现在同一幅影像的相同位置点的像元值数学运算。

遥感数据预处理完成后,需要开始执行荒漠化信息提取模型。在荒漠化信息提取中,最为关键的步骤是要对遥感影像构建特征空间,并针对特征空间的结果,使用聚类算法将其划分为不同等级的荒漠化程度。构建特征空间主要是通过计算相关波段的线性关系,而荒漠化等级划分使用聚类算法,Spark MLlib 机器学习组件已经提供了相应的接口实现,只需要针对遥感数据进行实现相应的 DataFrame 数据结构就可以直接进行方法的调用。

基于 DataFrame 的特征空间构建与聚类算法实现,首先要得到特征空间所需的指数数据,如 NDVI、Albedo、MSAVI、TGSI,还需要对这些指数进行归一化处理。然后,通过 org. apache. spark. ml 提供的 Regression 类,分别计算 Albedo-NDVI、Albedo-MSAVI、Albedo-TGSI 线性回归的斜率 a,根据公式(本小节荒漠化信息提取原理部分已经介绍)$a \cdot k = -1$,可以计算出 k。将 k 值带入荒漠化差值指数表达式中可以计算荒漠化 DDI。最后,还需要通过聚类算法,把 DDI 依据像元值调用 K-Means(K 均值)算法,将荒漠化程度分为五类,所得五段 DDI 数值区间从大到小依次分为无荒漠化、轻度荒漠化、中度荒漠化、重度荒漠化、极重度荒漠化区域,如图 6-6 所示。

遥感大数据处理与信息提取系统提供了统一的模型共享服务界面,可以通过该界面检索

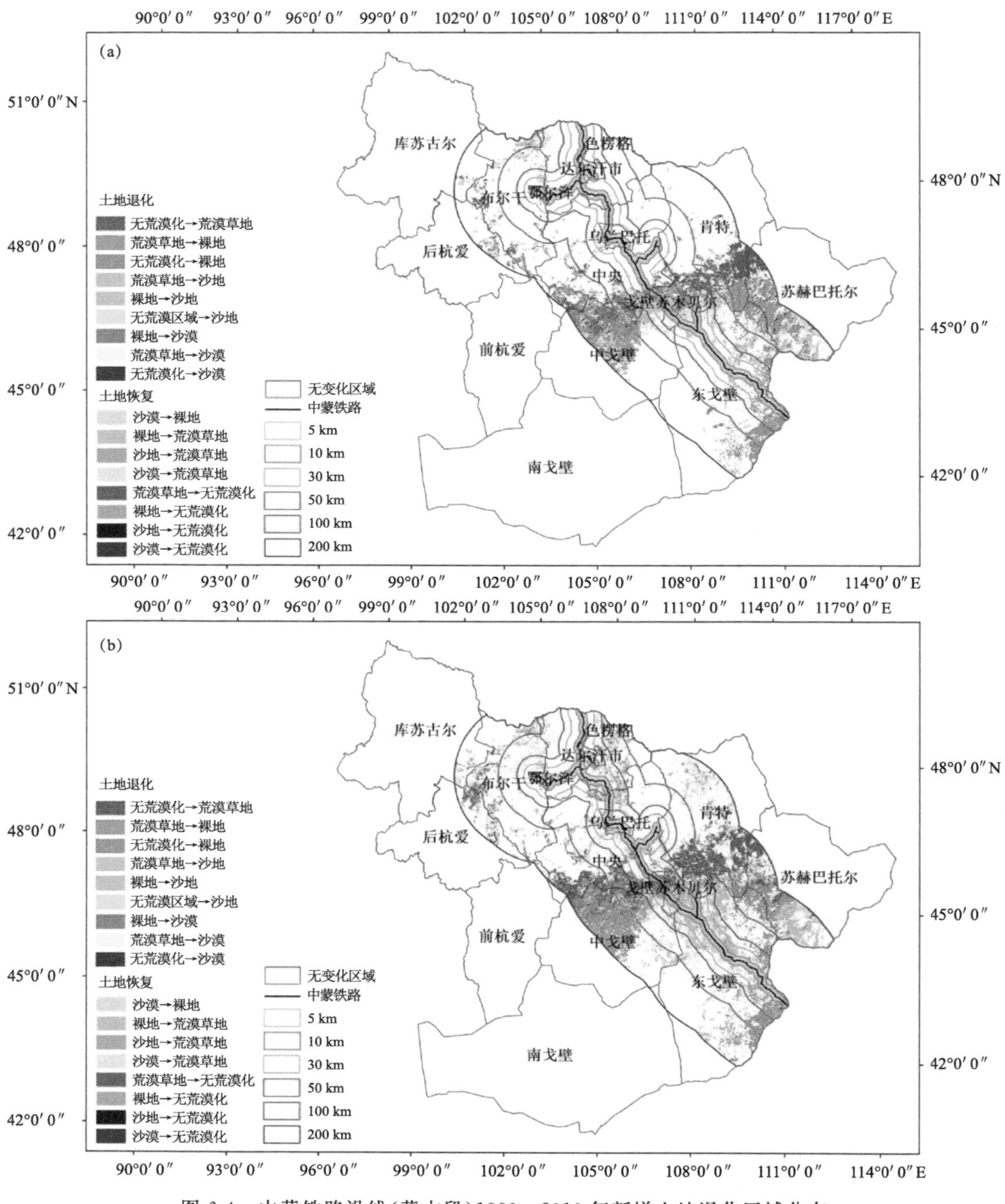

图 6-4　中蒙铁路沿线(蒙古段)1990—2010 年新增土地退化区域分布

和获取模型元数据信息，在进行荒漠化信息提取时，需要先确定使用的荒漠化模型。如图 6-7 所示，通过搜索荒漠化关键字可以获取到遥感荒漠化信息提取模型(Albedo-NDVI)，选择该模型后，进入模型元数据界面，如图 6-8 所示。

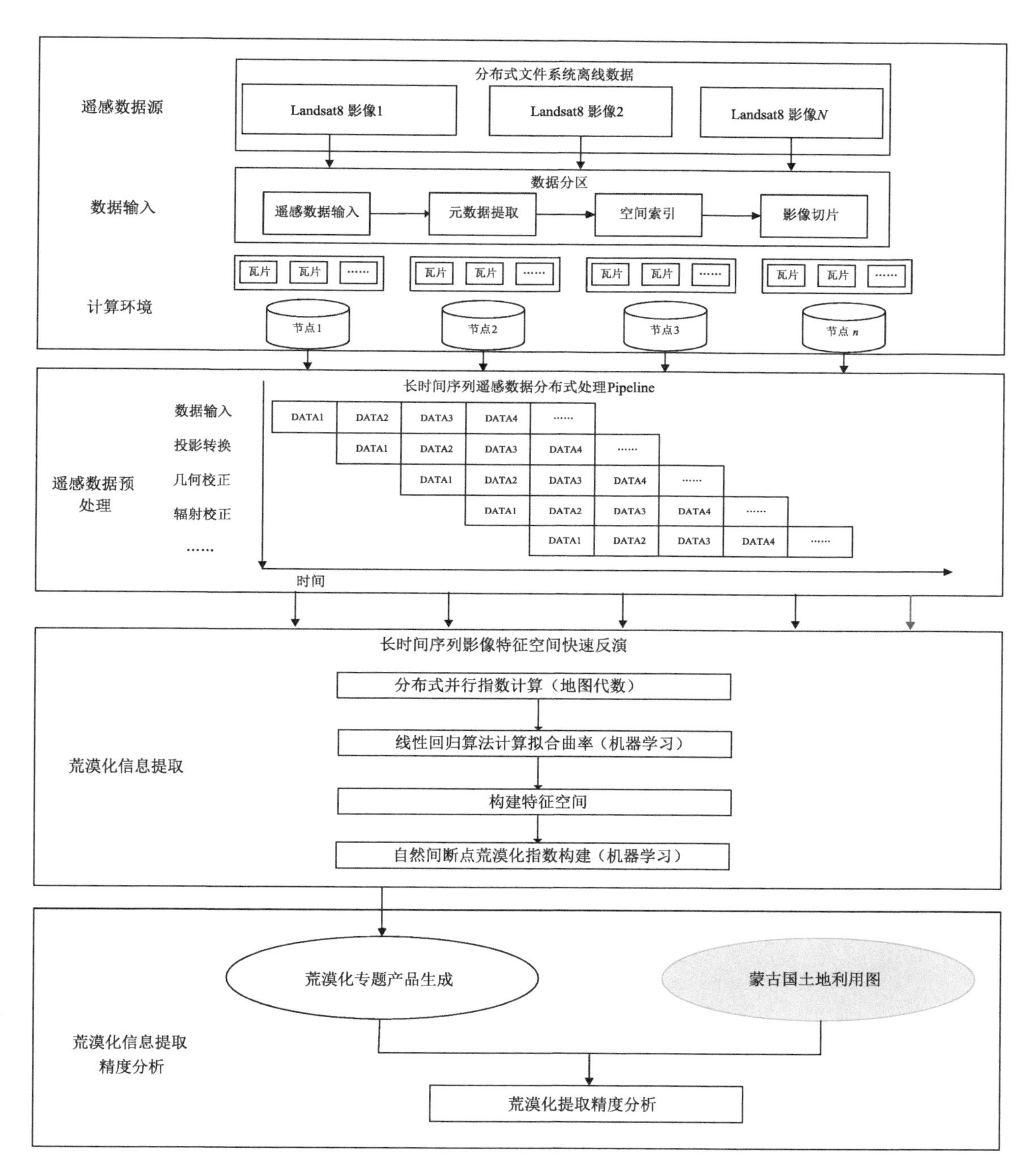

图 6-5　基于 Spark 的荒漠化信息提取技术路线图

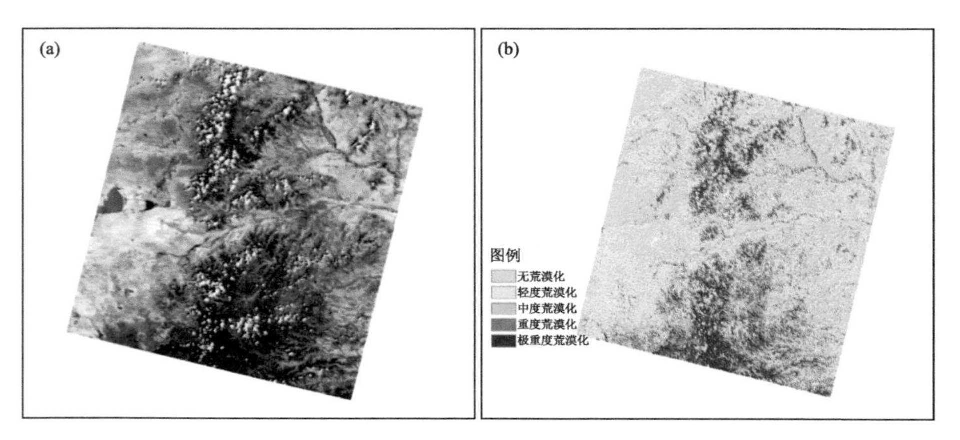

图 6-6　真彩色合成遥感影像(a)和荒漠化分类图(b)

图 6-7　荒漠化模型查询界面

图 6-8　荒漠化模型元数据界面

模型元数据提供了模型的应用链接，选择打开链接跳转到遥感大数据处理与信息提取系统，如图 6-9 所示。

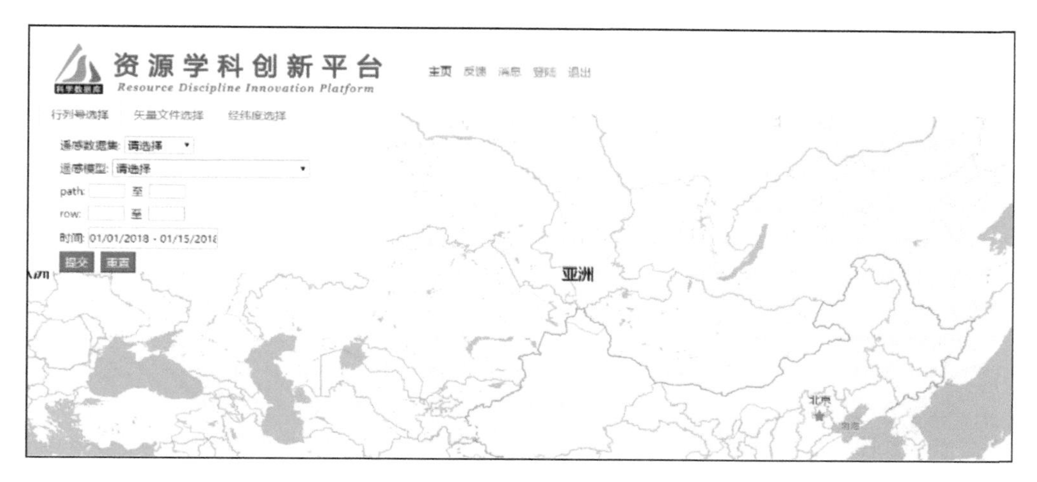

图 6-9　遥感大数据处理与信息提取系统

遥感大数据处理与信息提取系统主页面提供了三种数据检索方案，行列号、矢量文件以及经纬度选择。选择号对应数据集、遥感模型、行列号范围以及影像获取时间后，点击提交按钮，跳转到订单界面，如图 6-10 所示。

图 6-10　遥感大数据处理与信息提取系统

订单数据详情里面包含了遥感数据集的基本信息以及分类后影像下载与预览链接，如图 6-11 所示。数据下载链接提供了荒漠化分类后的 TIFF 格式数据，将无荒漠化、轻度荒漠化、中度荒漠化、重度荒漠化、极重度荒漠化的栅格值分别对应设置为 0，1，2，3，4，提供用户进一步处理。

订单详情 ×

数据名称	遥感模型名称	数据标识	行列号	获取时间	格式	来源	操作
Landsat-8	荒漠化信息提取模型(Albedo-NDVI)	LC81230302018162LGN00_DDIAN.tiff	123/030	2018-06-11	TIFF	USGS	preview download

图 6-11　遥感大数据处理与信息提取系统

(4)典型应用成效

应用为国家重点研发专项项目“中蒙俄国际经济走廊多学科联合考察”提供数据服务，支撑服务于中国科研信息化蓝皮书(2020)(图 6-12)。案例入选中国科学院战略先导 A 类专项“地球大数据科学工程”地球大数据支撑可持续发展目标报告(图 6-13)。

第三篇　面向国民经济主战场

“一带一路”中蒙俄经济走廊荒漠化风险防控信息化应用场景实现——以中蒙铁路沿线（蒙古段）为例

王卷乐[1,2]　魏海硕[1]　宋　佳[1]　王翰林[1]　卜　坤[2]

(1. 中国科学院地理科学与资源研究所；2. 中国科学院东北地理与农业生态研究所)

“一带一路”中蒙俄经济走廊区域自然地理复杂多样、生态环境脆弱敏感、荒漠化问题严重。……

“一带一路”；中蒙俄经济走廊；荒漠化；风险防控；信息化；应用场景

The areas of the China-Mongolia-Russia economic corridor in the Belt and Road Initiative are ... by a complex natural geography, a fragile ecological environment, and serious desertification. ... on the main traffic trunk lines between China, Mongolia, and Russia is not clear, which brings risks ... challenges to infrastructure construction. The completion of dynamic monitoring and risk assessment of ... in areas along the China-Mongolia-Russia economic corridor is urgently required. Faced with ... problems, this study, based on research information and GIS technology, carried out a desertification ... sensing inversion algorithm, a big data application platform, and multi-source data fusion and ..., and established application scenarios for desertification risk control. In this application, based ... extraction effect comparison of different characteristic space models, a desertification information ... model algorithm suitable for the China-Mongolia-Russia economic corridor is constructed. Using ... of big data batch processing and real-time processing, the desertification information along the corridor ... extracted, analyzed, and dynamically monitored. Combined with historical data, the diagnosis and testing ... patterns and changes within 200 km of both sides of the China-Mongolia Railway (Mongolian

275

图 6-12　中国科研信息化蓝皮书(2020)

6.1.2　跨领域技术合作与交流示范模式

在实施中蒙俄经济走廊交通与管线生态风险防控应用示范的过程中，根据境外数据获取的需求，中国与俄罗斯和蒙古国科学家协作实现了中蒙俄区域科学家室内解译获得数据、联合考察获取样品数据、平台处理并形成可用数据产品的跨国科研协同模式；签署国际合作协议；配合中蒙俄经济走廊与俄罗斯科学院远东分院区域问题综合分析研究所、蒙古国立大学签署合作协议。自主获取了蒙古国全境的 30 m 分辨率土地覆盖数据、蒙古国中东部六省连续 10 a 的草地地面生物量遥感反演数据，以及中蒙铁路沿线的资源环境数据。建立了“一带一路”协同创新示范系统。

开展野外考察工作。2018 年 8 月 13—22 日，课题组赴蒙古国与蒙古国立大学开展合作研究与野外调查工作。重点对蒙古国的主要地理过渡带区域、道路设施周边的土地覆盖类型、草地生物量、土壤物理性状等进行采样调查。本次考察从乌兰巴托开始，顺时针方向途经蒙古国 6 省，分别为乌兰巴托、中央省、肯特省、戈壁苏木贝尔省、中戈壁省和前杭爱省，全程约 1800 余千米。共采集 37 个土地覆被验证样本数据，并在每个验证点附近进行生物量、土壤含

地球大数据
支撑可持续发展目标报告
（2020）
—— 一带一路篇

郭华东 ◎ 主编

科学出版社
北京

蒙古国土地退化与土地恢复动态监测及防控对策

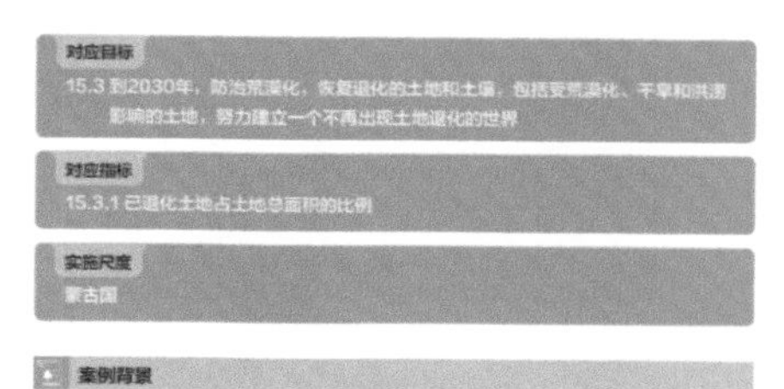

实施尺度
蒙古国

案例背景

土地退化是全球共同面临的重要生态环境问题。面向 2030 年的联合国 SDG15 中明确指出，到 2030 年实现土地退化零增长。该目标的实现土地不断退化的干旱、半干旱地区面临严峻的挑战。蒙古国是全球土地退化问题的热点区域，迫切需要通过国际合作实现长时间序列的土地退化监测，以促进该国土地退化研究的定量化、精准化。研究分析和阐明蒙古国土地退化的格局与演变过程，辨识关键区域并提出解决对策，对于促进中蒙俄经济走廊绿色可持续发展具有非常重要的意义，可为“一带一路”科学研究国际合作做出典范。

蒙古高原横亘于东北亚腹地，是“一带一路”中蒙俄经济走廊的重要区域。但该区域生态环境脆弱，极易受到气候变化和人类活动的影响。SDG 15.3.1 要求，到 2030 年实现土地退化零增长。然而想要在生态环境脆弱的蒙古高原地区实现这一目标，面临的挑战极为严峻。蒙古国自然环境和旅游部 2017 年发布的数据显示，该国 76.8% 的土地已遭受不同程度荒漠化，且仍以较快的速度向蒙古国东方省、肯特省等优良草原地带在内的地区蔓延（阿斯钢，2017）。随着遥感数据源的不断丰富，涌现出许多利用长时间序列卫星产品数据来反映蒙古国的大尺度土地退化与恢复的监测研究。缪丽娟等（2014）基于蒙古高原内的气象站点观测数据和 SPOT 卫星的 NDVI 数据，分析 1998～2001 年蒙古高原植被覆盖与土地退化状况。Eckert 等（2015）基于长时间序列 MODIS NDVI 卫星数据进行蒙古国土地退化与恢复探测，得到了 2001～2011 年土地变化显著性趋势图。Wang J 等（2020）基于 30m 分辨率的蒙古国土地覆被数据，完成了 1990～2015 年土地退化进程分析，发现蒙古国土地退化仍然是主导趋势，但其退化与恢复过程共存，且演变的速率不同。

图 6-13　地球大数据支撑可持续发展目标报告(2020)

水量、温度调查。拍摄工作、地形、地貌、民俗、植被、动物等照片 610 余张，计 4.68 G。图 6-14 和图 6-15 分别为生物量调查样方采样图及土壤含水量、温度调查图。

图 6-14　生物量调查样方及采样

处理加工数据产品。基于面向对象的遥感图像解译方法首次获得 2015 年蒙古国 30 m 分辨率土地覆盖数据。蒙古国土地覆盖类型以裸地和草地为主。裸地占总面积的 49.63%，主要分布在蒙古南部和西部；草地占总面积的 41.89%，主要分布在北部湿润地区和河流附近；荒漠草地一般在裸土地附近，在中部地区形成一条明显的荒漠草地条带。蒙古国 2015 年土地覆盖分布如图 6-16 所示。

基于 EVI、MSAVI、NDVI 和 PSNnet 四种遥感指数，结合地面观测资料，通过统计分析方法建立三种产草量估算模型。在模型评价基础上，选择模拟效果最好的基于 MSAVI 的指数

图 6-15　土壤含水量、温度调查

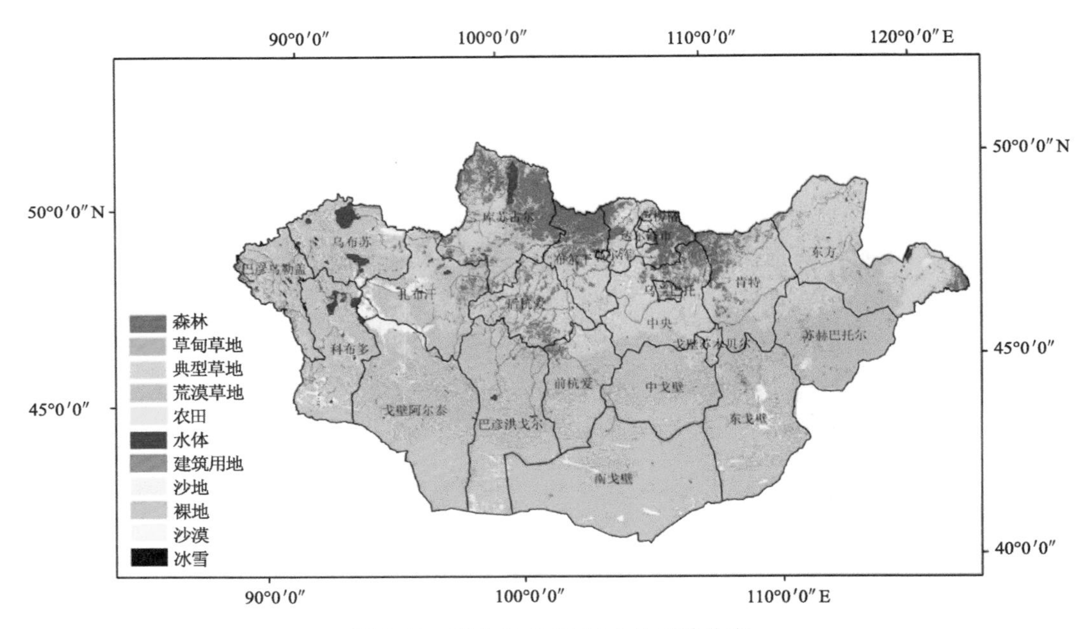

图 6-16　蒙古国 2015 年土地覆盖分布

函数模型(模型精度 78%),完成 2006—2014 年蒙古国中东部 6 省产草量估算。产草量(单产)自西南向东北呈逐渐增加趋势,大部分省份单产均在 1000 kg/hm² 以上,最大单产地区为肯特省,3944.35 kg/hm²。产草量(总量)差异较大,其中肯特省产草量(总量)最高,2341.76 ×104 t。蒙古国 2006—2014 年中东部六省草地生物量分布如图 6-17 所示。

建立协同创新平台。面向“一带一路”倡议实施与中蒙俄经济走廊建设的国际合作科技支撑需求,构建了“一带一路”国际科学家协同创新网络平台,为本创新示范应用提供出口,并为更多跨国科学家协同创新提供环境,如图 6-18 所示。

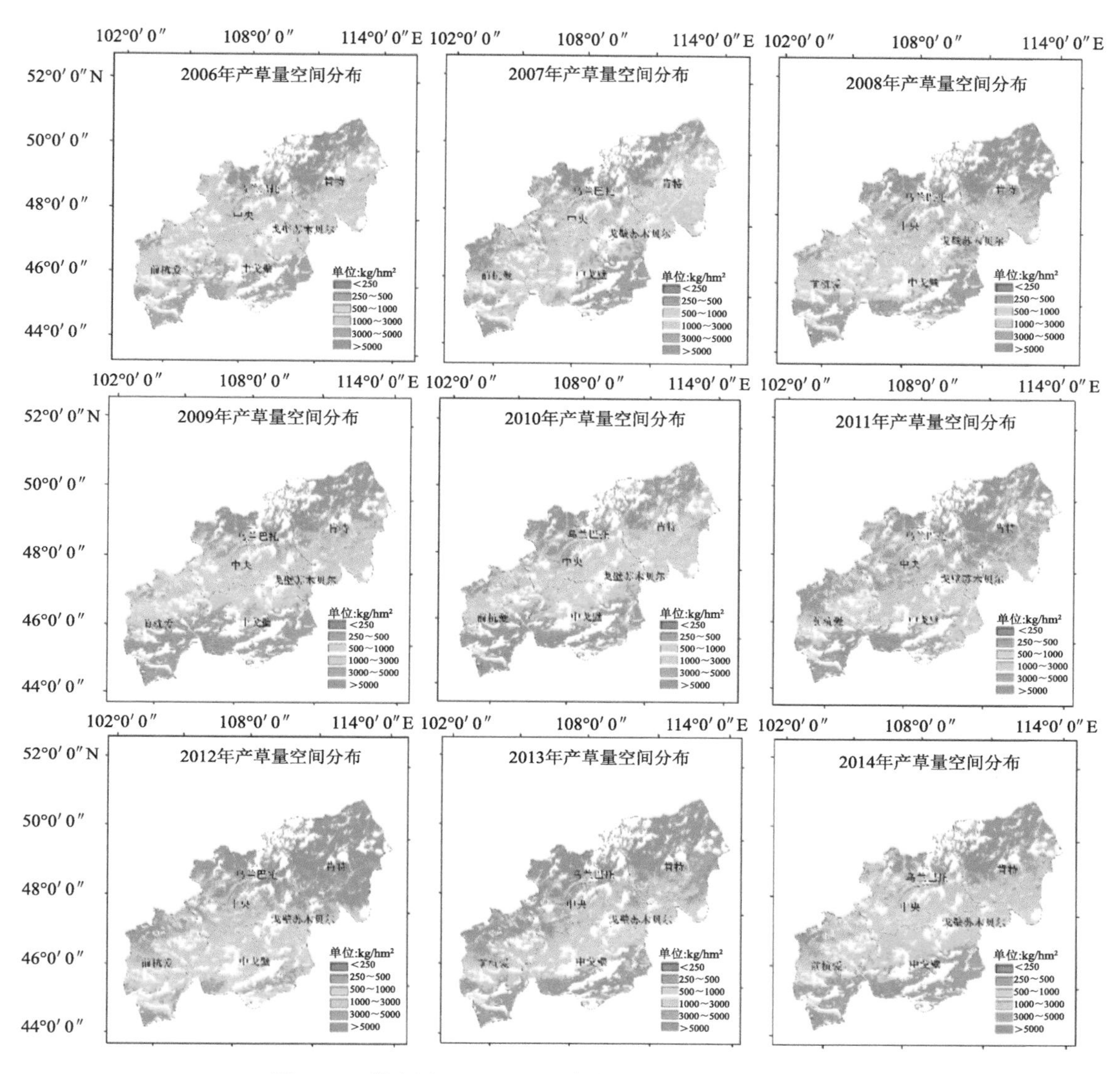

图 6-17　蒙古国 2006—2014 中东部六省草地生物量分布

6.2　资源综合研究信息化模式

6.2.1　京津冀资源环境承载力评价典型应用示范

(1)典型应用需求

资源环境承载力作为权衡人地关系协调发展的重要根据，是区域性问题，也是全球性问题，它已成为判别区域可持续发展极为重要的指标之一。京津冀都市圈是我国经济最具活力、开放程度最高、吸纳人口最多的地区之一，是拉动我国经济发展的重要引擎。污染的外部性、以邻为壑的行政割据观念，制约了京津冀都市圈的发展。协同治理、协同发展，成为京津冀地

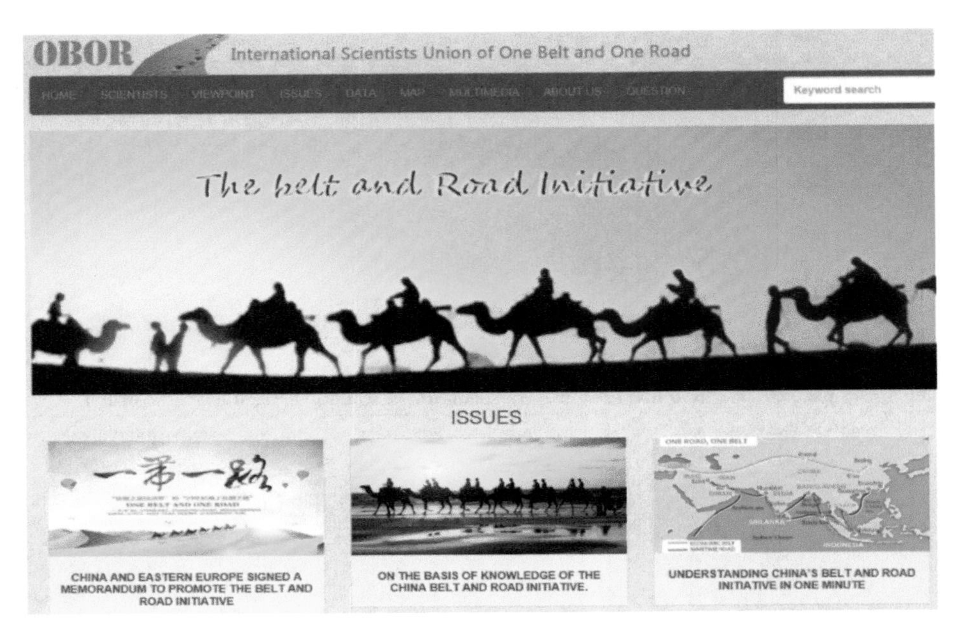

图 6-18　“一带一路”国际科学家协同创新网络平台

区的必然选择。越来越严峻的区域发展现状，尤其是雾霾困局的倒逼，加快了京津冀一体化的战略构想的实施。推动京津冀协同发展是党中央、国务院在新的历史条件下做出的重大决策部署，有利于破解首都发展长期积累的深层矛盾和问题。对其资源环境承载力进行深入研究具有极强的理论和现实意义。

当前，信息与通信技术发展日新月异，全球数据呈现爆发式增长态势。以动态、异构、多源为特征的大数据已经成为我们观察人类自身社会行为的“显微镜”和监测大自然的“仪表盘”。这些数据包括手机信令数据、移动位置服务数据、社交网络签到数据等。手机定位大数据蕴含了海量的位置相关信息，尤其是大量反映人类活动及周边社会动态信息，可以构成全方位、跨领域、多角度、高时效性的全息立体信息网络。利用资源大数据进行区域承载力评价将为区域可持续发展提供科学有效的建议。

(2)应用内容建设

京津冀应用示范建设实施方案包括体系建立、数据整合、评价方法与平台、决策支持四个部分。

1)资源网络大数据分析与挖掘方法体系。在系统梳理当前资源网络大数据分析与挖掘方法的基础上，依托新型互联网大数据，构建面向区域资源环境承载力评价的指标构建和计算方法，计算相关的资源环境指标并动态更新，设计数据分析与挖掘算法，最终研发面向高时空分辨率的资源网络大数据分析与挖掘评价指标，并在典型区开展实验对比与算法验证。

2)京津冀资源与环境承载力评价指标体系与数据融合。构建京津冀地区多尺度、多要素、时序动态的资源环境与经济社会数据资源，研究多元异构数据的融合与高效集成，并建立适用于京津冀资源环境可持续发展评价指标体系。整合和完善现有各类数据库资源，着重发展多尺度、多类型、多时态的经济社会数据和资源环境数据相融合方法。

3)京津冀资源环境承载力评价模型方法与平台搭建。筛选影响京津冀资源环境承载力与可持续发展的关键因素，解析关键因素变化的内在过程以及与区域可持续发展之间存在的复杂关系；分析人类活动与资源环境承载能力相互作用过程。构建区域可持续发展过程模拟的系列数学模型，进行资源环境承载力综合评价。基于以上数据和模型基础，构建京津冀资源环境承载力评价平台原型系统。

4)京津冀可持续发展问题诊断与政策建议。基于上述评价结果，面向京津冀协同可持续发展的客观需求，通过京津冀资源环境协同发展综合分析与政策模拟系统使决策者客观认知京津冀资源环境承载力和可持续发展的条件和问题，开发京津冀都市圈资源环境承载力约束下的空间优化模式和模拟技术、空间规划关键技术的集成等，为制定国家新型城镇化战略、城镇群规划等提供技术方法和理论支撑，提高政府决策的科学性，实施路线如图 6-19 所示。

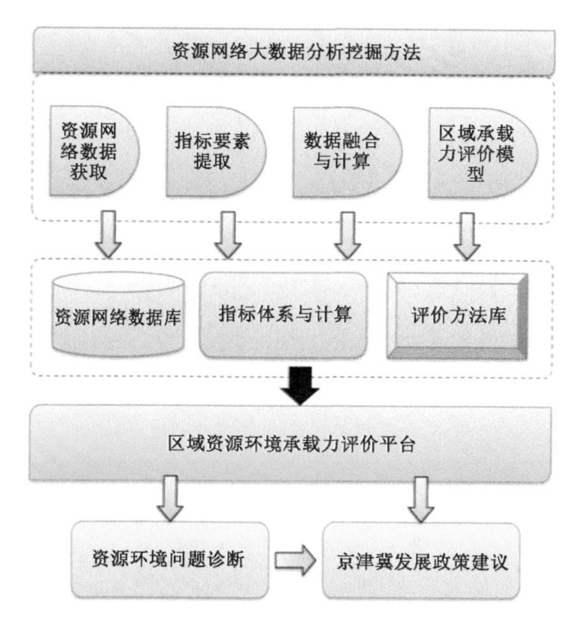

图 6-19　京津冀应用示范实施路线

自然条件本底信息是评估京津冀资源环境承载力的基础，研究中通过利用遥感、调查、开源数据等方式，构建了京津冀统一尺度下(1 km)的自然要素信息，包括地形地貌，土地利用等，如图 6-20 所示。

京津冀地区地处华北平原，自然条件相对优越，但是生态环境相对脆弱，尤其年降水量难以保障当地的用水需求。植被覆盖主要为京津冀地区的北部地区。为了系统评估植被生态状况，这里采用 NDVI 植被指数来表征当地的生态基本状况。如图 6-21 所示。

由 NOAA 发射的 Suomi NPP 卫星已经开始提供 NPP-VIIRS[①] 全球夜间灯光观测图像，并由美国国家地球物理数据中心(NGDC)发布。NPP-VIRS 的空间分辨率达到了 500 m，因此可以利用不同季节下的夜间灯光遥感数据对相同时间的手机定位数据通过建模的方式进行“纠偏”工作，之后利用“纠偏”后的夜间手机定位数据对白天的定位数据进行“纠偏”工作。其

① 数据来源：http://ngdc.noaa.gov/eog/viirs/download_monthly.html#2months。

亮度可以间接反映人口、GDP的空间分布情况。2015年京津冀地区夜晚灯光遥感指数空间分布如图6-22所示。

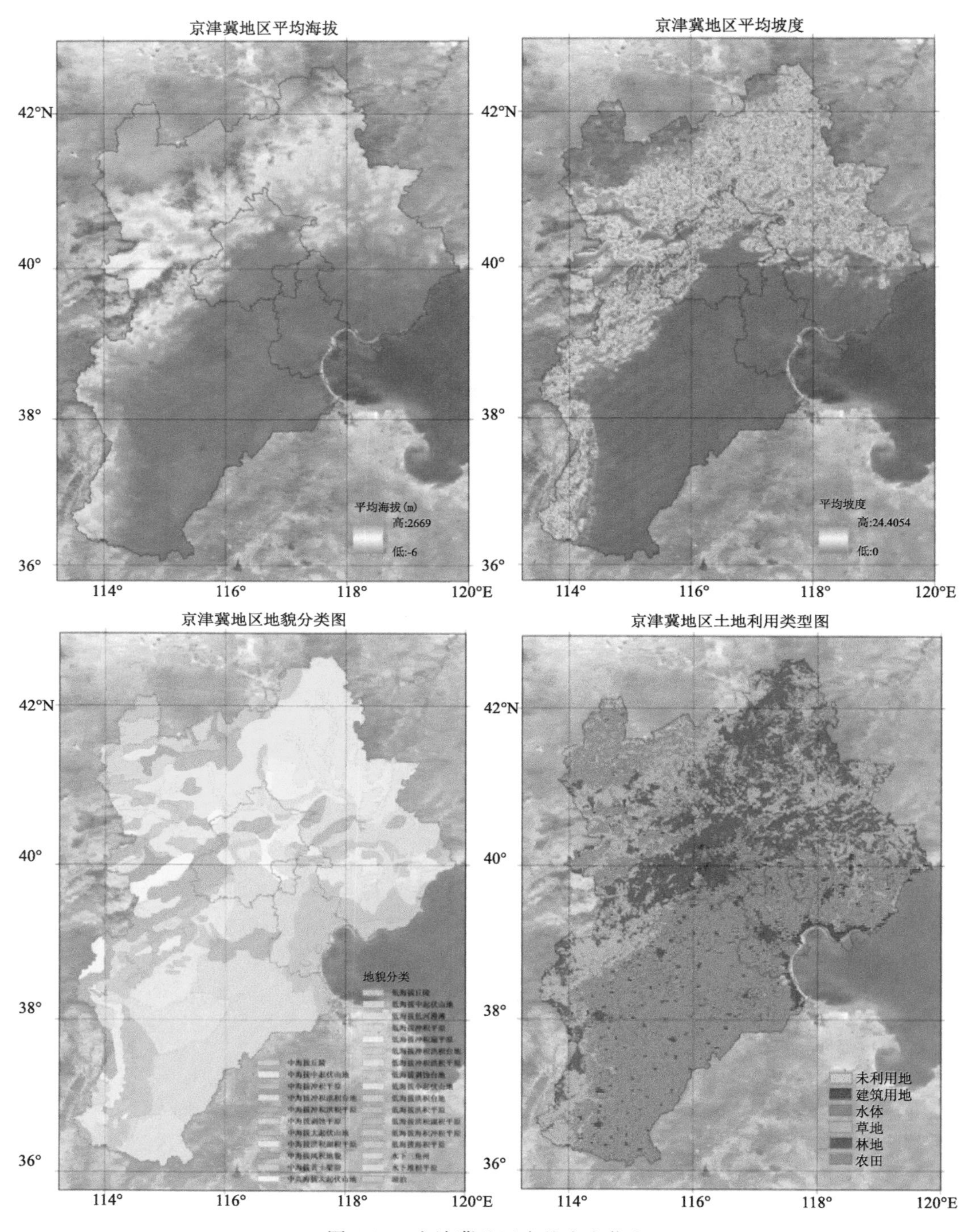

图6-20　京津冀地区自然本底信息

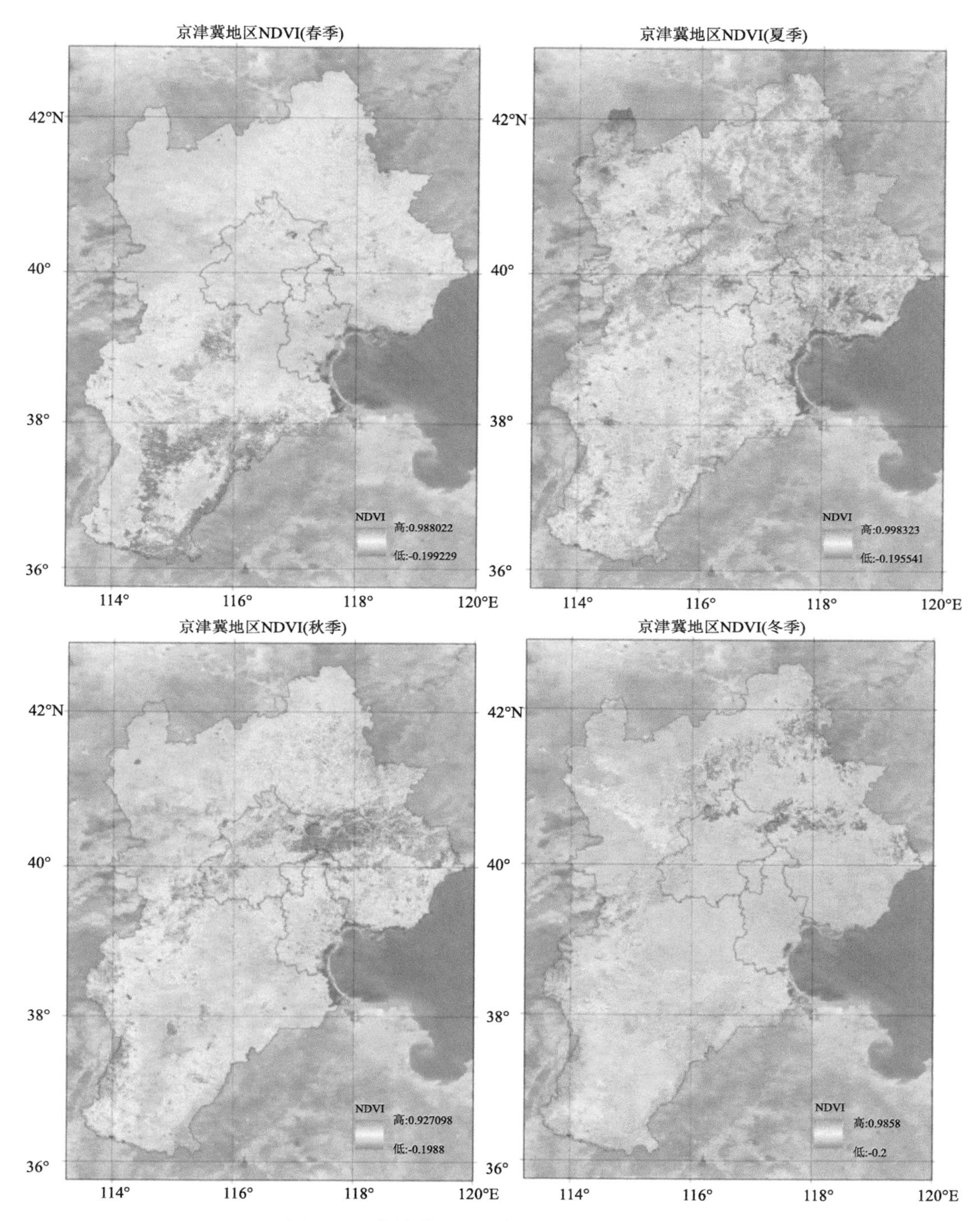

图 6-21 京津冀地区一年四季植被覆盖状况

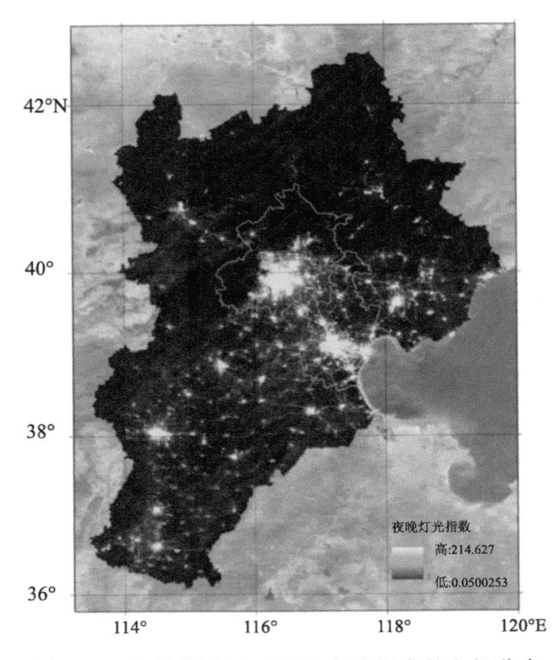

图 6-22　京津冀地区 VIIRS 夜晚灯光的空间分布

手机定位数据来源于腾讯大数据平台。腾讯依托其即时通信产品，包括 QQ、微信等产品，拥有中国最大的社交网络用户量，覆盖中国区域超过 10 亿的用户，其中微信活跃用户超过 8 亿。用户在使用这些应用中，在运行定位许可情况下，会向腾讯大数据中心发送其地理位置，包括经纬度和时间等信息。图 6-23 显示了京津冀地区手机定位大数据空间分布状况，它将是人口建模、GDP 空间化建模的重要基础。

应用将机器学习算法与传统的统计方法相结合，在传统人口空间化数据的基础上融入手机定位信息，发展了高分辨率人口估算模型，实现区域人口的高分辨率重建；同时在已有研究基础上，借助手机定位数据实现了高时空分辨率动态人口制图。目标是构建 100 m 网格的京津冀动态人口分布。得到的京津冀地区 100 m 网格的人口分布如图 6-24 所示。

综合多个地图服务商(包括高德地图、百度地图、大众点评网等)，获取得到 2017 年的地图兴趣数据，覆盖京津冀地区范围。该数据可以广泛地用于京津冀地区产业经济方法的研究，本研究中将其用到了京津冀一体化产业协同发展评价研究中。得到的北京、天津、河北地区的兴趣点数据如图 6-25 所示，总计超过 300 万条记录，详细记录了每个兴趣点的信息，包括其地理位置、性质等。

应用示范中，将传统的承载力评估方法与联合国 2030 可持续发展目标(SDGs)相结合，构建面向京津冀都市圈可持续发展评价的，以“美丽城市”为建设导向的京津冀资源环境承载力评价指标体系，具体如表 6-1 所示。

典型应用在线特点如下。

空间大数据快速处理。平台集成了腾讯位置定位大数据，传统资源大数据等，覆盖整个京津冀地区。为了高效快捷地完成区域可持续发展评估，制作专题地图，需要平台具有空间大数据快速处理能力。

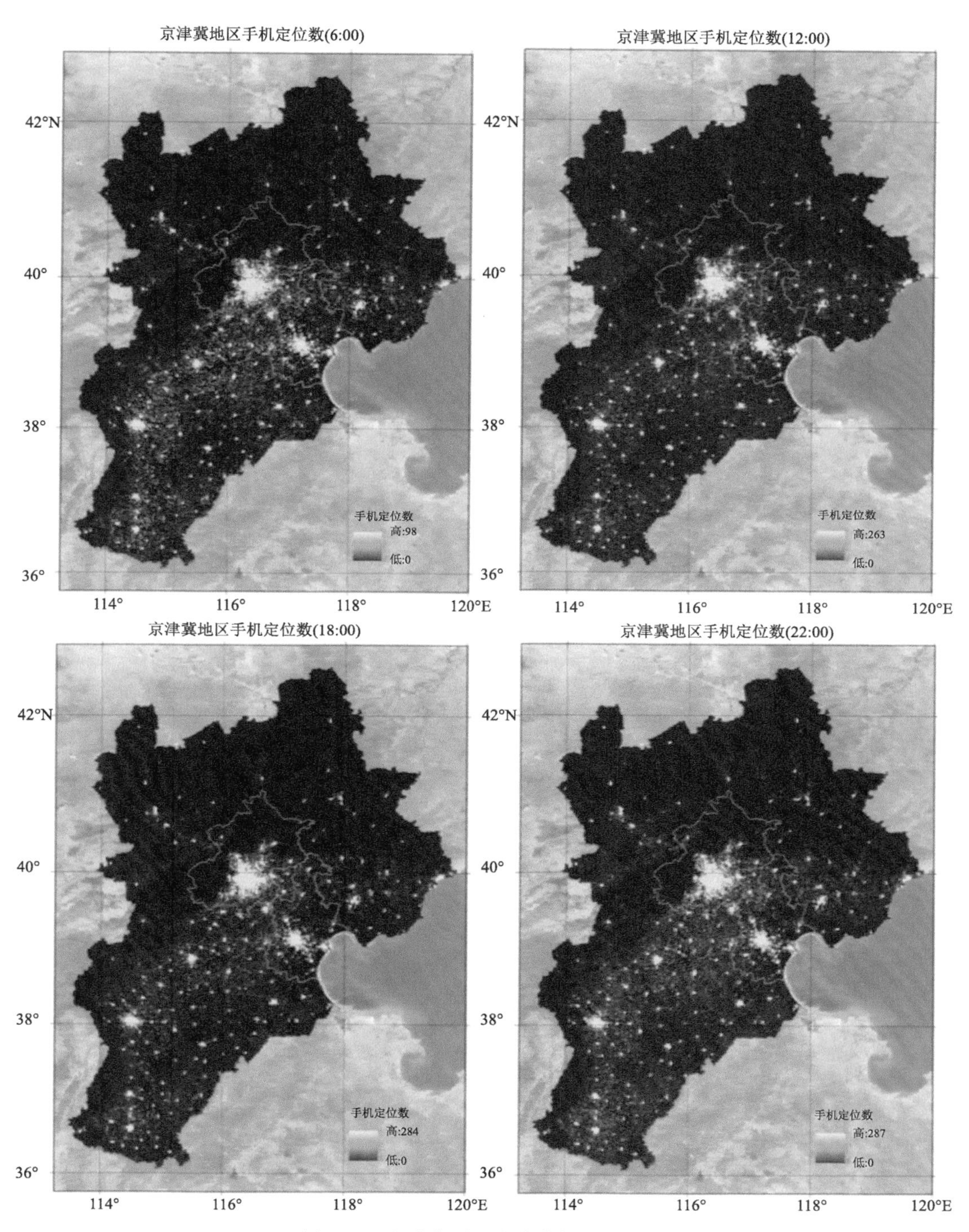

图 6-23　京津冀手机定位数据动态分布

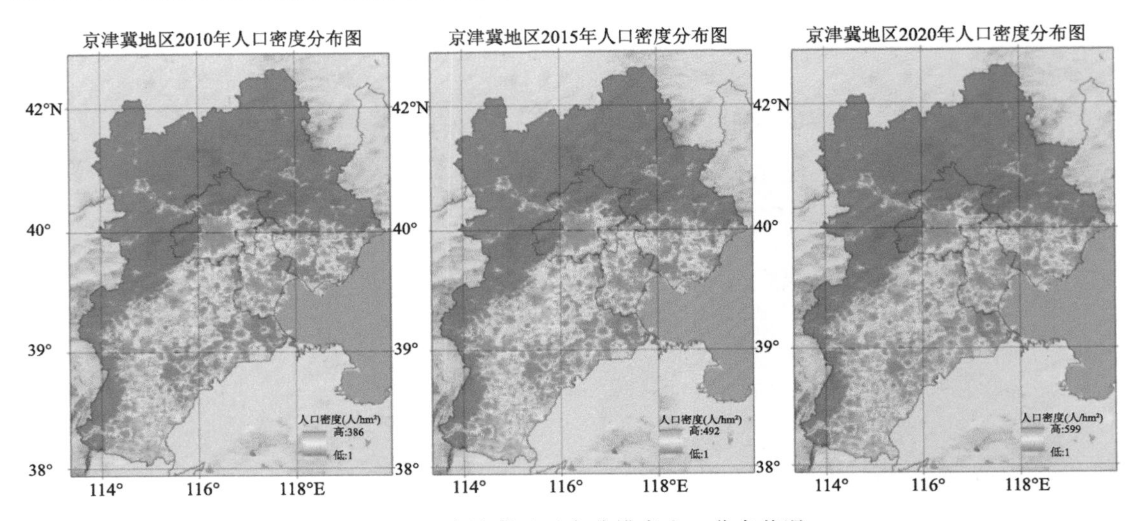

图 6-24　京津冀地区高分辨率人口分布状况

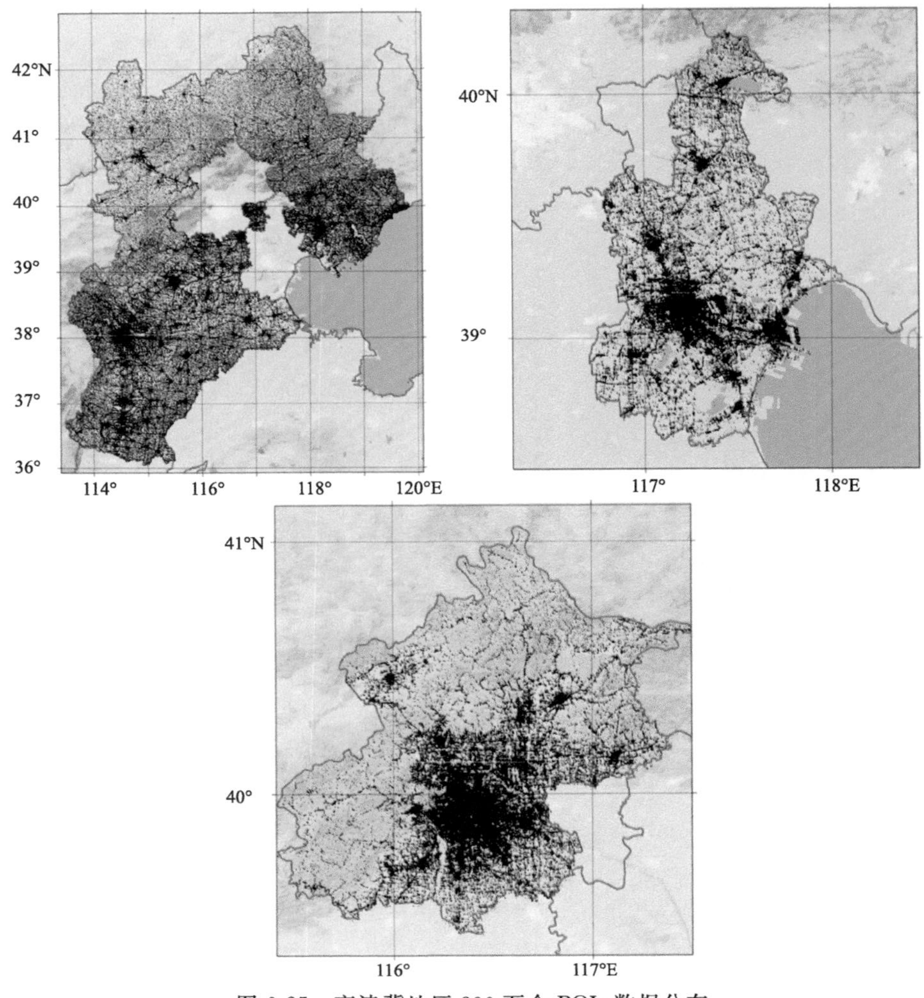

图 6-25　京津冀地区 300 万个 POIs 数据分布

表 6-1　京津冀资源环境承载力评价指标体系

目标	具体目标	具体指标	数据来源
生态环境	天蓝	空气质量	遥感反演
		污染排放	统计资料/卫星遥感
		能源消耗	统计资料
	地绿	植被修复保护	卫星遥感/统计资料
		土地退化防治	卫星遥感/统计资料
		生态多样性保育	卫星遥感/统计资料
	水清	水资源高效利用	卫星遥感/统计资料
		水环境全面治理	统计资料
		水生态恢复保护	统计资料
经济增长	经济富强	人均 GDP	统计资料
	经济创新	科技投入	统计资料
社会进步	消除贫困	贫困发生率	统计资料
	健康福祉	人均寿命	统计资料
	优质教育	人均受教育程度	统计资料
城市发展	安全和负担得起的住房	人均住房面积	地理信息/统计资料
	经济实惠和可持续的运输系统	公共交通覆盖人口比例	地理信息
	包容和可持续的城市化	土地使用率与人口增长率之间的比率	卫星遥感
	保护世界文化和自然遗产	保留遗产的人均投入	统计资料
	减少自然灾害的不利影响	灾害死亡人数	统计资料
		灾害经济损失	统计资料
	减少城市的环境影响	城市固废回收率	统计资料
		城市细颗粒物浓度	卫星遥感

开发的处理工具。包括:空间数据导入导出,空间数据的上传与下载,空间数据投影转换,多种空间投影的转换,空间数据裁剪,空间数据属性边界处理,人口、社会经济的快速处理与统计输出。

专题地图在线制图。在线专题制图是本平台的功能之一,目标是在云平台中快速地完成资源环境相关专题图件的绘制。做到科学准确、内容清晰、美观大方等要求。主题制图内容包括:京津冀自然环境本底图,京津冀周边遥感图,行政区划分布图,人口网格化分布图,GDP网格化分布图,夜晚灯光指数分布图,乡镇人口分布图等。

资源环境承载力综合评价方法。本平台收集整理大量的资源环境承载力评估模型,为资源环境承载力阈值界定与参数率定、定量评价与综合评估技术提供模型支撑。可以下载生成的专题地图;大数据驱动的资源学科领域创新应用平台为资源环境承载力评估提供指标数据处理环境、开源的模型设计环境和承载力评估可视化环境。

系统平台集成。平台系统集成了上述功能:示范平台简介、资源环境承载力介绍、评价指标体系、评价数据与指标数据共享等,如图 6-26 所示。

图 6-26　平台系统

6.2.2　吉林省资源环境承载力评估应用

资源环境承载力作为权衡人地关系协调发展的重要根据，是区域性问题，也是全球性问题，它已成为判别区域可持续发展极为重要的指标之一。针对吉林省资源环境承载力的评估需求形成和实现本专题应用。

(1)功能说明

吉林省生态环境承载力技术平台实现了在线环境评价功能，以地图应用、指标分级评价为基本单元，在地图应用的基础上附有相对完善的区域环境文档说明，其中吉林省各区县的预警指标分级及计算公式赋值是本平台技术开发的重点。本系统界面实现的功能，主要包括：基础资料汇集与文档发布、预警评价模块、指标可视化等。

基础资料汇集与文档发布。集成与汇编项目相关资料，例如吉林省地质资源、生物资源、生态资源、环境资源等资料，根据数据库设计的字段完成文档发布，建立吉林省基础地理数据库。

预警评价模块。对吉林省市、县(区)野外采样点进行处理入库，完成吉林省生态环境质量基础数据库。根据数据、计算公式与“短板效应”原理及相关评价标准、测算、评价，开发基于GIS技术支持下的预警模型，实施动态即时监测，实现省市县三级监管联动一体化，提高监管水平，为保障吉林省资源环境承载能力的预警技术提供数据支持和管理支持系统。

指标可视化。实现基于B/S模式的数据在线管理，以及吉林省区县土地资源、水资源、环境、生态承载力负载程度评价与预警等级划分制图，以地图可视化形式表达吉林省不同区县的生态环境承载力现状与发展趋势，实现预警指数与评价结果的指标可视化应用。

(2)基础资料汇集与文档发布

吉林省资源环境承载能力监测预警平台中文档资料包含项目进展、应用情况、标准规范、科学研究等，如图 6-27 所示。

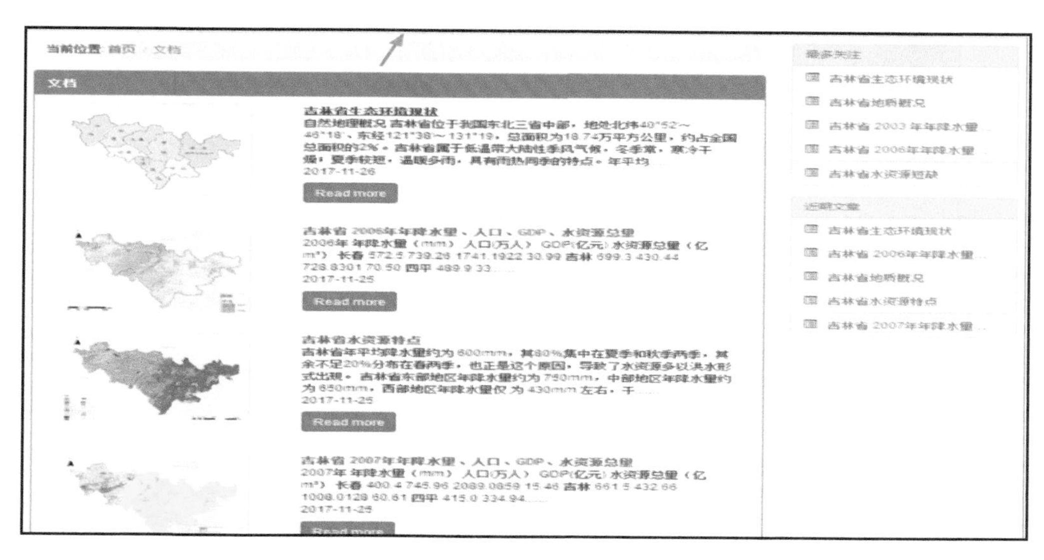

图 6-27　吉林省资源环境承载力评价文档资料

吉林省资源环境承载能力评价系统中资源维护包括基础资料及数据汇集、文档发布、地图制图资源发布等。具体维护情况如下。

共收集吉林省 9 个市(自治州)级数据及 60 个县(区)级行政单位的基础资料。

长春市:南关区、宽城区、朝阳区、二道区、绿园区、双阳区、九台区、农安县、榆树市、德惠市;

吉林市:昌邑区、龙潭区、船营区、丰满区、永吉县、蛟河市、桦甸市、舒兰市、磐石市;

四平市:铁西区、铁东区、梨树县、伊通满族自治县、公主岭市、双辽市;

辽源市:龙山区、西安区、东丰县、东辽县;

通化市:东昌区、二道江区、通化县、辉南县、柳河县、梅河口市、集安市;

白山市:浑江区、江源区、抚松县、靖宇县、长白县、临江市;

松原市:宁江区、前郭尔罗斯蒙古族自治县、长岭县、乾安县、扶余市;

白城市:洮北区、镇赉县、通榆县、洮南市、大安市;

延边朝鲜族自治州:延吉市、图们市、敦化市、珲春市、龙井市、和龙市、汪清县、安图县。

(3)预警评价模块

评价数据的预警指标分级评价及评价公式计算是本平台技术开发的重点。吉林省共有 9 个市级行政单位:长春市、吉林市、四平市、辽源市、通化市、白山市、松原市、白城市、延边朝鲜族自治州。本技术平台将各分县行政单位的名称及编码按照排序依次列于评价数据单页中,如图 6-28 所示。

预警指标分级评价的测定理论依据:对吉林省所有县级行政单元内的土地资源、水资源、环境和生态四项基础要素进行全覆盖评价,分别采用土地资源压力指数、水资源开发利用量、污染物浓度超标指数和生态系统健康度来测定,如图 6-29 所示。

在吉林省各县级行政单元评价的基础上,遴选集成指标,采用"短板效应"原理确定超载、临界超载、不超载 3 种超载类型的集成指标及分级。单击"编码"与"区县名称"均可链接至预警指数等级界面,示例"长春市—南关区":

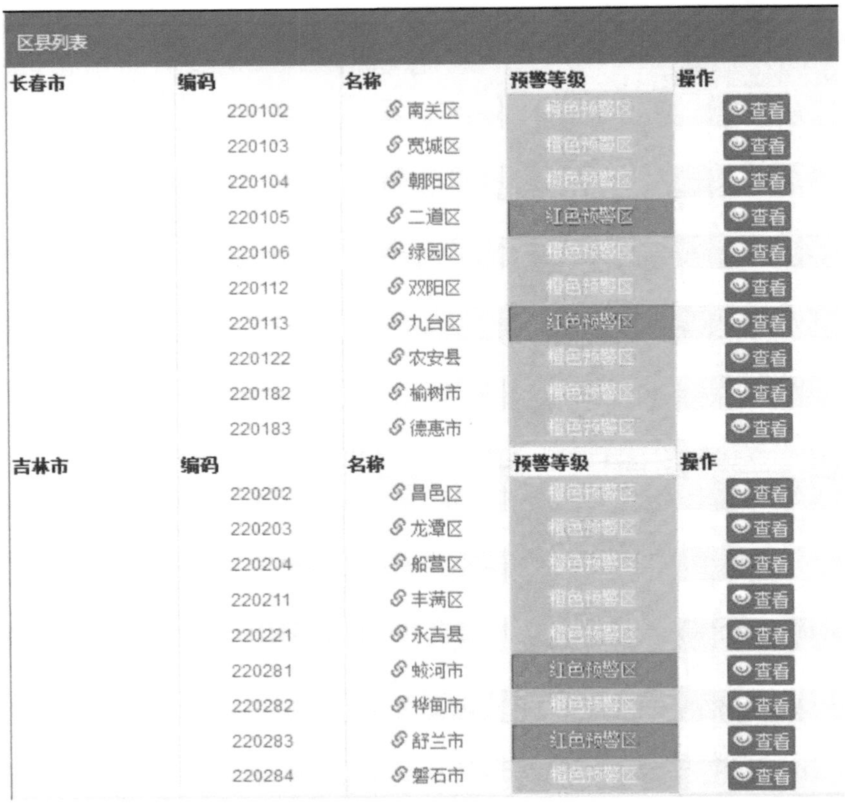

区县列表

长春市	编码	名称	预警等级	操作
	220102	南关区	橙色预警区	查看
	220103	宽城区	橙色预警区	查看
	220104	朝阳区	橙色预警区	查看
	220105	二道区	红色预警区	查看
	220106	绿园区	橙色预警区	查看
	220112	双阳区	橙色预警区	查看
	220113	九台区	红色预警区	查看
	220122	农安县	橙色预警区	查看
	220182	榆树市	橙色预警区	查看
	220183	德惠市	橙色预警区	查看
吉林市	**编码**	**名称**	**预警等级**	**操作**
	220202	昌邑区	橙色预警区	查看
	220203	龙潭区	橙色预警区	查看
	220204	船营区	橙色预警区	查看
	220211	丰满区	橙色预警区	查看
	220221	永吉县	橙色预警区	查看
	220281	蛟河市	红色预警区	查看
	220282	桦甸市	橙色预警区	查看
	220283	舒兰市	红色预警区	查看
	220284	磐石市	橙色预警区	查看

图 6-28　预警区县列表

图 6-29　预警指数等级

点击“修改”，按数据库设计的字段逐项选择评价分级，单击“更新数据”完成该区域预警等级指标的评价，如图 6-30 所示。

图 6-30　预警指数等级评价

为了方便数据的录入与使用，预警评价模块部分提供了数据的上传与下载功能。点击“选择文件”，选中本地文件，单击“打开”后，“提交”该文件，完成数据上传。点击“下载”按钮，选择本地下载位置即可。

(4)评估结果指标可视化

鼠标滑至某区域，后上方即可显示此区域名称。单击该区域，查看该地区的相关生态环境信息、资源指数及预警等级，如图 6-31 所示。

选择下拉列表中的某个字段，则地图显示对应的字段值。鼠标点击该区域，页面跳转到区域评价结果成因分析说明，包括基本地理信息，预警等级评估，资源指数评价等，如图 6-32 所示。另外，为了方便展示，还提供了全屏地图的地图展示模式。

图 6-31　指标可视化

图 6-32　区县预警等级评价结果可视化

第 7 章　资源学科创新应用平台服务

7.1　平台服务情况

1)数据在线服务。截至 2020 年 12 月,资源学科创新应用平台按计划每天都提交平台访问日志文件。依据中国科学院科学数据库“数据服务监控及统计系统”,平台访问人次达到 4634321 人次,累计下载量 3471.21GB,见表 7-1。访问量在全院所有数据库网站中排名第 4 位(图 7-1)。

排名	数据站点名称	网页访问数	访问人数	下载量(MB)
1	大数据驱动的第三极环境创新示范平台	20,383,440	5,499,832	7,844,102.76MB
2	系统生物学中多组学综合数据库	4,074,862	1,426,022	284,529.83MB
3	大数据驱动的生物信息领域创新示范平台	2,266,984	737,396	158,728.35MB
4	大数据驱动的资源学科领域创新示范平台	4,076,004	440,313	164,801.01MB
5	中国土壤特色数据库	3,205,363	255,042	176,287.56MB

上月访问量排名	
1 大数据驱动的第三极环...	739,292
2 系统生物学中多组学综...	235,136
3 大数据驱动的生物信息...	159,541
4 大数据驱动的资源学科...	91,569
5 冰冻圈领域特色数据库	70,317
6 青海湖流域综合研究特...	55,863
7 中国土壤特色数据库	38,206
8 光学天文重点数据库建...	29,801
9 湖泊学科领域特色专题...	26,295
10 动物学重点数据库建设...	20,642

上月下载量排名	
1 大数据驱动的第三极环...	3,964.17GB
2 抑郁症静息态功能磁共...	1,266.47GB
3 动物学重点数据库建设...	144.42GB
4 光学天文重点数据库建...	143.83GB
5 冰冻圈领域特色数据库	108.21GB
6 大数据驱动的资源学科...	69.14GB
7 系统生物学中多组学综...	43.88GB
8 大数据驱动的生物信息...	35.63GB
9 中国土壤特色数据库	32.1GB
10 环境微生物多样性重点...	29.93GB

图 7-1　资源学科创新示范平台访问量排名

表 7-1　资源学科创新示范平台服务统计(截至 2020 年 12 月)

统计项	浏览器用户	非浏览器用户
累计独立 IP 数	1429326	—
累计访问人次	4634321(3.24 访问人次/独立 IP)	—
累计页面访问数	45219043(9.76 页面访问数/访问人次)	88262935
累计文件数	95731868(20.66 文件数/访问人次)	96849358
累计下载量	3471.21GB(804257.63 字节/访问人次)	1914.37GB

2)线下服务。通过离线定制、跟踪服务等途径,为多个科研机构或项目提供离线数据服务,并跟踪支撑项目团队开展科研活动,获得含有用户单位盖章的书面证明 65 份,科研项目团队服务案例报告 23 份,部分服务清单见表 7-2。

表 7-2　提供服务清单(部分)

序号	所在单位	数据服务项目
1	中国科学院地理科学与资源研究所	国家重点研发计划:中蒙俄国际经济走廊多学科联合考察
2	中国科学院西北生态环境资源研究院	中国科学院先导专项(A 类):大数据驱动的“美丽中国”全景评价与决策支持
3	中国科学院东北地理与农业生态研究所	国家重点研发计划:东北黑土区侵蚀沟生态修复关键技术研发与集成示范
4	中国科学院东北地理与农业生态研究所	国家重点研发计划:东北森林区主要林下资源生态开发利用技术研发与示范
5	黑龙江山野菜资源保护与利用协会	黑龙江山野菜资源保护与利用协会
6	哈尔滨双城区农业技术推广中心	黑龙江双城区种植业结构调整和生态工程治理
7	中国科学院地理科学与资源研究所	国家重点研发计划:全球变化人口与经济系统风险形成机制及评估研究
8	武汉大学	国家重点研发计划:国家水资源承载力评价与战略配置—面向荷载均衡的水资源配置模型
9	中国科学院地理科学与资源研究所	基金重点项目:中国冰冻圈服务功能综合区划研究
10	陕西科技大学	博士论文:基于生产率视角下的轻工业环境治理协作机制研究
11	西北农林科技大学	国家重点研发计划:黄土高原水土流失治理与生态产业协同发展技术集成与模式
12	中国农业大学	国家自然科学基金:黄土高原生物结皮的热特性、热传输过程以及土壤热效应
13	西北农林科技大学	国家重点研发计划:残塬沟壑区人工林景观化经营关键技术和示范
14	西北大学	中国科学院先导专项(A 类):土壤侵蚀定量评价与分区防控对策
15	中央财经大学	博士论文:小冰期时期气候变化对西藏经济社会变化的影响
16	中国科学院地理科学与资源研究所	硕士论文:黄淮海平原小麦增产与水肥利用耦合关系及优化布局
17	南京大学	国家重点研发计划专项:影响区域排放与沉降响应的关键大气过程
18	浙江大学	国家自然基金:协调环境与质量安全治理的市场激励机制研究

续表

序号	所在单位	数据服务项目
19	澳洲新南威尔士大学	博士论文：中国家庭能源消费和空气污染的关系
20	中国农业科学院农业经济与发展研究所	中国农业科学院基本科研业务：农业资源可持续利用研究
21	澳大利亚亚洲连线商务	商业应用：中国防晒市场报告
22	北京林业大学	国家林业局项目：重点湿地调查
23	西北师范大学	科研项目：城市化与生态服务系统的空间关系研究
24	华中农业大学	基金项目：长江中下游传统两面产区作物种植结构时空演化过程、机理与交互调控
25	南京信息工程大学	国家自然科学基金项目：群体共识决策收敛：建模实验及仿真分析
26	上海财经研究所	上海财经大学研究生创新基金资助项目：中国家庭能源回弹效应测算及影响因素研究
27	北京大学	硕士论文：新时代国家区域发展差距空间格局
28	长安大学渭水校区	世界大学生桥梁设计大赛
29	西南大学	重庆市精准扶贫与乡村振兴协同推进路径研究
30	中国科学院地理科学与资源研究所	中国科学院 A 类先导科技专项泛第三极环境变化与绿色丝绸之路建设
31	吉林大学	国家重点研发计划项目肥料磷素转化与高效利用机理

7.2 典型服务案例

(1)服务中国科学院战略先导(A 类)地球大数据科学工程“大数据驱动的美丽中国全景评价与决策支持”

全球可持续发展目标与我国建设“美丽中国”的内涵同根同源，异曲同工，二者都希望通过努力实现国家、区域的环境与经济协调发展，保障社会群体及子孙后代的发展权益，全面提升人类福祉水平。联合国 2030 可持续发展目标的各项指标亦可以作为评价“美丽中国”建设成果的重要依据。作为全球最大的发展中国家，中国在落实可持续发展目标，建设美丽中国的过程中，既面临难得的机遇，也面临艰巨的挑战。科学系统评价我国重点领域、区域“美丽中国”建设现状，识别“美丽中国”建设面临的关键问题，针对性开展专项治理，是当前“美丽中国”建设的重要方向，同时也是我国实现联合国 2030 可持续发展目标的重要需求。

为“美丽中国”全景评价和 SDG 指标评价的多个数据产品和技术支撑服务，包括森林、荒漠化、盐渍化、石漠化遥感提取技术方法，中国 2010—2016 年 83 个指标要素的人口和社会经济数据产品，2000 年乡镇级人口数据产品，生态环境基础资源环境数据集、网络用户活跃度指数数据、地表参量遥感反演数据产品等。支撑了“美丽中国”天蓝、地绿、水清、人和方面的综合评估，以及 SDG15 相关指标的计算。在数据服务的支持下，支撑了全景美丽中国与典型区的综合评价，以及 SDG15 相关指标的计算；提供的森林类型提取方法、荒漠化监测技术等案例入选了地球大数据专项 2018 年度联合国可持续发展报告，促进了项目的顺利实施，见图 7-2。

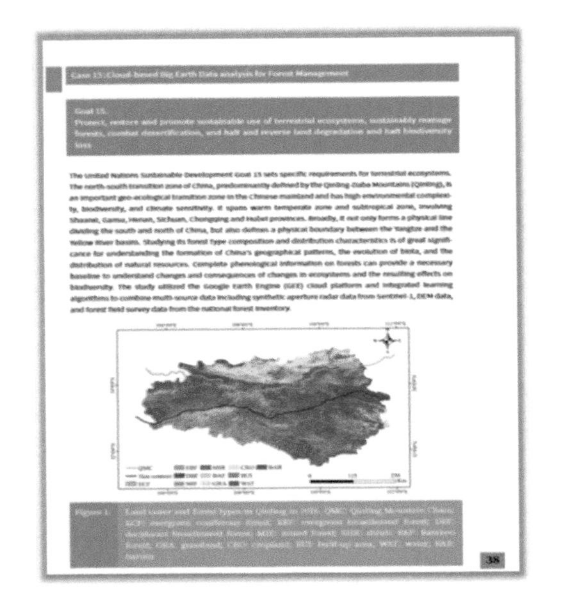

Case 15: Cloud-based Big Earth Data analysis for Forest Management

Goal 15.
Protect, restore and promote sustainable use of terrestrial ecosystems, sustainably manage forests, combat desertification, and halt and reverse land degradation and halt biodiversity loss

The United Nations Sustainable Development Goal 15 sets specific requirements for terrestrial ecosystems. The north-south transition zone of China, predominantly defined by the Qinling-Daba Mountains (Qinling), is an important geo-ecological transition zone in the Chinese mainland and has high environmental complexity, biodiversity, and climate sensitivity. It spans warm temperate zone and subtropical zone, involving Shaanxi, Gansu, Henan, Sichuan, Chongqing and Hubei provinces. Broadly, it not only forms a physical line dividing the south and north of China, but also defines a physical boundary between the Yangtze and the Yellow River basins. Studying its forest type composition and distribution characteristics is of great significance for understanding the formation of China's geographical patterns, the evolution of biota, and the distribution of natural resources. Complete phenological information on forests can provide a necessary baseline to understand changes and consequences of changes in ecosystems and the resulting effects on biodiversity. The study utilized the Google Earth Engine (GEE) cloud platform and integrated learning algorithms to combine multi-source data including synthetic aperture radar data from Sentinel-1, DEM data, and forest field survey data from the national forest inventory.

38

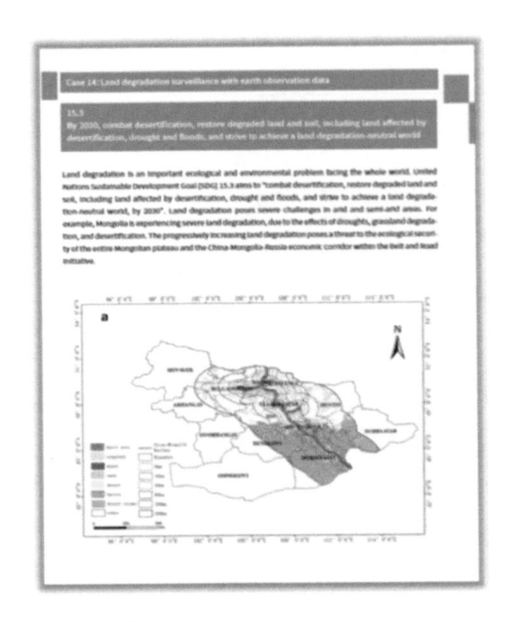

Case 14: Land degradation surveillance with earth observation data

15.3
By 2030, combat desertification, restore degraded land and soil, including land affected by desertification, drought and floods, and strive to achieve a land degradation-neutral world

Land degradation is an important ecological and environmental problem facing the whole world. United Nations Sustainable Development Goal (SDG) 15.3 aims to "combat desertification, restore degraded land and soil, including land affected by desertification, drought and floods, and strive to achieve a land degradation-neutral world, by 2030". Land degradation poses severe challenges in arid and semi-arid areas. For example, Mongolia is experiencing severe land degradation, due to the effects of droughts, grassland degradation, and desertification. The progressively increasing land degradation poses a threat to the ecological security of the entire Mongolian plateau and the China-Mongolia-Russia economic corridor within the Belt and Road Initiative.

图 7-2　地球大数据专项 2018 年度联合国可持续发展报告案例

(2)服务国家重点研发计划“中蒙俄国际经济走廊多学科联合考察”

中蒙俄经济走廊是连接欧亚大陆的重要国际大通道和我国向北开放的战略区域，其地理环境复杂多样、脆弱敏感，是全球气候变化剧烈响应区和我国重要的生态安全保障区，其对中蒙俄主要交通干线的影响尚不明确，这给中蒙俄经济走廊的交通基础设施建设带来风险。该项目迫切需要获得中蒙俄经济走廊主要交通干线——中蒙铁路沿线长时间序列、高分辨率的土地退化数据，从而开展中蒙铁路沿线的土地退化格局与动态变化分析，辨识重点土地退化区域。根据项目需求进行中蒙铁路沿线土地退化信息提取，并向该项目提供了 1990—2010 年、1990—2015 年中蒙铁路沿线 30 m 分辨率土地退化数据。

通过面向对象的遥感图像解译方法自主获取 1990 年、2010 年、2015 年中蒙铁路沿线区域 30 m 分辨率土地覆盖数据，见图 7-3。基于 ArcGIS 软件的空间变化分析功能获得 1990—2010 年、1990—2015 年中蒙铁路沿线土地退化数据(包括无土地退化景观区域退化为荒漠草地、无土地退化景观区域退化为裸地、无土地退化景观区域退化为沙地、荒漠草地退化为裸地、荒漠草地退化为沙地、裸地退化为沙地等)。分析该区域土地退化格局与发展趋势，识别土地退化重点区域，辨识该区域土地退化的驱动因素。从而最终向该项目提供了两期中蒙铁路沿线土地退化数据、土地退化重点区域分布数据、土地退化驱动力分析结果，为中蒙俄经济走廊环境变化研究与土地退化风险防控提供了重要的数据支持。

(3)服务国家重点研发计划课题“残塬沟壑区人工林景观化经营关键技术和示范”(2017YFC0504605)

项目研发人工林(含经济林)景观化经营关键技术和技术标准，为生态系统功能提升与可持续发展提供技术支撑。主要开展：1)县域人工林生态系统景观优化配置技术研究，进行区域尺度人工林生态系统景观结构、景观动态特征研究，阐明人工林生态系统各景观斑块的生态功能、生态演化过程及其相互间的生态协作机制，提出区域内人工林(含经济林)生态系统景观优

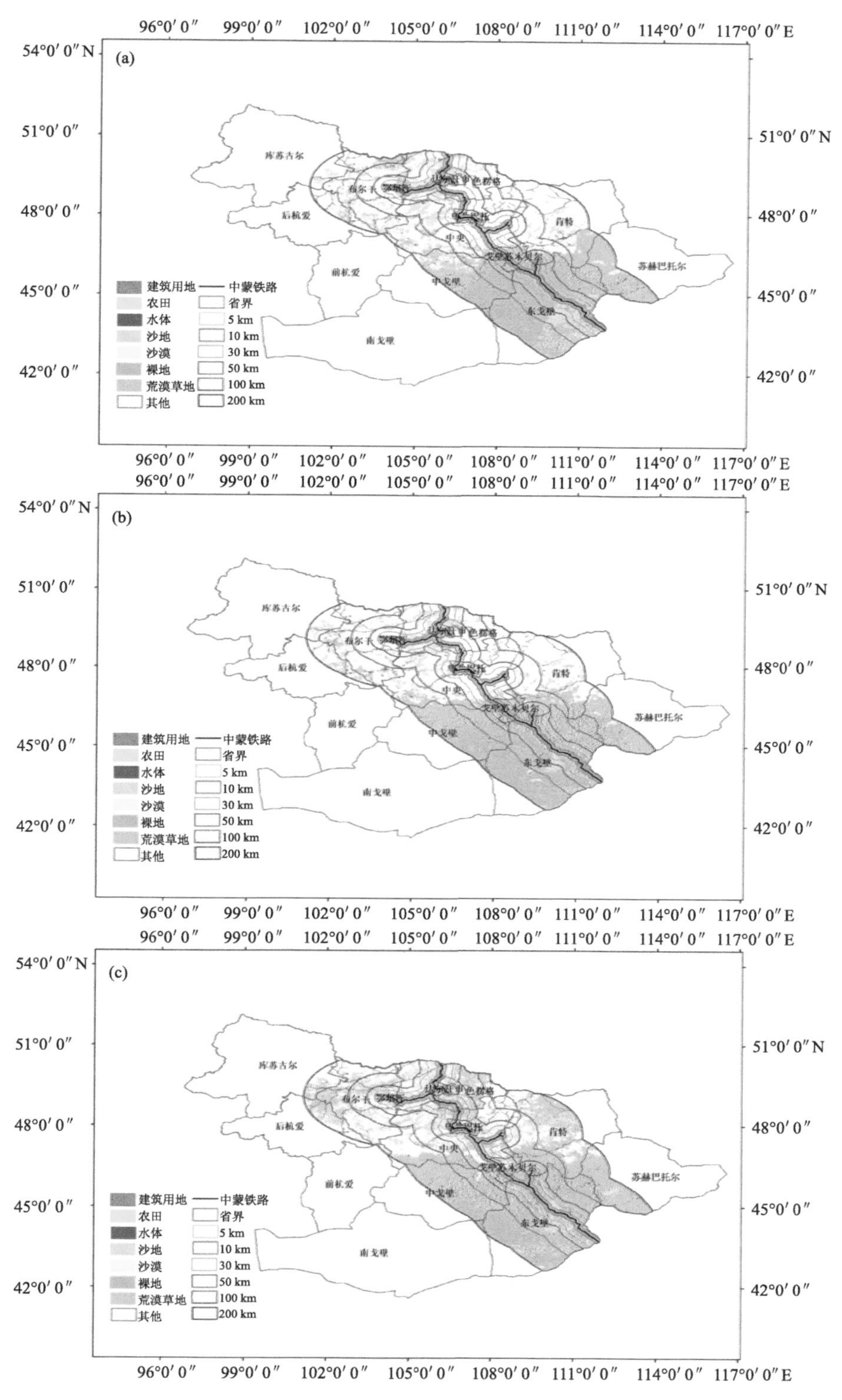

图 7-3　中蒙铁路沿线区域 30 m 分辨率土地覆盖数据

化配置模式、区域尺度景观优化配置关键技术；2）流域人工林生态系统景观优化配置技术研究，探索流域内人工林生态系统景观斑块演变过程与流域生态系统功能的关系，提出流域内人工林生态系统景观优化配置模式、流域尺度景观优化配置关键技术。

本平台为项目提供了黄土高原地区287县（市、旗）多年平均气象数据集、2000年和2010年两期的黄土高原500 m分辨率的植被覆盖度数据、中国1000 m分辨率年平均气温数据集（1981—2015年）、黄土高原1000 m分辨率逐月降雨量数据集（1991—2000年）、黄土高原1000 m分辨率逐月平均气温数据集（1981—2015年）等22个数据集，部分缩略图见图7-4和图7-5。

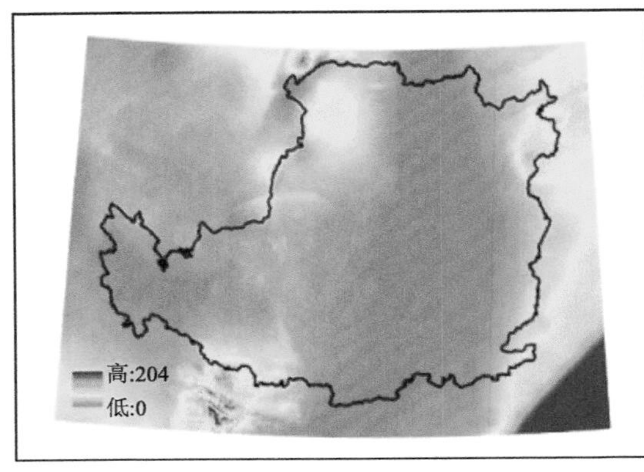

图7-4 逐月平均降雨量

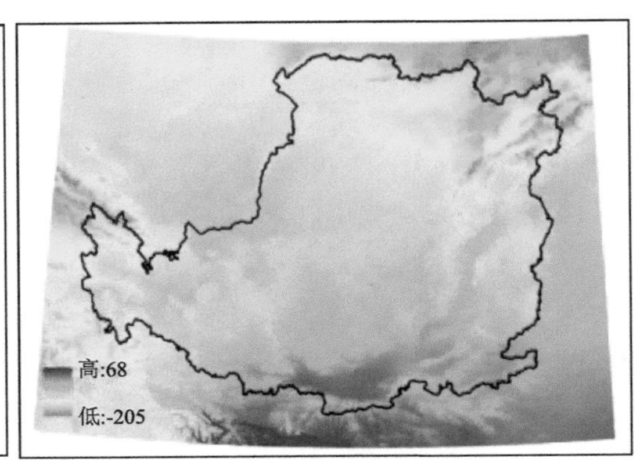

图7-5 逐月平均气温

为项目提供软件工具服务，提供了土壤侵蚀模型地形因子计算工具2.0版本。该软件用于计算土壤侵蚀的坡度坡长因子。本软件有32位和64位系统计算机两个版本。本次发布的是64位系统，64位版本一次性可计算完成4万行×4万列区域的LS因子，如计算栅格大小按10 m计算，能计算160000 km^2的区域。软件的开发环境为Visual Studio 2010，模型算法由C++语言实现，软件界面使用C#语言实现，文件读写用开源库GDAL来实现。

（4）服务国家自然科学基金面上项目“黄土高原生物结皮的热特性、热传输过程以及土壤热效应”（D010502）

该项目主要以黄土高原藓结皮为研究对象，试图分析生物结皮的热特性以及生物结皮改变土壤热性质的途径，阐明生物结皮热性质对关键因素的响应规律，解析生物结皮的吸热与散热过程，揭示生物结皮剖面土壤温度的动态变化以探明生物结皮的地表热量平衡特征，本项目的主要创新点在于揭示黄土高原生物结皮的土壤热效应的过程和机理。

为项目提供了黄土高原多沙粗沙区1∶10万降雨表面插值图；黄土高原多沙粗沙产区30 m分辨率土地利用图（1986年）；陕西省黄土高原部分30 m分辨率土地利用图（2006年）；黄土高原500 m分辨率植被覆盖度数据集（2010年）；黄土高原90 m分辨率DEM；陕西省50 m分辨率土地利用图（2006年）等数据，部分数据缩略图见图7-6。项目通过申请的数据结合野外试验等其他数据分析研究，揭示了黄土高原生物结皮的结构、形成过程，生物结皮对土壤的影响以生物结皮为主导的土壤物质与能量平衡过程。

（5）服务国家自然科学基金重大项目“中国冰冻圈服务功能综合区划研究”

该课题旨在将冰冻圈的自然属性和社会经济属性有机结合，揭示冰冻圈过程与服务功能

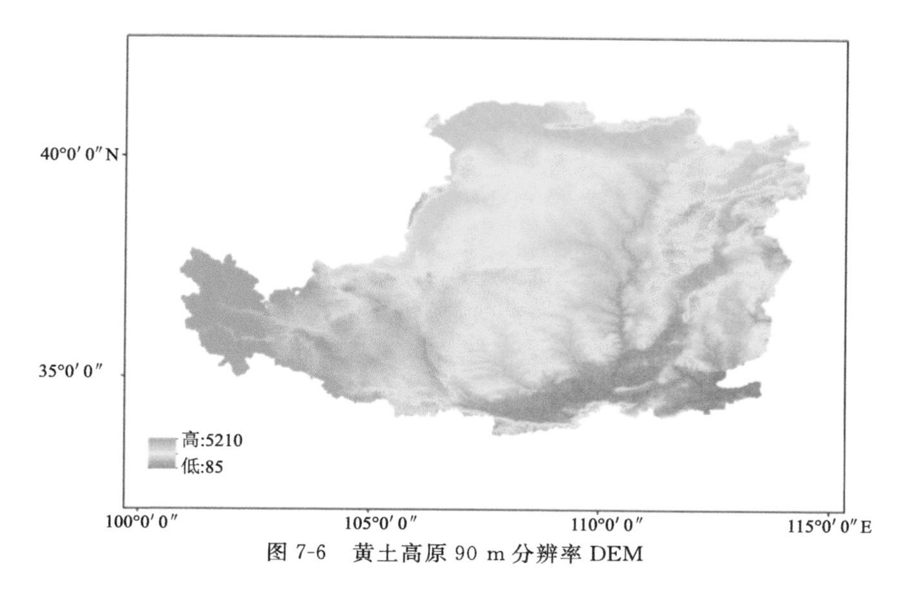

图 7-6　黄土高原 90 m 分辨率 DEM

之间的机理及其未来演变趋势，建立冰冻圈服务功能研究理论和方法体系，占领冰冻圈科学理论的国际制高点；建立冰冻圈综合服务功能指标体系，制定中国冰冻圈综合服务功能区划方案。重点划分出当前和未来关键阶段冰冻圈服务功能的“显著增强区”“相对稳定区”“快速衰退区”和“潜在丧失区”，为国家和地方发展战略决策服务。

根据课题的数据需求提供数据服务，包括全国农业区划数据库、全国农业（土地利用）区划数据库、全国旅游资源区划数据库、全国水资源区划数据库等基础数据。提供数据集如下：全国 1∶100 万农业生态区划数据库、全国 1∶100 万农业（土地利用）区划数据库、全国旅游区划及国家旅游区分区数据库、全国水资源区划数据库、全国水资源分区资源量、供用水量，部分数据缩略图如图 7-7 所示。

水资源总量(流域分区)

首页 / 数据表 / 水资源总量(流域分区)

how 10 ▾ entries

ID	流域名称	流域代码	采集年份	计算面积	年降水量	地表水资源量	地下水资源量	重复计算量	水资源总量
单位	*	*	*	万平方公里	亿立米	亿立米	亿立米	亿立米	亿立米
1	松辽流域片	1100	1996	124.3	6198.6	1737.2	646.2	371.1	2012.3
2	其中:松花江流域	1101	1996	54.9	2758.8	760.1	320.6	171.7	909
3	辽河流域	1102	1996	23.6	1028.9	171.2	129	47.9	252.3
4	海河流域片	2100	1996	31.8	1905.8	351.4	316.2	145.3	522.3
5	其中:海河流域	2101	1996	26.4	1588.6	276.4	278.2	118.9	435.7
6	黄河流域片	3100	1996	79.5	3549.1	549.2	381.8	269.6	661.4
7	其中:黄河上游	3101	1996	38.3	1394	284.6	172.2	145.9	310.9
8	黄河中游	3102	1996	34.4	1874.3	233.9	174.7	108.7	299.9
9	黄河下游	3103	1996	2.3	144.7	27.5	27.9	14.8	40.6
10	淮河流域片	4100	1996	32.7	2979.3	787.3	425.1	134	1078.4

图 7-7　全国水资源分区资源量数据缩略图

(6)服务国家自然科学基金项目“协调环境与质量安全治理的市场激励机制研究(71773109)”、教育部基地重大项目“城乡发展一体化背景下的新型农业经营体系构建研究

(16JJD630007)”

该课题涉及的关键问题:第一,新型农业经营主体的适度规模界定;第二,亲环境生产技术推广的影响因素;第三,农产品质量安全控制绩效与政府监管、产业发展水平、产业集中度和经营主体发展的相关性分析。需要基于全国到县的农业作物种植结构、面积、农业投入等时间序列数据进行描述和验证。而本平台具有这方面的数据,可以提供给项目组成员使用,加快项目的实施进度,为项目达到预期目标提供了强有力的保障。

根据课题需要,收集和整理农业经济数据库、1980—2008 年浙江省、湖南省每年的分县数据,数据缩略图见图 7-8。项目组利用提供的数据,描述和验证了两个课题中的三个关键问题,产出以下成果:城乡一体化进程中农业经营要素流动现状、问题与对策;现有农业产业化程度与经营效率测算;适度规模的界定及影响因素分析;主要农产品产业链的质量安全风险和控制难点;实施亲环境农产品生产的成本、价格、经营规模的测算;亲环境生产技术推广现状、影响因素。

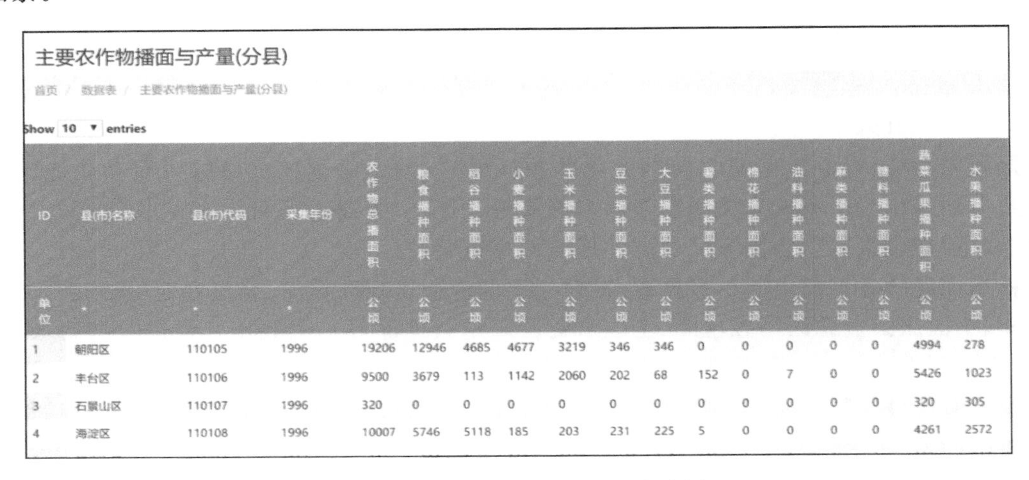

主要农作物播面与产量(分县)

首页 / 数据表 / 主要农作物播面与产量(分县)

Show 10 entries

ID	县(市)名称	县(市)代码	采集年份	农作物总播面积	粮食播种面积	稻谷播种面积	小麦播种面积	玉米播种面积	豆类播种面积	大豆播种面积	薯类播种面积	棉花播种面积	油料播种面积	麻类播种面积	糖料播种面积	蔬菜瓜果播种面积	水果播种面积
单位	*	*	*	公顷	公顷	公顷	公顷	公顷	公顷	公顷	公顷	公顷	公顷	公顷	公顷	公顷	公顷
1	朝阳区	110105	1996	19206	12946	4685	4677	3219	346	346	0	0	0	0	0	4994	278
2	丰台区	110106	1996	9500	3679	113	1142	2060	202	68	152	0	7	0	0	5426	1023
3	石景山区	110107	1996	320	0	0	0	0	0	0	0	0	0	0	0	320	305
4	海淀区	110108	1996	10007	5746	5118	185	203	231	225	5	0	0	0	0	4261	2572

图 7-8　主要农作物播种面积缩略图

(7)服务国家重点研发计划专项“影响区域排放与沉降响应的关键大气过程”

国家重点研发计划专项“影响区域排放与沉降响应的关键大气过程”课题针对目前三维大气化学传输模式亟待突破的科学瓶颈,以提升区域排放一沉降响应关系的定量化模拟水平为科学目标,拟立足我国东部重点区域,采用外场观测与数值模拟相结合的方法,通过对典型下垫面大气沉降观测—大气边界层与云雾过程观测及参数化—沉降模式与空气质量模式集成,实现干沉降和云雾清除机制等关键科学问题的突破,评估区域排放一沉降响应关系及其潜在生态风险。研究将利用 MEGAN 模式计算天然源 VOC 排放清单,该模式需要详细精确的植被分布数据作为输入数据,用于排放因子的计算并驱动冠层模式。

根据课题需求,为其提供中国 1∶100 万植被矢量数据。该数据集是我国目前为止具有最详细、可靠的物种分布信息的高精度数据集,可以提供 MEGAN 模式所需的植被类型分布数据。课题利用申请的数据,基于污染物沉降/暴露与典型生态效应的剂量一响应关系,识别影响我国生态系统量观测的关键大气污染物;通过对长时间序列排放定量表征与沉降观测结果的对比和相关性分析,明确区域排放一沉降的规律,并构建典型区域及生态系统排放表征和沉降通量观测数据库。

(8)服务国家重点研发计划“国家水资源承载力评价与战略配置”

“国家水资源承载力评价与战略配置”项目针对我国面临的复杂水资源问题,以形成一整套支撑我国在 2030 年消除水资源严重超载区、2050 年消除一般超载区、全面保障国家水资源安全的承载力评价与调控理论技术方法及方案措施建议。在科学层面,重点突破水生态系统对于人类水事活动的承载边界问题,创新建立包涵水量、水质、水域空间和水流状态要素的承载力理论和评价方法,建立面向荷载平衡的水资源配置理论与技术方法体系,达到同领域国际领先水平。

为项目提供如下数据集:①河北省水资源概况(地表水量、地下水量、水资源总量、年降水量),②河北省供水量(地表水源供水量、地下水源供水量、其他水源供水量),①河北省用水量(农田灌溉用水、林牧渔用水、城镇工业用水、农村工业用水、城镇生活用水、农村生活用水、生态环境用水),部分数据截图如图 7-9 所示。在数据服务的支持下,构建了河北省用水量及影响因素回归模型、水资源配置模型,完成了需水量的预测、分析水资源空间的均衡配置等工作,有力支持了面向荷载均衡的水资源协同配置理论的构建。

水资源总量(分省)

首页 / 数据表 / 水资源总量(分省)

how 10 ▾ entries

ID	省(市)名称	省(市)代码	采集年份	计算面积	年降水量	地表水资源量	地下水资源量	重复计算量
单位	*	*	*	万平方公里	亿立米	亿立米	亿立米	亿立米
1	北京	110000	1996	1.68	110.2	26	30.3	13
2	天津	120000	1996	1.13	67.4	15.1	11.6	4.2
3	河北	130000	1996	18.77	1128	216	180.5	84.8
4	山西	140000	1996	15.63	885.9	113	89.9	50.1
5	内蒙古	150000	1996	115.84	3432	509.1	260	130.2
6	辽宁	210000	1996	14.55	1024.8	377	111.6	72.6

图 7-9　全国水资源总量分省数据缩略图

(9)服务国家自然科学基金项目“长江中下游传统粮棉产区作物种植结构时空演化过程、机理与交互调控”

该课题分析长江中下游地区传统粮棉产区作物种植结构变化的时空特征与规律,以及与这些变化相关的自然、社会、经济、文化、政策、技术等相关因子的变化特征,从宏观区域环境与结构变化和农户微观决策两个层面入手建立区域作物结构变化的动力因子模型,验证生产要素配置理论在区域作物结构演化中的作用方式与效果,探讨政策因素对区域作物结构变化的作用大小,并在此基础上构建区域作物结构布局优化与农户效益最大化决策模型,从区域粮食安全与生态安全,农户增收的角度,提出区域作物结构优化的政策框架设计。

根据课题的数据需求提供数据服务,从土地资源数据库中收集并整理出我国 1978—2016 年的 31 个省(自治区、直辖市)耕地面积数据。在数据服务的支持下,构建了中国作物种植结构演变驱动因子模型,并在平台数据的支撑下产出学术论文《农村劳动力价格上涨与劳动力转移对作物种植结构的区域性影响差异》,促进课题顺利实施。

(10)服务国家自然科学基金项目“群体共识快速收敛:建模、实验及仿真分析”

该课题研究过程中,灾害风险分析进行有限时间环境(网络社群、雾霾治理等)下的群体共识意见的快速收敛研究的重要应用场景，根据自然灾害特点，建立起实用的自然灾害风险分析模型；基于区域气象灾害、社会经济等数据，从农业气象灾害的危险性、区域暴露性、环境的脆弱性等方面选取评估指标，对全国或部分区域省市进行农业气象灾害综合风险实证分析，验证所建模型的科学性和实用性。为了实现上述研究，需获取自然灾害相关的数据，本平台具有这方面的数据，可以提供给课题成员使用，加快课题的实施进度，为课题达到预期目标提供了强有力的保障。

根据课题的数据需求提供数据服务，从灾害相关数据库中收集并整理出中国“农作物受灾和成灾面积”分省份数据，具体包括：受灾总面积、成灾总面积、旱灾受灾面积、旱灾成灾面积、水灾受灾面积、水灾成灾面积、霜冻受灾面积、霜冻成灾面积、风雹受灾面积、风雹成灾面积等指标数据，如图 7-10 所示。在数据服务的支持下，构建了自然灾害风险分析模型，对中国部分区域省市进行了农业气象灾害综合风险实证分析，为群体共识意见的快速收敛研究提供了支持。

Show 10 ▼ entries

ID	None	None	数据年份	农作物受灾面积	农作物旱灾受灾面积	农作物水灾受灾面积	农作物风雹灾受灾面积	农作物霜冻灾受灾面积	农作物成灾面积
单位	None	None	*	千公顷	千公顷	千公顷	千公顷	千公顷	千公顷
1	全国总计	100000	1978	50790	40170	3129	6410	1308	24457
2	北京	110000	1978	73	7	18	43	3	38
3	天津	120000	1978	267	None	267	None	None	208
4	河北	130000	1978	1475	943	312	235	None	970
5	山西	140000	1978	2807	1802	267	252	215	177
6	内蒙	150000	1978	2350	None	None	None	None	1316
7	辽宁	210000	1978	2065	1019	50	570	52	1283
8	吉林	220000	1978	1953	674	30	577	139	705

图 7-10　中国农作物受灾面积数据缩略图

(11)服务于中国科学院先导专项(A 类)课题“泛第三极土壤侵蚀定量评价与分区防控对策”(XDA20040202)

该通过本项目的实施期望查清泛第三极土壤侵蚀现状，阐明土壤侵蚀区域分异规律及驱动因素，编制土壤侵蚀图与土地退化分布图，提出土壤侵蚀分区防控对策，并推广适宜不同地区的土壤侵蚀防控技术与模式。该项目不仅对促进土壤侵蚀学科发展具有重要的科学意义，同时也为生态文明与绿色丝绸之路建设提供决策依据。

为项目提供中国 2000 年的 1000 m 分辨率的地形因子数据(坡度、坡长、地形起伏度、坡度坡长因子、地表粗糙度和 DEM)；黄土高原 2014 年的 30 m(坡度、坡长和坡向)和 2012 年的 90 m 分辨率的地形因子数据(DEM、LS 因子、坡度、坡长、坡向、坡度因子、坡长因子)；1981—2010 年多年平均的中国降雨侵蚀力数据(33 个省 30 m 分辨率的 1024 图幅)，为项目提供技术服务，用无人机对地观测系统为项目获取了西藏自治区典型小流域正射影像和 DEM。参与泰国北部同区 18 个小流域土地利用、植被、土壤侵蚀等调查，核对了 18 个小流域前期遥感解译结果，拍摄实地照片，以改进土壤侵蚀抽样调查的遥感解译。建立青藏高原青海省的径流小区及仪器安装调试，对我国西藏、新疆，泰国径流小区完成了勘察选址等工作，2019 年完成小区建设和仪器安装调试工作，如图 7-11，图 7-12 所示。

图 7-11　径流小区

图 7-12　调查的小流域分布

(12)服务国家重点研发计划“东北黑土区侵蚀沟生态修复关键技术研发与集成示范”

项目针对东北黑土区侵蚀沟道生态修复和黑土地保护重大需求，深入研究威胁黑土地农田安全的侵蚀沟空间分布特征和形成发育驱动机制，建立侵蚀沟动态监测、信息平台和预警系统；在系统总结、集成现有侵蚀沟生态治理措施关键技术基础上，研发沟道填埋耕地再造、沟道稳固和植被恢复，以及林草优化配置和生态产品开发一体化的黑土地侵蚀沟防治高效技术体系，制定技术标准，并与国家重大工程紧密合作，实现规模化示范与应用，为东北黑土侵蚀区水土保持生态建设和粮食产能提升以及农民脱贫提供科学依据与技术和信息支撑。

为满足项目研究需求，2018 年 4 月至 6 月期间，随项目组走访了辽宁、吉林、黑龙江和内蒙古近 20 个县市。对低山丘陵区侵蚀沟发展进行了实测、记录和绘制成图。对近年来各种防治技术和措施的应用效果也做了详细的调查和记录。实地考察后又利用 3DMAX、ArcGIS、Pix4D、Skecthup、Photoshop 等软件对这些防治技术进行了三维建模，提供了对比历史影像数据、无人机影像数据、防治技术详细调查数据以及防治技术三维模型，为东北黑土区侵蚀沟生态修复关键技术的综合应用提供中国东北黑土分布区域数据集、中国土壤系统分类土纲及亚纲分布数据集等科学数据，见图 7-13。

图 7-13　项目走访支撑服务图片

(13)服务国家重点研发计划“黄土高原水土流失综合治理技术及示范”(2016YFC0501700)

该项目以有效防治水土流失的植被群落构建为核心,以生态产业发展为突破口,围绕群落优化一综合防治一生态产业一资源与产业耦合主线,根据黄土高原生态环境格局和生态衍生产业发展潜力,形成水土流失综合治理和生态产业关键技术体系,建立具有区域特色的水土保持和生态产业协同发展耦合模式,提出黄土高原水土保持与生态产业发展对策。

为项目提供了2015年黄土高原陕西、山西、甘肃、宁夏、内蒙古、河南、青海7省(自治区)334县(市、区)的社会经济数据(乡村基本情况、人口与就业、综合经济、农业、工业及建筑业、交通运输等12个类型的199个指标)、2000年和2010年两期的黄土高原500 m分辨率的植被覆盖度数据、2001—2014年黄土高原1000 m分辨率的逐月降雨量数据、2002—2012年黄河流域长时序多要素水文泥沙数据(逐日降雨量、逐日平均含沙量、逐日平均流量),如图7-14所示。

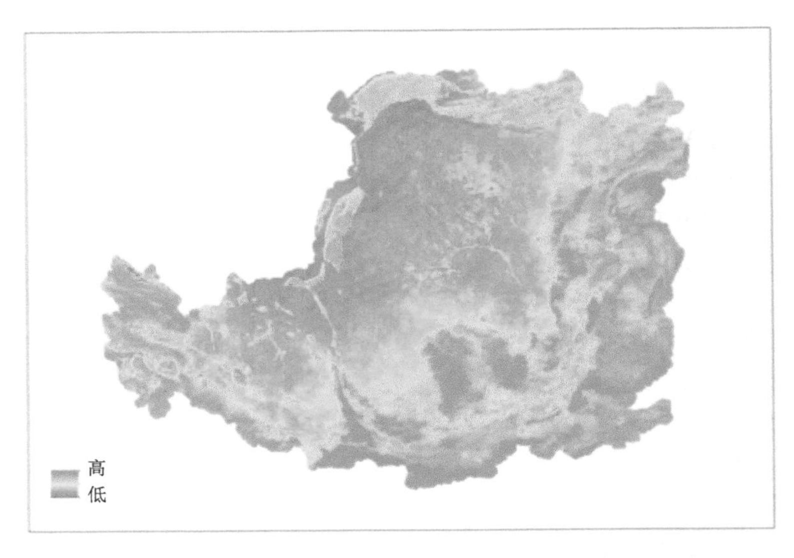

图7-14　黄土高原500 m分辨率植被覆盖度数据集(2000年)

为项目提供技术服务,在黄土高原长武、安塞、固原长期野外观测定位站建立了径流小区,并安装了黄土高原科学数据中心研制的径流泥沙实时自动测量仪,并进行了相关的仪器运行和维护的培训工作,2018年完成径流小区建设和仪器安装调试工作,如图7-15和图7-16所示。

(14)服务国家重点研发计划“东北森林区主要林菜资源生态开发利用技术研发与示范”

东北乃至全国区域在坡耕地严重的地区退耕还林是改善生态环境的主要技术手段之一。退耕还林后,如何保证生态环境不断变好的情况下让农民的经济效益不受影响,开发林下资源是一个最主要的技术措施之一。课题需求掌握历史时期的、当下种植的以及将来能够发展成为林下经济资源的各种种质资源的种植面积、品种、数量、规模及其经济效益等。根据课题需求进行实地考察,划定东北区域林下资源的分布和种植面积情况,提供定位数据、土壤属性、土地利用数据及区划数据,为其进行林下种植提供科学依据,如图7-17所示。

图 7-15　野外布设

图 7-16　径流泥沙自动监测仪

图 7-17　项目应用证明及林下资源示意图

2018 年 6 月期间随该项目组走访哈尔滨、勃利县、七台河市、海林山市镇、乌吉密等地区，获取了东北森林区典型林菜资源的分布地点、数量及样品产量和质量等资料及数据。后期利用 ArcGIS 软件的空间分析功能，分析不同样品的分布方式、特点及其分布地区的土壤特征等。在数据服务和技术服务的支持下，完成了黑龙江省典型林下资源的定位和分布格局，并进行了未来东北林下资源发展规划的可能性和适宜性的研讨，促进项目顺利实施。

(15)跟踪中国科学院战略性先导科技专项(A 类)“黑土退化风险评估及其阻控技术集成示范”

黑土区主要包括松嫩平原、三江平原、大兴安岭山前平原、辽河平原。北达黑龙江右岸、东延伸至小兴安岭和长白山山间谷地以及三江平原，南抵辽宁千山，西连内蒙古高原。黑土区肥沃而丰富的耕地和后备耕地资源粮食增产潜力巨大。但是黑土农业开发较晚，农业生产基础条件较差且科学技术水平较落后；对黑土资源的掠夺式经营，导致了黑土资源不断减少，加剧了黑土质量退化和各种农业灾害。因此，肥沃的黑土正面临着前所未有的危机，制约着粮食生产潜力的发挥，危及国家东北“大粮仓”的建设和全国粮食安全。

建设黑土区粮食生产资源的综合管理决策支持系统，根据国家需求，分类指导区域粮食生产，遏制土壤退化和恢复黑土土壤质量，实施“藏粮于土”战略。分析黑土区生态环境演变的特征和驱动因子；在研究区域内，利用遥感地理信息系统技术、空间模型分析方法和区域决策分析的理论方法，分析黑土区生态环境演变的主要驱动因子，揭示黑土区生态一资源演变的时空分布特征。

所用资源包括黑土区土地利用数据，1950—2018 年分时段统计数据、降水数据、土壤侵蚀数据。通过面向对象的遥感图像解译方法自主获取 1980 年、2000 年、2015 年黑土区域土地利用数据，定点的观察数据，多年的统计数据，综合分析黑土区土壤侵蚀状况和空间分布规律。提供数据为项目所需，提供的技术服务是基层观察单位新技术应用。促进了研究观察的技术提升，保证了项目顺利实施。

(16)服务于黄河流域水沙变化对黄土高原侵蚀环境演变过程的响应项目研究

黄河是中华民族的母亲河，其以水少沙多、含沙量高而著称。自 20 世纪 80 年代中期以来，受水利水保工程等人类活动和气候暖干化等气候因素影响，黄河流域水沙情势发生巨大变化，潼关站年输沙量由 1919—1959 年 16 亿 t 减少至 2010 年以来 1 亿 t 左右，减少约 94%。黄河水沙情势剧变，已严重影响黄河规划与治理的科学参照依据，直接影响黄河水沙调控体系布局、南水北调西线规划、下游宽滩区治理方向等未来治黄方略的制定。“黄河宁、天下平”，从古至今，黄河治理都是治国安邦的大事。近年来，黄河水沙变化如此之大、如此之快，演变机理是什么，未来趋势如何，黄河治理开发战略规划决策是否随之重大调整，成为新时期黄河治理亟须回答的重大科技问题。

围绕黄河水沙情势剧变成因与黄河治理中的重大科学技术问题，基于黄河水沙基础数据仓库及共享平台构建，按照“过程与机理—模型与预测—评价与对策”的总体技术思路，开展以下五方面研究：①分析黄河流域水沙多时空演变及分异特征，揭示多因素变化下流域水沙产输变化规律，明确风沙入黄、支流淤积和河道采砂对黄河泥沙的影响；②辨析植被、梯田、坝库工程对流域径流和产沙的耦合效应，确定降雨、坡面与沟道等措施对入黄水沙的贡献率；③识别降雨和下垫面等多因子对径流过程的影响机制，研发多因子耦合驱动的流域水循环分布式模型；构建流域泥沙动力学过程模型；预测黄河流域未来 30～50 年降雨、径流和泥沙过程；④分析黄河与其他河流水沙变化特征及演变机制异同性，对比黄河水沙变化不同分析方法及其结果，研发预测结果的集合评估技术，评估未来 30～50 年黄河水沙变化趋势，确定其置信度；⑤研究维持黄河流域健康的水沙调控阈值，提出黄土高原生态治理策略与黄河防洪减淤和水沙调控策略，提出黄河下游宽河段治理方向。所用资源包括黄河流域逐日降水量、逐日平均流量、逐日平均含沙量等 7 要素多站点长时序(1919—1990 年、2002—2012 年)的水文泥沙数据，黄河流域逐月径流量、输沙率等数据，黄土高原多期植被盖度数据、黄河流域土壤可蚀性因子、降雨侵蚀力等相关数据。

各项目组充分利用申请数据，结合其他资料分析研究，得出了以下科学结论。①径流量由 1919—1979 年的 420 亿 m^3 减至 2000—2017 年的 235 亿 m^3，人类活动占 80%，气候变化贡献 20%。②输沙量由 1919—1979 年 15.5 亿 t 减少至 2000—2017 年 2.76 亿 t，水保措施是主因，其中植被恢复占 45%，坝库工程占 35%，其他因素占 20%。③黄土高原植被盖度由 20 世纪 80 年代的 28%增长至 2018 年的 63%；现有梯田 4.73 万 km^2，淤地坝 5.5 万余座，骨干坝

5500余座;2000年以来,黄土高原入黄输沙量减少约80%。据不完全统计,申请数据支撑发表论文26篇,其中有论文入选ESI高被引前1%。单篇最高引用50次。

(17)服务于青藏高原典型土地利用变化过程的环境效应考察研究

过去50年来,青藏高原及其相邻地区冰川面积退缩了15%,高原多年冻土面积减少了16%;青藏高原大于1 km^2 的湖泊数量从1081个增加到1236个,湖泊面积从4万 km^2 增加到4.74万 km^2;雅鲁藏布江、印度河上游年径流量呈增加趋势,中亚阿姆河、锡尔河和塔里木河数十条支流径流量增长更为显著。亚洲水塔失衡伴随灾害频发,2016年西藏阿里地区阿汝冰川发生冰崩,造成严重人员伤亡和财产损失,威胁亚洲水塔命运,需要建立科学预警体系。

根据任务设置,遵循"科学考察、科学研究、服务决策及地方发展"的宗旨,采取点一线一面相结合的科考方案开展工作。科考路线的设计采用"点一线一面"结合的思路。"点"主要指典型站点及主要城镇;"线"主要指交通廊道和公路、铁路沿线;"面"主要指典型农牧区(柴达木盆地和河湟谷地)等关键科考区域。科考手段采用"天一空一地"结合的方式。在典型农牧区等关键科考区域采用卫星遥感监测与分析;在典型土地利用类型与重点区域开展无人机高光谱航拍;在典型类型和点位采用野外实地样方调查和采样,并设置定位监测仪器开展环境要素变化监测。通过"天一地一空"协同的调查手段,将点位的数据资料推演到面上。所用资源:①收集整理地方基础数据:2019年、2020年先后两次赴柴达木盆地的收集到都兰县、得令哈市、格尔木市、河湟谷地的湟源县、互助县、民和县六县区气象、耕地、草地变化、土壤养分测定、统计数据等各类数据4.62 GB,为课题组提供了有力的数据支撑。②培训服务:从数据实体规范整理、元数据规范编写等方面培训各子课题的数据整编工作人员。③数据服务:为课题提供了青海省2001—2017年的社会经济数据,1995年、2000年、2010年三期土地利用数据,2011—2018年的NDVI数据。④数据汇交:2019年数据整编汇交到数据平台,2020汇交数据整编工作已基本完成,汇交工作近期进行。

服务成效:①通过西藏"一江两河"流域农业集中区第一年度2次野外考察,水环境样品采集与分析检测工作,包括:9县乡农业集中连片区的土壤、环境水样样品中重金属和持久性有毒物(PTS)含量分析,建立基础数据库;②提供数据均为项目需要的基础数据,为项目研究减少了前期数据处理时间,节约数据加工、生产或购买费用,减少了资源成本。

(18)服务于泛第三极土壤侵蚀定量评价应用平台开发与数据计算

泛第三极是全球环境与气候变化的敏感区和功能脆弱区,受全球变化和人类活动的双重作用,泛第三极地区土壤侵蚀有明显的增加趋势,对泛第三极生态安全与绿色丝绸之路建设产生巨大威胁。在泛第三极的高寒区、暖湿区和干旱区选择6个野外监测点进行定位监测,收集整理和挖掘气象、水文、土壤、土地利用等侵蚀因子计算相关数据;布设野外抽样调查单元,获取土地利用、水土保持措施、地形因子等数据;通过遥感影像解译、空间插值、模型计算等方法,进行土壤侵蚀与土地退化定量制图,开展土壤侵蚀与土地退化特征、驱动因子、区域分异规律研究;集成土壤侵蚀防控模式,构建数据库和综合应用平台,通过技术培训进行模式示范与推广。

开发基于抽样调查的土壤侵蚀因子及侵蚀模数计算的平台,形成集计算工具、模型计算、网站为一体的业务化、流程化、信息化的土壤侵蚀调查与评价应用平台。可快速便捷地进行土壤侵蚀各因子及土壤侵蚀模数的计算,为水土流失和生态环境评估提供了有效便捷的计算平台。目前,已经为泛第三极等科研项目提供了降雨侵蚀力、土壤可蚀性数据及青藏高原等区域的土壤侵蚀模数计算服务。同时,通过平台的不断计算,累计了更多的基础数据,为生态环境恢复研究积累科学数据。

(19)服务国家重点研发计划“东北森林区生态保护及生物资源开发利用技术及示范”

该项目主要面向东北林区天然林保护与经济绿色转型等重大需求，针对关键技术瓶颈开展技术研发和集成，建立高实时性森林生态系统与生物资源监测平台，突破中药生物资源允收量控制、关键种保护和群落定向分类等天然林保护技术，研发土壤种质创新、原生境生态培育和高附加值产品工艺等重要生物资源开发利用技术，建立全产业链技术体系与技术标准，支撑东北林区天然林有效保护和林区经济可持续发展。具体研究内容包括：东北森林生态系统监测与评估；东北森林生态系统保护与恢复技术；重要生物资源品种选育、高效快繁技术；重要生物资源生态化培育与示范；重要生物资源产品开发与产业示范；技术集成与规模化示范。

本平台为国家重点研发计划东北森林区生态保护及生物资源开发利用技术及示范位提供遥感数据，并进行试验地定位，面积计算等课题需求服务。具体为：十三五东北禁发林区经济植物调查；试验地定位确认和面积计算；构建基于 GIS 的山野菜资源数据库，如图 7-18 所示。

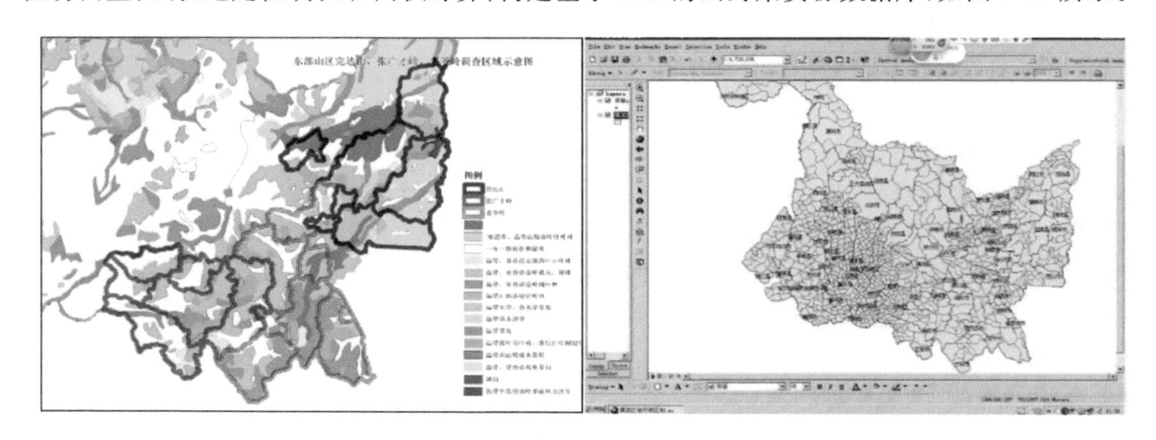

图 7-18　项目提供数据示意图及数据库界面

(20)服务中国科学院战略性先导专项(A 类)：“美丽中国生态文明建设科技工程项目”

项目对标十九大，围绕“美丽中国”生态文明建设的目标和任务，科学刻画“美丽中国”生态文明建设“2035 目标”和“2050 愿景”的发展目标和实现途径，评估和诊断“美丽中国”建设的地理基础、差距和短板；创新突破“美丽中国”建设生态环境治理修复和资源循环利用关键技术与装备；建立并完善不同生态地理区生态文明建设模式，为国家打好防范化解重大风险、精准脱贫和污染防治三大攻坚战，为实施乡村振兴、区域协调及可持续发展战略，为打造山水林田湖草生命共同体、提升灾害风险防范与综合减灾能力提供有效科技支撑，为“美丽中国”生态文明建设提供科学蓝图与实施途径。

基于中国科学院战略性先导科技专项(A 类)“美丽中国生态文明建设科技工程项目”需求，为课题设计和开发黑土利用与保育决策信息平台，如图 7-19 所示。

(21)为辽宁教育厅项目“非正式制度对农村民间借贷影响的区域异质性研究”提供数据服务

该项目关于非正式制度对农村影响的实证研究可能面临内生性问题，为了更全面地考察研究结果的稳健性，项目将用工具变量和断点回归设计的方法解决内生性问题。中国历史上宗族力量存在地理差异，其中，南部和中部地区宗族力量最强，北部和东北部地区却弱得多。究其原因，有学者提出南北宗族文化差异的根源之一是南方水稻种植的灌溉需求。稻田需要持续的

图 7-19　黑土利用与保育决策信息平台界面

供水，农民需要相互合作建设灌溉系统，并协调各人的用水与耕作日程，因此稻农倾向于建立基于互惠合作的紧密联系并避免冲突，为宗族网络的壮大发展提供了基础。此外，秦岭淮河分界线是 0 ℃等温线，在此线秦岭的北面和南面，自然条件、地理风貌、农业生产或是人民生活习俗，均有明显不同。水稻种植情况是否可以用来构造宗族网络的工具变量，断点回归设计是否可以用秦岭淮河作为分界线，回答这两个关键问题都需要历史水稻种植数据予以识别和支持。

资源学科创新应用平台不仅可以提供较为早期的水稻种植数据(1980 年)，并且可以提供更加微观层面——县级层面的水稻种植数据，为项目的实证分析和因果关系识别提供可能性。项目将以秦岭淮河为分界线考察水稻种植面积的分布情况，检验临界点处是否有明显跳跃，是否满足断点回归设计的基本识别条件。将用 1980 年水稻种植面积作为工具变量利用二阶段最小二乘法重新估计宗族网络对农村经济带来的影响，并用其他年份的水稻种植数据进行稳健性检验。

(22)为国家重点研发计划"肥料磷素转化与高效利用机理"提供数据服务

在项目研究过程中，土壤磷肥力状况是指导磷肥施用的一个直接指标，通过土壤指标测定来指导施肥是较为可靠的方法，但是土壤测试通常具有耗费人力物力、时效性差的特点，不宜大面积应用。由于土壤磷肥力相较于氮来说时空变异性较小，因此根据土壤测试结果结合肥力变化预测模型指导施肥可能是一个较好的途径。通过对耕地土壤磷肥力的有效预测，可以了解土壤磷肥力的发展趋势。结合基于 GIS 的我国农田土壤磷平衡和驱动因子分析，可对农田土壤磷肥力宏观管理给出科学合理的建议，实现磷资源优化配置。

根据我国历年作物产量和面积统计数据，结合化肥投入、人口数量以及畜禽饲养状况，研究我国农田养分收支年际变化量及变化趋势，建立模型预测我国县域尺度上当前土壤磷素现状，进而在区域尺度上为探索肥料磷素转化与高效利用以及国家"化肥零增长"计划在区域尺度的执行提供数据支撑和参考。

为了实现上述研究，需获取的县域尺度的相关数据，本平台具有这方面的数据，可以提供给课题成员使用，加快课题的实施进度，为课题达到预期目标提供了强有力的保障。根据课题的数据需求提供以下数据：主要农作物播面与产量分县、经济作物播面及产量分县、化肥、农药、农膜用量及电量分县、畜牧业情况分县(包括畜禽年末存栏数、出栏数)、农业基本情况分县(包括总人口数、农村人口数、城镇人口数指标)。

(23)为国家自然科学基金项目“欧亚地区极端天气事件的模拟与影响”提供数据服务

该课题以揭示中国主要极端气候事件的物理机制、主要影响以及模型模拟能力、提出与印度和欧洲的区域差异为主要目标。主要对以下内容展开研究:1)明确中国主要极端气候事件的物理机制和定量影响;2)分析中国与印度和欧洲气候变化区域间的相互关系;3)评估模型对中国极端气候事件的可预测性;4)预估气候变暖对极端气候事件发生强度和频率的影响;5)与学校、公众和政府进行交流,分享研究成果。本项目将采用目前最新的全球环流模型和影响评估模型,利用集合预报的研究方式,分析当前和未来气候条件和相关极端气候事件的变化。我们将收集大量的气候数据对模型的可预测性进行评估。本项目的气候模型将采用 EC-Earth 和 UKESM 两个气候模式来量化模型的不确定性。最后产出的模型预测产品将根据受众的关注点进行交流,以使得公众能够对未来的极端气候事件有所了解。

为了实现上述研究,需获取“全国降雨侵蚀力栅格数据集”用于模拟土地利用和气候变化过程中水土保持和土壤侵蚀研究,得到不同土地利用类型如林地、草地、耕地等的生态系统生产状况。在全球气候变暖和人类活动激烈影响下,未来土地覆盖发展情景及生态系统发展情景。本平台具有这方面的数据,可以提供给课题成员使用,加快课题的实施进度,为课题达到预期目标提供了强有力的保障。

(24)为世界大学生桥梁设计大赛提供数据支持

本平台为长安大学在参加“世界大学生桥梁设计大赛”时提供数据支持。设计桥梁位于巴基斯坦卡里马巴德地区,为进行桥梁结构设计需要得知当地的气候、水文、地质等条件,主要用于桥梁上部结构及墩台设计,为确定防风抗洪抗震等级提供依据。本平台已有的部分数据可以满足该设计需求。因此,平台向其提供了巴基斯坦地理背景数据,包括降水、平均气温和水文等指标,如图 7-20 所示。

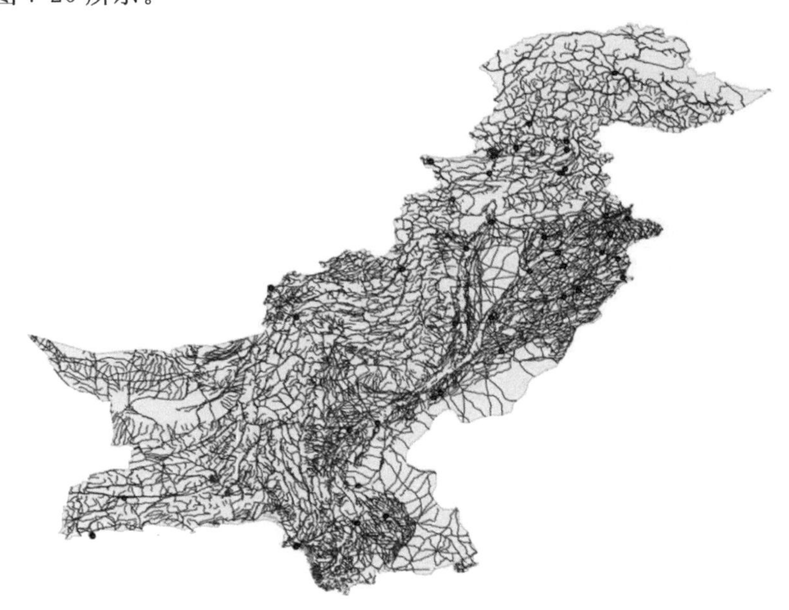

图 7-20　巴基斯坦基础国情数据缩略图

(25)为澳大利亚市场企业提供数据服务

为澳大利亚亚洲连线商务(Asialink Business)提供数据支撑。为协助澳大利亚知名防晒品牌了解中国市场,澳大利亚亚洲连线商务(Asialink Business)需撰写一份中国防晒市场报告,其需要相关气候数据为客户筛选中国市场进入的目标城市。本平台已有的部分数据正好可以满足该公司需求。平台向澳大利亚亚洲连线商务(Asialink Business)提供"2016 年各省会城市每年个月平均日照时数""2016 年各省会城市每年各月平均气温"等数据,如图 7-21 所示,对该公司市场报告的分析起到了积极作用。

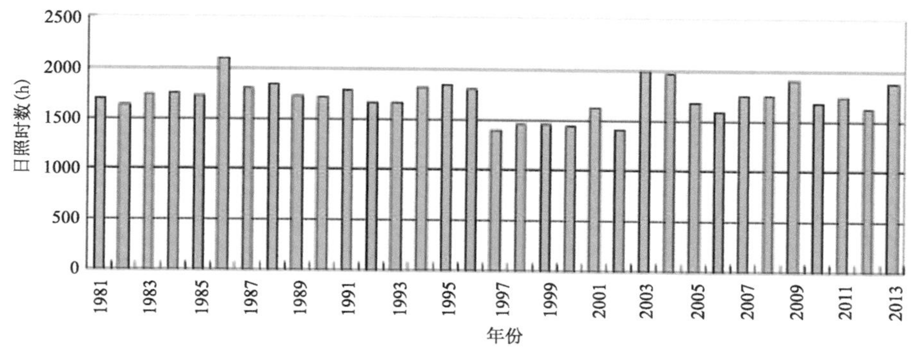

图 7-21　2016 年各省会城市每年各月平均日照时数

(26)为上海寰球工程有限公司提供哈萨克斯坦国情数据

上海寰球工程有限公司是中国石油天然气集团有限公司旗下一家以工程总承包、工程设计为主营业务的工程公司,总公司为中国寰球工程有限公司,前身为 1963 年成立的上海化工设计院。

为响应"一带一路"倡议,该公司积极开拓哈萨克斯坦市场,目前正在为哈萨克斯坦南部江布尔州的一个化工项目进行前期准备。该项目涉及非金属矿山开采,化工矿山开采、地下水开采等内容。受新冠疫情影响,该公司人员无法前往当地获取气候、高程、公路、铁路信息,因此,希望能通过资源学科创新应用平台获得相关信息。主要内容如下:中亚五国气候数据库中哈萨克斯坦的数据、中亚五国数字高程 DEM 中哈萨克斯坦的数据、中亚五国公路数据库中哈萨克斯坦的数据、中亚五国铁路数据库中哈萨克斯坦的数据。

(27)基于社交媒体数据进行 COVID-19 舆情监测

新型冠状病毒肺炎(COVID-19)的爆发是当前全球面临的紧迫公共卫生危机。社交媒体已成为公众获取信息和表达观点感受的主要途径。以新浪微博为数据源,从空间、时间、内容等方面分析了 COVID-19 爆发早期的公众舆情。首先,对 COVID-19 相关微博进行时间序列分析和空间特征分布。基于 LDA 主题模型和随机森林算法构建了主题抽取和分类模型,采取由宽泛到具体逐渐细化的分层处理方法,从 COVID-19 相关的微博文本中识别出 7 个一级主题类和 13 个二级主题类。结果表明(图 7-22),COVID-19 事件期间公众情绪总体上是积极稳定的。各话题微博数量的变化与 COVID-19 不同发展阶段相对应。空间上,COVID-19 相关微博主要集中在武汉、京津冀、长三角、珠三角和成渝城市群。各话题的时空分布与 COVID-19 确认病例的发生高度关联,并且与城市化集聚区域存在关联关系。同时,重点分析舆情在湖北省、四大城市群、沿边口岸等重点地区的区域分布特点。结果表明,中国社会公众的响应总体是理性和积极的,但各舆情话题在区域内部空间差异明显。在疫情调控中,及时、公开、透明的政府信息发布有助于促进公众的了解和情绪稳定。今后应当重点加强疫区周边和人口聚焦的城市群地区的舆情分析，并根据公众的需求制定精准的响应对策。

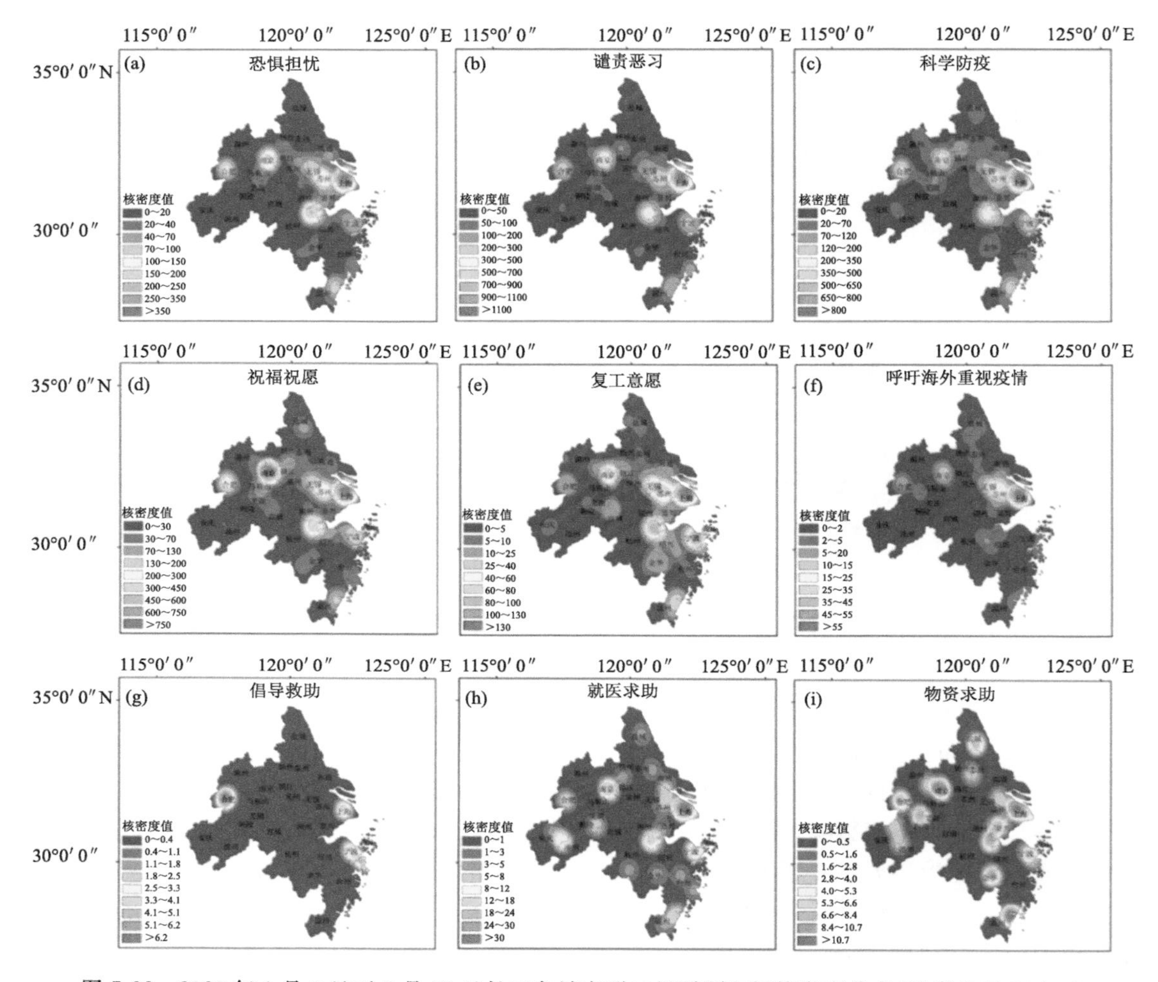

图 7-22　2020 年 1 月 9 日至 3 月 10 日长三角城市群二级话题空间核密度分布(搜索半径 50 km)

第 8 章　结论与展望

8.1　结论

本书结合资源学科领域数据分析和计算的需求，阐述了资源学科领域数据分析技术前沿，包括资源遥感分析、资源调查分析、资源网络挖掘以及资源综合分析等技术。依托大数据驱动的资源学科创新示范平台，介绍了平台的框架、技术、算法、应用等架构。实现了中蒙俄经济走廊交通与管线生态风险防控、京津冀资源环境承载力评价、大数据驱动的美丽中国全景评价等资源学科领域典型场景应用。大数据驱动的资源学科领域数据分析技术具有巨大潜力且已有部分应用展示，但仍需要更多适应资源学科领域发展的新方法和新模式，促进其向综合科学研究的范式转变。

(1)完成资源科学数据分类编码体系。结合资源科学分类、相关学科的科学数据分类标准和资源科学数据的积累现状，采用混合分类方法对资源科学数据完成主题或学科层和要素两层分类，在各层采用面分类法对数据进行分类编码，对未来可能新增资源科学数据采用组配复分技术进行分类编码，形成了资源科学数据分类编码体系。资源科学数据分类编码体系的初步完成有利于资源科学数据分类管理、整合集成、交换共享等，提高数据的再利用率和开放共享水平，实现数据增值。

(2)建立资源学科数据库群。以资源学科数据资源分类体系为主线，面向应用需求，开展国家、区域和全球三个尺度的资源学科基础数据深度整合与集成，有效汇集了资源学科领域80%的数据资源。建成和维护 43 个数据子库，包括水资源数据库、土地资源数据库、气候资源数据库、森林资源数据库、野生动植物数据库、草场资源数据库、渔业资源数据库、能源资源数据库、农村能源数据库、人口与劳动力数据库、教科文卫数据库、中国自然灾害数据库、中国宏观环境数据库、周边国家地理背景数据库、典型示范区数据库等。形成一批特色数据资源，构建完成资源学科领域数据关联网络和知识图谱。

(3)建立资源学科大数据管理系统。针对资源学科大数据驱动科研创新所需的海量数据处理需求，主要基于海量地理空间影像数据，介绍如何应用云计算分布式处理的计算框架实现资源学科领域海量地理空间影像数据的批处理。主要包括：弹性计算环境、大数据存储环境、大数据处理框架等技术体系的介绍，资源学科地理空间影像大数据管理系统的架构与关键技术介绍，资源学科大数据管理系统的数据预处理、指数计算、影像分类等应用案例介绍。

(4)开展大数据驱动科学发现应用。在原有人地系统主题数据库基础上，升级构建大数据驱动资源学科创新应用平台，实现资源学科领域 200 多项数据分析算法模型的集成与共享，完成了中蒙俄经济走廊交通与管线生态风险防控典型应用示范、大数据驱动的京津冀资源环境承载力评价典型应用示范、西藏自治区自然资源负债表编制应用示范等大数据驱动的典型科研活动场景，形成了资源学科领域大数据管理及数据处理体系与架构，可规模化分析处理TB级以上的科学数据，具有管理PB级以上数据的能力。

(5)促进典型应用示范。针对“一带一路”中蒙俄经济走廊的基础设施建设面临的生态灾害风险与挑战，基于信息化手段和GIS技术，根据中蒙铁路沿线不同特征空间模型的荒漠化信息提取效果，择优构建适用于中蒙俄经济走廊的荒漠化信息提取模型算法；综合大数据批处理和实时处理两种处理模式，实现对中蒙俄经济走廊铁路干线交流沿线的荒漠化信息的提取分析和动态监测，具备在中蒙俄经济走廊全境动态监测荒漠化的能力，能够为关键区域荒漠化风险防控提供信息化支撑和决策支持。

(6)形成了大数据驱动下的资源学科综合研究信息链、跨国科学家联盟协作创新等新型科研活动模式，通过平台网站为用户提供数据专题服务，截至2020年12月，网站(http://www.data.ac.cn)访问量达到4634321人次，累计下载量3471.21 GB，为多个科研机构或项目提供离线数据服务，并跟踪支撑项目团队开展科研活动。

8.2 展望

(1)建立健全的资源学科数据共享政策、机制和标准规范

研究数据无法共享是资源学科重复研究、区域化分割现状的重要原因之一，这种情况下不但没有使数据得到有效利用，而且每个研究单元重复建设大而全的系统，使研究推进缓慢。如何让有长期数据积累的研究人员自愿或者愿意分享其积累的数据，并实现信息化，是资源学科科研信息化的重要起点。建立数据共享政策、机制和标准规范是实现科研信息化的重要前提。如建立国家层面的各类数据的共享政策法规、全国事业单位科研资料数据共享机制；明确共享机制和责权利，促进数据共享的内生动力；促进不同地区科研机构和人员间交流，增强科研人员数据共享意识，加强数据共享。

(2)促进资源学科科学研究与信息化的融合程度

加强资源学科信息化中的软环境规划和建设，突破数据共享政策、技术标准、人才队伍、信息化发展顶层设计等发展瓶颈。优先开展国家层面的信息化战略研究与评估，制定科研信息化评价指标体系与科研信息化指数。针对不同学科信息化融合模式，加强高度融合型学科所需的科研基础设施和信息化公共平台；加强适度融合型、应用结合型学科所需的文献、资料、数据获取方式的技术支撑；加强松散耦合型学科的高效率软件工具支持。鼓励学科与信息化融合催生的新学科。

(3)促进资源学科科研信息化环境应用

数据密集型时代下，大科学特征的现代资源科学研究，尤其国家生态文明建设的新要求迫切需要一个“资源丰富、功能强大、开放共享、按需服务、协同应用、稳定运行”的资源学科科研信息化环境的支撑。当前，应该在国家层面制定或启动“资源学科科研信息化环境发展规划或科技计划”，在国家科技基础条件平台或国家科技计划数据资源汇交的同时，推动资源学科科研信息化环境的发展。采取多样化的科研组织方式，推动多学科交叉研究。

(4)加强资源学科的分类管理与集成

改变对资源科学数据从单一维度进行分类，能够实现资源科学数据的多维度、立体化的分

类，实现资源科学数据的数据立方体，有助于数据的查询、展示等管理。尝试通过使用主题法的关键词匹配，实现按分类要素的主题关键词顺序来表示要素，来实现资源科学数据的自动分类和相关查询。完善资源科学数据分类管理原型系统，实现更多功能，例如数据可视化展示、数据定制服务、数据直通车等。

(5)加强资源学科数据挖掘分析

对各数据网站和其他相关网站资源科学数据查询、检索记录进行清洗和挖掘，对数据、数据拥有者和数据用户等之间的关系进行挖掘，建立资源科学数据分类基础上的数据关联、分析和挖掘技术，提高数据分类在大数据时代的应用水平。尤其加强围绕我国“一带一路”“美丽中国”“生态文明”等国家部署的重大应用需求，加强跨区域、跨领域的资源学科数据集成挖掘分析和大数据驱动综合应用。

参考文献

阿斯钢,2017.蒙古国近八成土地遭受不同程度荒漠化[EB/OL].(2017-06)[2018-12].http://www.people.com.cn/.

包刚,包玉海,覃志豪,等,2013.近10年蒙古高原植被覆盖变化及其对气候的季节响应[J].地理科学(5):613-621.

成全,2012.科研信息化现状及其网络协同化趋势研究[J].西安电子科技大学学报(社会科学版),22(4).

代琴,2013.从蒙古国土地私有化看我国土地制度改革[J].比较法研究,26(6):146-158.

桂文庄,2008.什么是e-Science[J].科研信息化技术与应用(1):1-7.

国家统计局人口和社会科技统计司,2002.中国乡、镇、街道人口资料[M].北京:中国统计出版社.

国务院人口普查办公室,国家统计局人口和就业统计司,2012.中国2010年人口普查分乡、镇、街道资料[M].北京:中国统计出版社.

何洪林,2012.中国陆地生态系统碳收支集成研究[J].地球科学进展,27(2):245-254.

何秀美,2016."2011计划"协同创新体系中的科研信息化[J].通信管理与技术(5):32-34.

侯西勇,高猛,等,2010.基于时空数据挖掘技术的黄河三角洲—莱州湾沿岸植被覆盖变化特征分析[J].科研信息化技术与应用,1(3):50-61.

胡焕庸,1983.论中国人口之分布[M].北京:科学出版社.

李德仁,邵振峰,2009.论新地理信息时代[J].中国科学(信息科学)(6).

李一凡,王卷乐,祝俊祥,2016.基于地理分区的蒙古国景观格局分析[J].干旱区地理,39(4).

孙鸿烈,2000.中国资源科学百科全书[M].北京:中国大百科全书出版社.

孙九林,2005.资源信息学的发展与展望[J].资源科学(3):2-8.

孙九林,林海,2009.地球系统研究与科学数据[M].北京:科学出版社.

孙坦,2009.数字化科研—e-Science研究[M].北京:电子工业出版社.

田静,王卷乐,李一凡,等,2014.基于决策树方法的蒙古高原土地覆盖遥感分类——以蒙古国中央省为例[J].地球信息科学学报(3):460-469.

汪洋,2014.E-Science在地学中的发展与应用[J].中国教育网络(2):43-46.

王卷乐,游松财,孙九林,2006.地学数据共享网络中的元数据扩展和互操作技术[J].兰州大学学报(5):22-26.

王卷乐,朱立君,2011a.东北亚资源环境综合科学考察数据平台构建及其应用(英文)[J].Journal of Resources and Ecology,2(3):266-271.

王卷乐,朱立君,孙崇亮,2011b.资源环境综合科学考察中的多维数据集成管理模式研究与实践——以中国北方及其毗邻地区综合科学考察为例[J].自然资源学报,26(7):1129-1138.

王卷乐,陈明奇,田奋民,等,2017.学科信息化融合的调查研究[J].中国科技资源导刊,49(2):44-52.

王卷乐,曹晓明,王宗明,2018a.蒙古国土地覆盖与环境变化[M].北京:气象出版社.

王卷乐,程凯,边玲玲,等,2018b.面向SDGs和美丽中国评价的地球大数据集成框架与关键技术[J].遥感技术与应用,33(05):3-11.

王卷乐,王晓洁,王明明,等,2020.中国乡镇(街道)人口密度数据集(2010年)[J/OL].中国科学数据.(2020-03-31).DOI:10.11922/sciencedb.964.

王明明,2019.基于多源数据的山东省乡镇尺度人口数据空间化研究[D].淄博:山东理工大学.

王振武,孙佳骏,于忠义,等,2016. 基于支持向量机的遥感图像分类研究综述[J]. 计算机科学,43(9):11-17.
魏力苏,2015. 试析蒙古国政治经济转型的原因、特点及结果[J]. 科学经济社会(1):89-92.
魏云洁,甄霖,刘雪林,等,2008. 1992—2005 年蒙古国土地利用变化及其驱动因素[J]. 应用生态学报,19(9):1995-2002.
乌努尔巴特尔,包玉海,朝力格尔,2014. 2001—2010 年蒙古高原荒漠化遥感动态变化(英文)[C]. 风险分析和危机反应中的信息技术——中国灾害防御协会风险分析专业委员会年会.
谢向辉,胡苏太,2015. 中国"863 计划"高性能计算的发展[J]. 科研信息化技术与应用,6(4): 3-10.
徐涵秋,2005. 利用改进的归一化差异水体指数(MNDWI)提取水体信息的研究[J]. 遥感学报(5):589-595.
叶宇,刘高焕,冯险峰,2006. 人口数据空间化表达与应用[J]. 地球信息科学学报,8(2):59-65.
岳东霞,杜军,刘俊艳,等,2011. 基于 RS 和转移矩阵的泾河流域生态承载力时空动态评价[J]. 生态学报(9):2550-2558.
张晓彤,谭衢霖,涂天琦,等,2019. 利用 MODIS 卫星数据对"草原之路"蒙古国地区进行生态承载力评价[J]. 测绘与空间地理信息,42(9): 64-67.
张秀美,杨前进,何志明,等,2014. 山东省旅游气候舒适度分析与区划[J]. 测绘科学,39(8):140-143+147.
张雪,张学霞,余新晓,等,2019. 基于图谱的 4 个时期若尔盖县湿地演变分区[J]. 湿地科学,17(06):623-630.
张雁,2014. 基于机器学习的遥感图像分类研究[D]. 北京:北京林业大学.
张耀南,程国栋,肖洪浪,2007. 高端计算机网络共享系统支撑的科学和工程革新[J]. 地球科学进展,22 (5):527-53.
张耀南,汪洋,敏玉芳,等,2013. 地学 e-Science 发展的回顾与展望[J]. 科研信息化技术与应用,4(6):15-28.
张韵婕,2016. 蒙古高原土地荒漠化特征与变化分析[D]. 北京:中国科学院大学.
赵英时,等,2013. 遥感应用分析原理与方法[M]. 北京:科学出版社.
诸云强,孙九林,宋佳,等,2011. 地学 e-Science 研究与实践——以东北亚联合科学考察与合作研究平台构建为例[J]. 地球科学进展,26(1):66-74.
卓义,2007. 基于 MODIS 数据的蒙古高原荒漠化遥感定量监测方法研究[D]. 呼和浩特:内蒙古师范大学.
AO R Q, NA L, 2010. Mongolia's ecological environment and its regional cooperation in northeast Asia[J]. Journal of Financial and Economic Theory, 3:34-37.
ATKINSON M, DE ROURE D, et al, 2005. Web Service Grids: an evolutionary approach[J]. Concurrency and Computation-Practice & Experience, 17(2-4):377-389.
BATJARGAL Z, 1997. Desertification in Mongolia[J]. Rala Report, 200:107-113.
BRADLEY J, BROWN C, et al, 2006. The OMII software distribution. Proceedings of the UK e-Science All Hands Meeting 2006:748-753.
CAO B C, 1996. NDWI-A normalized differemce water index for remote sensing of vegetation liquid water from space[J]. Remote Sensing of Environment, 58(3):257-266.
CAO X M, WANG J L, FENG Y M, 2016. An improvement of the Ts-NDVI space drought monitoring method and its applications in the Mongolian plateau with MODIS, 2000-2012[J]. Arabian Journal of Geosciences, 9(6):1-14.
CONGALTON R G, GREEN K, 2009. Assessing the Accuracy of Remotely Sensed Data: Principles and Practices: 2nd ed[M]. CRC Press/Taylor & Francis: Boca Raton, FL, USA.
DANGERMOND J, 1987. Geographic Information-Systems and Their Value for Geological Analysis[J]. Aapg Bulletin-American Association of Petroleum Geologists, 71(5):546-546.
DANIEL E Atkins, 2003. Revolutionizing science and engineering through cyberinfrastructure: Report of the National Science Foundation blue-ribbon advisory panel on cyberinfrastructure[R].
FEYISA G L, MEILBY H, FENSHOLT R, et al, 2014. Automated Water Extraction Index: A new technique

for surface water mapping using Landsat imagery[J]. Remote Sens. Environ, 140: 23-35.

FOODY G M, 2002. Status of land cover classification accuracy assessment[J]. Remote Sens. Environ, 80: 185-201.

GOODCHILD M F, 2007. Citizens as sensors: the world of volunteered geography[J]. Geojournal, 69(4): 211-221.

GORELICK N, HANCHER M, DIXON M, et al, 2017. Google Earth Engine: Planetary-scale geospatial analysis for everyone[J]. Remote Sensing of Environment, 202: 18-27.

KEARNEY M S, ROGERS A S, TOWNSHEND J R G, et al, 1995. Developing a model for determining coastal marsh "health"[R]. Third Thematic Conference on Remote Sensing for Marine and Coastal Environments, Seattle, Washington: 527-537.

KINDU M, SCHNEIDER T, TEKETAY D, et al, 2013. Land use/land cover change analysis using object-based classification approach in munessa-shashemene landscape of the Ethiopian highlands[J]. Remote Sensing, 5(5): 2411-2435.

LI J, HOU X H, 2016. Risk prevention and control strategy analysis of Heilongjiang province's response to the construction of "China-Mongolia-Russia" economic corridor[J]. Cognition and Practice, 4: 107-113.

LI Y, TAO C, TAN Y, et al, 2016. Unsupervised multilayer feature learning for satellite image scene classification[J]. IEEE Geoscience and Remote Sensing Letters, 13(2): 157-161.

MA Y Y, ZHANG C X, ZHANG J C, et al, 2015. Research on object-oriented classification method assisted with NDVI/DEM in extracting cassava: Taking wuming county for example[J]. Geogr Geo-Inf Sci, 31(1): 49-53.

MCFEETERS S K, 1996. The Use of Normalized Difference Water Index (NDWI) in the Delineation of Open Water Features[J]. International Journal of Remote Sensing, 17(7): 1425-1432.

MCLAUGHLIN J, NICHOLS S, 1994. Developing a National Spatial Data Infrastructure[J]. Journal of Surveying Engineering-Asce, 120(2): 62-76.

National Statistics Office of Mongolia, 2020. Mongolian statistical information service [EB/OL]. [2018-10-29]. www.1212.mn.

PEKEL J F, COTTAM A, GORELICK N, et al, 2016. High-resolution mapping of global surface water and its long-term changes[J]. Nature, 540(7633): 418-422.

REN C S, YE H C, CUI B, et al, 2017. Acreage estimation of mango orchards using object-oriented classification and remote sensing[J]. Resour Sci, 39 (8): 1584-1591.

TOMLINSON R F, CALKINS H W, et al, 1976. Computer handling of geographical data: An examination of selected geographic information systems[J]. Natural resources research, 13, Paris: Unesco.

TONY Hey, STEWART Tansley, KRISTIN Tolle, 2009. The Fourth Paradigm Data-Intensive Scientific Discovery[R].

TONY Hey, STEWART Tansley, KRISTIN Tolle, 2012. 第四范式：数据密集型科学发现[M]. 潘教峰，张晓林，等，译. 北京：科学出版社：9-24.

UNO I Z, WANG M, CHIBA Y S, et al, 2006. Dust model intercomparison (DMIP) study over Asia: Overview [J]. Journal of Geophysical Research-atmospheres, 111(2): 212-213.

WANG J L, CHENG K, ZHU J X, et al, 2018. Development and pattern analysis of Mongolian land cover data products with 30 meters resolution[J]. Journal of GeoInformation Science, 20(9): 1263-1273.

WANG J, WEI H, CHENG K, et al, 2019. Spatio-Temporal Pattern of Land Degradation along the China-Mongolia Railway (Mongolia)[J]. Sustainability, 11: 2705.

WANG J, WEI H, CHENG K, et al, 2020. Spatio-Temporal Pattern of Land Degradation from 1990 to 2015 in

Mongolia[J]. Environmental Development:100497.

ZHANG X,GONG S,ZHAO T,et al,2003. Sources of Asian dust and role of climate change versus desertification in Asian dust emission[J]. Geography Res Lett,30(2): 65-72.

附录　数据类型及名称

数据类型	数据库名称		数据名称
数据子库	水资源数据库（53个）		万亩以上灌区情况（分省） 30万亩[①]及以上灌区效益及管理情况一览表（分省） 万亩以上灌区到达情况流域 建成或基本建成水库到达情况流域 1980年各部门用水量水资源（分区） 中国湖泊基本情况（分湖泊） 用水指标流域（分区） 供水统计分城市 不同水平年主要用户综合毛用水定额水资源（分区） 耕地、人口、粮食产量及水利建设完成土石方流域 不同水平年主要用户综合毛用水定额水资源（分区） 万亩以上灌区情况（分省） 供水量流域（分区） 年降水量流域（分区） 地表水资源量（分省） 各年建成水库情况（分省） 供水、排水情况（分城市） 水资源供需平衡（分县） 供水统计（分县镇） 用水量（分省） 部分平原区地下水水位降落漏斗状况（分省） 不同水平年人口、灌溉面积发展指标水资源（分区） 城市供水和节约用水（全社会、分城市） 不同水平年供需分析成果、水资源（分区） 水资源总量流域（分区） 河流水质状况（分省） 水资源基本情况（分省） 水资源及水利工程（分省） 北方部分平原区浅层地下水动态（分省）

① 1亩＝666.67 m^2。

续表

数据类型	数据库名称		数据名称
数据子库	水资源数据库（53个）		地表水资源量(分省)
			节水统计(分城市)
			供水量(分省)
			用水量(分省)
			供水、排水情况(分城市)
			各年建成水库情况(分省)
			年降水量流域(分区)
			供水量流域(分区)
			大型水库
			水资源及水利工程(分县)
			1980年水平设施供水能力及实供水量水资源(分区)
			灌溉面积到达情况(分省)
			解决人畜饮水情况流域
			主要水文站逐日平均流量(分水文站)
			用水指标(分省)
			地下水资源量流域(分区)
			地表水资源量流域(分区)
			30万亩及以上灌区效益及管理情况汇总表(分省)
			水文径流分水文站
			耗水量流域(分区)
			灌溉面积到达情况流域
			用水量流域(分区)
			大中型水库蓄水量(分省)
			耗水量(分省)
	土地资源数据库（49个）		后备土地资源分类面积(分省)
			国有土地利用分类面积分省(原始调查)
			耕地面积变化情况分省(统计)
			地形统计表(分省)
			耕地面积变化情况分地市(统计)
			农地面积(分县)
			林地限制型及限制强度统计表(分省)
			后备林地限制型及限制强度统计表(分省)
			土地利用现状(分县)
			土地面积及耕地分类面积(分省)
			牧地限制型及限制强度统计表(分省)
			耕地面积变化情况分地市(统计)
			农地面积(分县)
			耕地面积变化情况分省(统计)
			土地利用现状分地市(统计)
			后备林地限制型及限制强度统计表(分省)
			土地利用平衡表(分省)
			牧草地分类面积(分省)
			后备耕地质量等级统计表(分省)

续表

数据类型	数据库名称		数据名称
数据子库	土地资源数据库（49个）		耕地限制型及限制强度统计表净面积(分省)
			耕地限制型及限制强度统计表净面积(分省)
			耕地增加来源或减少去向情况分省(统计)
			地形统计表(分省)
			土地利用现状与土地覆盖统计表(分省)
			园地分类面积(分省)
			各类建设用地当年增加面积分省(统计)
			土地利用现状(分县)
			水域分类面积(分省)
			宜农土地资源统计表(分省)
			城镇建设用地当年增加面积分地市(统计)
			林地面积(分县)
			后备林地质量等级统计表(分省)
			土地利用分类面积
			宜牧土地资源统计表(分省)
			林地分类面积
			交通用地分类面积(分省)
			土地利用状况分省(统计)
			林地质量等级统计表(分省)
			不同土地所有权面积分省(原始调查)
			土地适宜类统计表(分省)
			土地利用现状分省(统计)
			未利用土地分类面积(分省)
			土地利用现状(分省)
			城镇建设用地当年增加面积分省(统计)
			宜林土地资源统计表(分省)
			耕地坡地坡度分级面积分省(原始调查)
			牧地质量等级统计表(分省)
			各类建设用地当年增加面积分地市(统计)
			后备耕地限制型及限制强度统计表(分省)
	气候资源数据库（36个）		历年各旬太阳净辐射(分台站)
			累年各月日降水量大于或等于 0.1 mm 日数(分台站)
			历年各月地面 0 cm 温度(分台站)
			日平均气温稳定通过各界限温度初终期间的日照时数
			历年稳定通过 0℃的初终日期及积温(分台站)
			历年各月降水量(分台站)
			历年各旬降水量(分台站)
			累年各月平均地面温度(分台站)
			累年各月平均日照时数(分台站)
			历年各月太阳净辐射
			历年各月太阳净辐射
			历年各旬平均气温(分台站)
			累年各月极端最高气温及出现日期(分台站)

续表

数据类型	数据库名称		数据名称
数据子库	气候资源数据库（36个）		累年平均无霜期及有霜初终日(分台站)
			月最大冻土深度及 10～30 cm 冻结解冻日期(分台站)
			累年各月平均气温及年较差(分台站)
			历年各月日照时数(分台站)
			累年各月蒸发量(分台站)
			日均温稳定通过各界限温度初终期间的太阳总辐射
			各月最大晴天辐射
			历年各旬日照时数(分台站)
			历年各旬平均气温(分台站)(600 多站)
			累年各月极端最低气温及出现日期(分台站)
			历年各月平均气温(分台站)
			累年各月大风日数(分台站)
			累年各月平均降水(分台站)
			历年各月太阳总辐射
			历年各月平均日照百分率(分台站)
			累年各月平均相对湿度(分台站)
			累年各月平均 10 cm 地温(分台站)
			累年各月平均风速(分台站)
			历年各旬太阳总辐射(分台站)
			累年各月日照百分率(分台站)
			各月太阳总辐射及年光合有效辐射
			累年各月平均最低气温(分台站)
			累年各月平均最高气温(分台站)
	森林资源数据库（26个）		用材林中近、成、过熟林组成树种蓄积陕西(分县)
			各优势树种分龄组面积蓄积(分省、分树种)
			林木蓄积及有林地面积四川(分县)
			四旁树、农田林网陕西(分县)
			林木蓄积非林业系统部分
			经济林面积陕西(分县)
			林业用地各类土地面积统计(分省)
			竹林面积陕西(分县)
			森林面积蓄积统计(分省)
			森林资源概况第三、四次清查(分省)
			林木蓄积非林业系统部分
			竹林面积陕西(分县)
			林木蓄积及有林地面积四川(分县)
			森林面积蓄积统计(分省)
			各类蓄积陕西(分县)
			森林面积及蓄积量统计云南(分县)
			林业资源第二次清查(分省)
			林木蓄积森工企业部分
			林业用地宁夏(分县)
			林木蓄积其他国营部分

续表

数据类型	数据库名称		数据名称
数据子库	森林资源数据库(26个)		林业资源第一次清查(分省) 林木蓄积分县集体部分 林业资源(分省) 林分各林种面积、蓄积统计(分省) 各类土地面积陕西(分县) 林木蓄积国有林场部分
	野生动植物数据库(10个)		纤维植物类分植物(工业用) 工业用油脂植物类分植物(工业用) 香料植物类分植物(工业用) 鞣料植物类分植物(工业用) 主要名土特产(分省) 木材植物类(分植物) 植物胶类分植物(工业用) 动物资源概况(分省) 植物资源概况(分省) 蜜源植物类分植物(食用)
	草场资源数据库(10个)		天然草地类型(分省) 各类天然草地(全国) 天然草地面积分等统计(分省) 天然草地面积分经济类型区统计(分省) 天然草地面积分级统计(分省) 天然草地类型(全国) 天然草地等级(分省) 草地资源基本情况(分县) 天然草地等级(全国) 草地资源基本情况(分省)
	渔业资源数据库(18个)		淡水养殖单产水平(分省) 全国浅海、滩涂、港湾可养面积(分省) 沿海省市自治区海水养殖面积(分省) 沿海省区全民所有制海水养殖单产水平(分省) 渔业及水产行业第二、三产业总产值不变价(分省) 水产加工数量(分省) 全民所有制淡水养殖面积(分省) 水产品产量和水产养殖面积(分省) 水产品产量(分省) 淡水养殖面积(分省) 渔业及水产行业第二、三产业总产值现价(分省) 沿海省区海水养殖单产水平(分省) 全民所有制淡水养殖单产水平(分省) 渔业总产值分项国家统计局(分省) 渤、黄、东、南海渔场面积分渔场 淡水面积(分省) 沿海省(自治区、直辖市)全民所有制海水养殖面积(分省) 畜牧业、渔业基本情况(分县)

续表

数据类型	数据库名称		数据名称
数据子库	能源资源数据库（22个）		水能理论蕴藏量及可开发利用量(分省) 工业部门能源.电力消费量(分省) 水能理论蕴藏量及可开发利用量(分流域) 电网(分省) 一次能源生产总量(分省) 石油平衡表(全国) 能源消费量 能源消费量(分省) 工业分行业终端能源消费全国、分行业(实物量) 中国常规能源资源储量 煤炭平衡表(全国) 一次能源生产总量(分省) 电力平衡表(全国) 小型电站(分省) 大中型电站 工业分行业终端能源消费全国、分行业(标准量) 能源消费量(全国) 一次能源生产总量(全国) 综合能源平衡表(全国) 中国常规能源资源储量 工业分行业终端能源消费全国、分行业(实物量) 能源平衡表(分省)
	农村能源数据库（29个）		省柴节煤炉灶、省柴节煤炕、型煤加工情况(分省) 农村能源煤炭资源(分省) 通电情况(分省) 大中型沼气工程情况(分省) 农村能源沼气资源(分县) 年发电量(分省) 农村能源服务企业情况(分省) 农村能源生物资源(分省) 农村生产节能设备情况(分省) 农村能源小水电(全国) 农村能源服务企业情况(分省) 农村能源生物资源(分省) 农村生产节能设备情况(分省) 农村能源小水电(全国) 农村水电系统基本情况(分省) 农村能源经费投入情况(分省) 农村能源消费情况 农作物秸秆优质化能源利用情况(分省) 农村能源技术推广体系情况(分省) 农村能源生物资源(分县) 通电县类型及乡、村、农户通电情况(分县)

续表

数据类型	数据库名称		数据名称
数据子库	农村能源数据库（29 个）		农村能源行政管理机构情况（分省） 农村户用沼气池情况（分省） 农村能源、农作物秸秆资源（分县） 农村能源生产企业情况（分省） 农村通电和电工情况（分省） 小水电装机及发电情况（分省） 风能、微型水电、太阳能、农村地热利用情况（分省） 城镇生活污水净化沼气池情况（分省）
	旅游资源（3 个）		自然保护区（分保护区） 旅游景点（分景点） 实际利用外资和旅游外汇收入（分省）
	综合经济（35 个）		国民收入（分省） 利用外资概况（全国） 国内支出总额（分省） 地方财政收支额（分省） 地方财政收支额（分省） 国内生产总值（全国） 社会经济主要指标（分县） 国民生产总值指数（分省） 资源、经济主要指标（分县） 商品零售与农副产品收购（分省） 社会经济主要指标（分县） 全社会固定资产投资（分省） 人均工农业产值（分省） 人民生活基本情况（分省） 国内生产总值（分县） 进出口贸易总额（全国） 全国价格指数 国内生产总值（分省） 海关历年出口商品分类金额（全国） 各种价格指数（分省） 国民生产总值（分省） 社会总产值（分省） 国内生产总值（分省） 支出法国内生产总值（全国） 支出法国内生产总值（分省） 居民生活（全国） 居民生活（分省） 国家银行各项存款和各项贷款余额（分省） 海关历年进口商品分类金额（全国） 国内生产总值指数 社会经济指标（分县） 进出口与财政收支（分省） 全社会固定资产投资（全国） 人均国民产值、国民收入（分省）

续表

数据类型	数据库名称		数据名称
数据子库	农业经济（33个）		乡镇企业情况(分县)
			农业总产分县不变价格
			农业总产值分省现行价
			主要农作物播面积与产量(分县)
			农业净产值(分县)
			农村基本情况及农业生产条件(分省)
			主要农产品产量(分省)
			畜牧业情况(分县)
			农业基本情况(分县)
			经济作物播面积及产量(分县)
			农村经济主要指标(分县市)
			化肥、农药、农膜用量及用电量(分县)
			粮食作物播面积及产量(分县)
			主要农作物播面积产量(分省)
			农村经济主要指标(分县)
			农业基本情况统计(分县)
			农林牧渔业总产值和构成(全国)
			农业生产条件(分省)
			主要农作物单产(分县)
			牲畜年末存栏头数(分省)
			主要农业产品产量和大牲畜饲养量(分省)
			农业基本情况(分县)
			农业总产值(分县)
			农业收入、财政收入及农产品销售(分县)
			主要牲畜出栏量及畜产品产量(分省)
			农作物播面积、产量统计(分县)
			主要农业产品产量(全国)
			农业总产值分省不变价
			农业生产条件
			农业生产条件(全国)
			农林牧渔业总产值及乡镇企业(分县)
			产值统计(分县)
			农林牧渔业总产值和指数(分省)
	工业经济（33个）		主要工业企业基本情况(分企业)
			乡及以上独核工企原材料、能源消费普查(分省)
			利税及成本(分县)
			合资企业基本情况(分企业)
			独核国有工企财务指标普查(分省分类型)
			工业企业单位数和工业总产值(全国)
			独核乡属工企财务指标普查(分省分类型)
			主要工业产品产量(全国)
			房屋建筑面积和房地产开发情况(全国)
			独核集体工企财务指标普查(分省分类型)

续表

数据类型	数据库名称		数据名称
数据子库	工业经济（33个）		建筑业企业单位数和从业人员（分省） 工企和生产单位主要工业产品产量普查（分省） 独核乡属工企财务指标普查（分省分类型） 房屋建筑面积和房地产开发情况（全国） 乡及乡以上工业总产值（分省） 建筑业企业单位数和人员数（全国） 轻重工业产值（全国） 工业总产值（分省） 独核大中型工企主要工业技术经指标普查（分省） 乡及乡以上独核工企财务指标普查（分省分类型） 主要工业产品产量（全国） 乡及以上独核工企劳动情况普查（分省） 乡及乡以上工企数及工业产值普查（分省分类型） 建筑业企业总产值和房屋建筑面积（分省） 建筑业企业总产值和房屋建筑面积（全国） 房屋建筑面积和房地产开发情况（分省） 工业企业单位数和工业总产值及指数（分省） 乡及以上独核工企主要产品生产能力普查（分省） 工业总产值和指数（分省） 乡及乡以上独核工企财务指标普查（分省分行业） 主要工业产品产量（分省） 独核三资工企财务指标普查（分省分类型） 产值
	交通运输邮电（12个）		运输邮电业基本情况（分省） 民用汽车拥有量（全国） 交通运输基本情况（分省） 运输线路长度（全国） 货物周转量（全国） 旅客周转量（全国） 邮电通信设备拥有量（全国） 货运量（全国） 邮电业务量（全国） 邮电通信网（全国） 旅客周转量和货物周转量（分省） 客运量（全国）
	城市经济（27个）		全部独立核算企业经济效益（分城市） 专任教师及在校学生数（分城市） 供水、供电、供气情况（分城市）（不含县） 社会消费品零售总额按经济类型分（全国） 劳动工资 商业经济（分城市） 工业总产值（分城市）

续表

数据类型	数据库名称		数据名称
数据子库	城市经济（27个）		从业人员按行业分组(分城市) 人均消费(分省) 人均耕地及农副产品产量(分省) 工业总产值(分城市) 从业人员按行业分组(分城市) 人均消费(分省) 供水、供电、供气情况(分城市)(不含县) 社会消费品零售总额按经济类型(分全国) 全部独立核算企业经济效益(分城市) 劳动工资 专任教师及在校学生数(分城市) 人均耕地及农副产品产量(分省) 全部独立核算企业财务指标(分城市) 社会消费品零售额和进出口总额(分省) 财政金融(分城市)(不含市辖县) 文化及每万人拥有文化设施(分城市) 居民消费水平(分省) 人口(分城市) 人均社会消费品总额(工资分省) 交通运输(分城市)
	主要农产品价格数据库(2个)		主要农产品批发市场油料价格 主要农产品批发市场粮食价格
	中国人口与劳动力数据库(35个)		人口的婚姻状况(分县) 分性别、年龄人口数(分省) 人口年龄状况普查(分县) 户数、人口数和性别(分县) 人口的文化程度(分县) 所有镇的人口数(分镇) 按暂住地和1985年7月1日常住地分的迁移人口(分县) 人口民族构成二 人口状况(全国) 分年龄、性别的死亡人口数(分省) 人口基本情况普查(分县) 按产业门大、中类分性别、文化程度人口数(分省) 按行业门大类分性别的人口数(分县) 分年龄、性别、文化程度的不在业人口状况(分省) 人口基本情况二统计(分县) 死亡人口数(分县) 分年龄、性别、职业大类人口数(分省) 按城乡分从业人员年底数(分省) 从业人员和职工人数年底数(分省) 人口民族构成一

续表

数据类型	数据库名称		数据名称
数据子库	中国人口与劳动力数据库(35个)		人口基本情况统计(分县) 分年龄、性别、行业门类的人口数(分省) 县辖镇人口统计(分县) 人口状况(分省) 市辖镇人口统计(分市) 15岁及15岁以上的文盲、半文盲人口数(分县) 分市、镇、县的人口数第二口径(分市、镇、县) 按职业大、中类分的人口数(分县) 不在业人口状况(分县) 出生人口数(分县) 从业人员和职工人数(分省) 职业人口数(分县) 从业人员和职工人数(全国) 镇、县的人口数第一口径(分市、镇、县) 人口数及自然变动情况(分省)
	教科文卫数据库(15个)		研究生和留学人员数(全国) 各类学校和盲聋哑人学校招生数(全国) 各类学校、幼儿园和盲聋哑人学校教师数(全国) 文化艺术机构(全国) 中小学生升学率和学龄儿童入学率(全国) 在校大中小学生比例(全国) 各类学校、幼儿园和盲聋哑人学校在校生数(全国) 各类卫生机构人员数(全国) 教育基本情况(分省) 卫生事业基本情况(分省) 各类学校和盲聋哑人学校毕业生数(全国) 文化事业基本情况(分省) 各类卫生机构床位数(全国) 图书杂志报纸出版(全国) 各类卫生机构数(全国)
	中国自然灾害数据库(9个)		土地荒漠化情况 水土流失治理情况流域 农作物受灾和成灾面积 除涝、治碱到达情况流域 中国主要干旱出现的时段_地区和程度 受灾和成灾面积(全国) 除涝治碱及水土流失治理(分省) 历年水旱灾害面积(分省) 各地区雨涝情况简表
	中国宏观环境数据库(32个)		城市氮氧化物年日均值排序表(分城市) 工业固体废物产生处理及利用情况(分省) 工业行业废气排放及处理情况(全国)

续表

数据类型	数据库名称		数据名称
数据子库	中国宏观环境数据库(32个)		废水排放情况(分省)
			工业行业工业固废产生、处理及利用情况(全国)
			城市固体废物产生、处理及三废利用(主要城市)
			工业三废治理效率(分省)
			城市二氧化硫年日均值排序表(分城市)
			中国酸雨站观测数据月平均值
			固体废物产生处理及三废利用(分省)
			城市废气排放及处理(主要城市)
			城市大气污染状况(分城市)
			工业行业汇总企业概况(全国)
			城市废水排放情况(重点城市)
			工业行业废水排放情况(全国)
			中国酸雨站观测数据年平均值
			环境污染与破坏程度情况(分省)
			废水排放及处理(分省)
			废气排放及处理情况(分省)
			城市降尘年月均值排序表(分城市)
			城市总悬浮微粒年日均值排序表(分城市)
			工业固体废物产生、处理及利用情况(重点城市)
			废气排放及处理(分省)
			企事业单位污染治理情况(分省)
			排污费征收_使用及污染事故情况(分省)
			城市废气排放及处理情况(重点城市)
			CA51一城市废水排放及处理(主要城市)
			汇总工业企业概况(分省)
			中国酸雨站观测数据日平均值
			城市二氧化硫日均值排序表(分城市)
			汇总工业企业概况(重点城市)
			固体废物产生处理及三废利用(分省)
典型区域数据库	行政区划数据(10个)		中国县级行政界线数据集
			全国各省市人口出生率数据集 2006—2015
			中国城市建设用地面积数据集 2007—2015
			中国林业用地面积数据集 2006—2015
			中国分省 1∶2500 万 2000 坐标系 2013
			中国农作物总播种面积数据集 2006—2014
			中国分省 1∶2500 万 2000 坐标系 2013
			中国分省 1∶2500 万 2000 坐标系 2013
			中国建制镇统计数据集(2005、2008、2010、2012)
			中国 1989 年年降水量空间插值数据
	地形地貌数据(7个)		湿地分布数据集
			中国沼泽湿地典型区域沼泽与湖泊数据集
			2005 年北京城八区水域与湿地分布数据(90 m)
			中国沼泽湿地典型区域社会经济要素数据库(20 世纪 80 年代、21 世纪前 10 年、21 世纪 10 年代)

续表

数据类型	数据库名称		数据名称
典型区域数据库	地形地貌数据（7个）		2000年松花江流域盐碱地生态系统数据
			中国沼泽湿地调查数据集(20世纪80年代)
			中国沼泽湿地1∶50万鹤类栖息地数据集(20世纪80年代)
	黄土高原（34个）		1980—2010年陕西省黄土高原县、市、区社会经济数据集
			2011—2015年陕西省黄土高原县、市、区社会经济发展指标数据集
			2011—2015年甘肃省黄土高原县、市、区社会经济发展指标数据集
			黄土高原地区地形因子(坡度因子)数据集
			黄土高原地区地形因子(高程)数据集
			2011—2015年河南省黄土高原县、市、区社会经济发展指标数据集
			黄土高原90 m分辨率的地形因子数据集(2012年)
			黄土高原30 m分辨率的地形因子数据集(2014年)
			黄土高原地区地形因子、山体阴影数据集
			黄土高原地区地形因子、坡长因子数据集
			黄土高原地区地形因子、坡长数据集
			黄土高原地区地形因子、坡度、坡长因子数据集
			黄土高原地区地形因子、坡向数据集
			黄土高原地区地形因子、坡度数据集
			2011—2015年宁夏回族自治区黄土高原县、市、区社会经济发展指标数据集
			2011—2015年青海省黄土高原县、市、区社会经济发展指标数据集
			2011—2015年内蒙古自治区黄土高原县、市、区社会经济发展指标数据集
			2011—2015年山西省黄土高原县、市、区社会经济发展指标数据集
			2000年、2005年、2010年和2015年长武样区30 m分辨率植被盖度数据集
			2000年、2005年、2010年和2015年天水样区30 m分辨率植被盖度数据集
			2000年和2010年黄土高原500 m分辨率植被覆盖度数据集
			韩国2009—2013年业务类型数据集
			2000年、2005年、2010年和2015年定西样区30 m分辨率植被盖度数据集
			2000年、2005年、2010年和2015年离石样区30 m分辨率植被盖度数据集
			2000年、2005年、2010年和2015年绥德样区30 m分辨率植被盖度数据集
			1980—2010年青海省黄土高原县、市、区社会经济数据集
			1980—2010年山西省黄土高原县、市、区社会经济数据集
			2000年、2005年、2010年和2015年安塞样区30 m分辨率植被盖度数据集
			1980—2010年宁夏回族自治区黄土高原县、市、区社会经济数据集
			1980—2010年河南省黄土高原县、市、区社会经济数据集
			1980—2010年内蒙古自治区黄土高原县、市、区社会经济数据集
			1980—2010年甘肃省黄土高原县、市、区社会经济数据集
			黄土高原土地资源环境遥感数据集(1987—1990年)
			黄土高原土地利用遥感数据集(1987—1990年)
	东北黑土数据（29个）		中国东北黑土分布区域数据集
			富锦市1980年土壤有机质分布数据集
			吉林九台市2002年土壤有机质分布数据集
			乌拉圭黑土分布区域数据集
			双城区1980年土壤全氮分布数据集
			双城区2010年土壤有机质分布数据集

续表

数据类型	数据库名称		数据名称
典型区域数据库	东北黑土数据（29个）		双城区 1980 年土壤有机质分布数据集
			五大连池市 2013 年土壤氮分布数据集
			五大连池市 2013 年土壤有机碳分布数据集
			海伦市 21 世纪 10 年代土地利用
			海伦市 1980 年土壤有机质分布数据集
			海伦市 1995s 土地利用
			海伦市 2000s 土地利用
			海伦市 1980 年土壤全氮分布数据集
			海伦市 1980 年土地利用
			富锦市 2010s 土地利用
			富锦市 2000s 土地利用
			富锦市 1995s 土地利用
			富锦市 2013 年土壤有机碳分布数据集
			富锦市 2013 年土壤全氮分布数据集
			富锦市 1980 年土地利用
			富锦市 1980 年土壤全氮分布数据集
			拜泉县 1980 年土壤氮分布数据集
			拜泉县 1980 年有机质分布数据集
			全球黑土分布区域数据集
			北美黑土分布区域数据集
			乌克兰黑土分布区域数据集
			俄罗斯黑土分布区域数据集
			阿根廷黑土分布区域数据集
			三江平原沼泽湿地生态试验站水文数据集(2001—2013 年)
			三江平原沼泽湿地生态试验站生物数据集(2000—2010)年
			三江平原 1：10 万遥感影像系列数据集(1985、2000、2005、2010 年)
			三江平原地理环境数据集(2005 年)
			三江平原沼泽湿地生态试验站土壤数据集(2000—2010 年)
			三江平原沼泽湿地生态试验站气象数据集(2001—2013 年)
			松辽流域基础地理数据集
			1990 年松花江流域盐碱地生态系统数据
			1990 年松花江流域森林生态系统数据
			1990 年松花江流域草地生态系统数据
			1990 年松花江流域湿地生态系统数据
			1990 年松花江流域沙地生态系统数据
			1990 年松花江流域农田生态系统数据
			2000 年松花江流域农田生态系统数据
			2000 年松花江流域湿地生态系统数据
			2000 年松花江流域沙地生态系统数据
			2000 年松花江流域草地生态系统数据
			松花江流域地表坡度数据
			2000 年松花江流域森林生态系统数据
			松花江流域地表高程数据

续表

数据类型	数据库名称		数据名称
典型区域数据库	东北黑土数据（29个）		松辽流域防洪抗灾数据集
			松辽流域水资源数据集(2000—2016年)
			松花江流域地表坡向数据
			松辽流域水文数据集
			中国草地资源类型数据集
			山西省土地资源数据集
			山西省土壤资源数据集
			山西省植被资源数据集
			黄土高原土壤资源环境遥感数据集(1987—1990年)
			山西省森林资源数据集
			黄土高原土壤侵蚀遥感数据集(1987—1990年)
			中国白蜡树春季物候格网数据
			中国物候观测网北京站典型植物物候观测数据
			中国1 km格网月平均降水数据集(2000—2010年)
			全国年降雨侵蚀力栅格数据集
			MODIS地表温度数据(2000—2012年)
			全球30 m分辨率地表覆盖数据集2010年
			中国1 km格网月日总辐射数据集(2000—2010年)
			中国1 km格网月平均气温数据集(2000—2010年)
			全球30 m分辨率陆表水域数据集(2010年)
			中国分省主要畜种产污系数数据集
			全球30 m分辨率人造地表覆盖数据集(2010年)
			中国东北地区时间序列雪盖监测数据集
	中蒙俄区域（16个）		蒙古城市位置点数据
			蒙古高原矢量边界数据集
			蒙古水系数据
			蒙古交通数据
			蒙古国1∶500万气温分布图
			蒙古行政区划
			蒙古国1∶500万降水分布图
			蒙古国地貌图
			蒙古高原地表植被覆盖度数据
			蒙古高原Vegetation NDVI分旬时序数据(1998—2012年)
			蒙古高原MODIS植被指数数据(2000—2012年)
			蒙古高原MODIS增强植被指数(2000—2012年)
			蒙古高原MODIS土地覆被数据
			蒙古2005年人口和社会经济数据
			蒙古等高线图层
			蒙古2000年人口和社会经济数据
	泛第三极（4个）		青藏高原范围与界线数据
			青藏高原森林、草甸、草原、农田分布数据集
			青藏高原草地退化类型空间分布数据集
			青藏高原植被变化区域分异分析数据

续表

数据类型	数据库名称		数据名称
典型区域数据库	自然资源数据（19个）		中国行政区划、土地利用、河流基本情况数据集（2002—2005年）
			黄河流域水文泥沙数据集（2002—2012年）
			黄河流域水文泥沙数据集（1954—1990年）
			中国沼泽湿地数据集
			中国1∶400万基础地理要素数据集
			中国火山温泉地热流数据集
			黄河流域水文泥沙数据集（1919—1953年）
			中国沼泽湿地1∶10万分幅遥感影像数据集2010年
			黑河流域水文泥沙数据集（1947—1986年）
			中国1000 m分辨率的地形因子数据集（2000年）
			黄土高原森林资源环境遥感数据集（1987—1990年）
			黄土高原草地资源环境遥感数据集（1987—1990年）
			黄土高原植被类型数据集（1987—1990年）
			东北亚样带8天合成MODIS地表温度或地表发射率数据（2000年，2005年）
			东北亚样带8天合成1 km分辨率MODIS总初级生产力数据（2000年，2005年）
			东北亚样带8天合成1 km分辨率MODIS叶面积指数LAI数据（2000年，2005年）
			中国沼泽湿地1∶20万矢量数据集（2010年）
			全国20世纪80年代沼泽湿地调查数据集
			中国东北森林遥感监测物候期分布数据
	经济资源数据（18个）		2008—2010年中国县域人口数据集
			中国西南地区历史地震数据集2015年
			2008—2010年中国县域综合经济数据集
			黎巴嫩基础国情数据库
			罗马尼亚基础国情数据库
			2008—2010年分行业社会经济数据集
			波兰基础国情息数据库
			爱沙尼亚基础国情数据库
			埃及基础国情数据库
			捷克基础国情数据库
			约旦基础国情数据库
			巴勒斯坦基础国情数据库
			中国南方森林植被恢复程度数据集
			匈牙利基础国情数据库
			三河源区草地间量遥感估算数据集（2006—2015年）
			也门基础国情数据库
			中国区域经济统计年鉴（2004、2008年）
			中国公里网格GDP分布数据集

续表

数据类型	数据库名称		数据名称
专题数据子库	周边国家地理背景数据		周边国家气候数据库 周边国家数字高程 DEM 周边国家自然保护区数据库 周边国家地名数据库 周边国家铁路数据库 周边国家公路数据库 周边国家水系数据库 周边国家行政边界数据库
	中亚五国地理背景数据		中亚五国气候数据库 中亚五国数字高程 DEM 中亚五国自然保护区数据库 中亚五国地名数据库 中亚五国铁路数据库 中亚五国公路数据库 中亚五国水系数据库 中亚五国行政边界数据库
	西亚国家地理背景数据		西亚国家气候数据库 西亚国家数字高程 DEM 西亚国家自然保护区数据库 西亚国家地名数据库 西亚国家铁路数据库 西亚国家公路数据库 西亚国家水系数据库 西亚国家行政边界数据库
	西伯利亚及贝加尔湖资源环境数据库		贝加尔湖地区气候数据库 贝加尔湖地区数字高程 DEM 贝加尔湖地区地名数据库 贝加尔湖地区自然保护区数据库 贝加尔湖地区铁路数据库 贝加尔湖地区公路数据库 贝加尔湖地区水系数据库 贝加尔湖地区土地覆被数据库 西伯利亚 DEM 数据库 西伯利亚森林覆被数据 西伯利亚水系分布
	南美洲地理背景数据库		南美洲气候数据库 南美洲数字高程 DEM 南美洲地名数据库 南美洲自然保护区数据库 南美洲铁路数据库 南美洲公路数据库 南美洲水系数据库 南美洲行政边界数据库

续表

数据类型	数据库名称		数据名称
专题数据子库	周边国家及全球人口、资源、经济与文化数据库		中国与周边国家的主要口岸分布数据库
			中亚五国主要水库水文信息数据库
			全球矿产资源分布
			周边国家水资源数据库
			世界各国人口社会经济数据库
			世界各国能源数据库
			世界各国土地、森林、气候、水资源数据库
			世界主要国家宗教文化数据库
	中国自然资源图集	水资源分布图	中国河流和湖泊的分布
			中国冰川存储量分布图
			中国 2000 年水平衡预测
			南北水土人及耕地分布
			北方水土人及耕地分布
			南方水土人及耕地分布
			北方黄淮海水土人及耕地
		土地资源分布图	中国地形类型百分比
			中国土壤分布
			中国红黄壤分布
			中国红黄壤统计
			中国粮作分布图
			中国主要土地利用种类统计
			中国土壤资源构成
			中国盐碱地耕地面积统计
			中国宜农土地
			中国耕地质量统计
			华南区
			四川盆地，长江中下游
			云贵高原
			华北一辽南区
			黄土高原
			东北区
			内蒙古半干旱区
			全国后备耕地资源统计
			温带湿润区
			温带半湿润区
			温带半干旱区
			温带干旱区
			暖温带湿润半湿润区
			暖温带半干旱区
			暖温带干旱区
			北、中亚热带湿润区
			南亚热带，热带湿润区
			青藏高寒区

续表

数据类型	数据库名称		数据名称
专题数据子库	中国自然资源图集	土地资源分布图	中国海涂分区资源统计
			辽东半岛
			山东半岛
			大渤海湾
			苏北平原
			长江口、杭州湾
			浙闽港湾
			闽南粤东丘陵
			珠江三角洲
			粤桂琼
			中国耕地不同产量水平的分布
			各自然带百分比
			各自然带年生物量
			各自然带生产力
			中国土地沙漠化分布图
			中国土地沙漠化的面积统计
			北方沙漠化百分比
			北方沙漠化面积
			农业人口占有耕地
			灌溉、垦殖、复种、商品率
			化肥、单产及总产
			人均粮食
			总人口及农业人口
			粮食播种情况
			中国的地形等高线
			中国海拔地形百分比
		林业资源分布图	中国自然植被分布
			中国森林资源分布
			中国 1991 年宜林土地
			中国林地资源面积
			中国有林地的组成
			林业产值年际变化
			林业产值指数变化
		草蓄资源分布图	中国草场资源分布图
			中国天然草地面积图
			天然草地可利用面积
			中国天然草地百分比
			中国草地理论载畜量
			中国人工种草保留面积
			天然草地经济区总面积
			天然草地经济区中牧区
			天然草地经济区中半牧区
			天然草地经济区中农(林)区

续表

数据类型	数据库名称		数据名称
专题数据子库	中国自然资源图集	渔业资源分布图	1996年各省渔业产值 1996年农林牧渔构成 中国渔业产值变化图 中国渔业产值指数变化 中国内陆水域面积统计 中国内陆各区水域面积 中国海岸线总长度 中国海区面积和渔场 中国海涂面积和浅海
		农村能源分布图	1996年农村秸秆折成标准煤(t) 1997年农村秸秆折成标准煤(t) 1998年农村秸秆折成标准煤(t) 1996年农村沼气折成标准煤(t) 1997年农村沼气折成标准煤(t) 1998年农村沼气折成标准煤(t) 1996年农村沼气资源(万 m^3) 1997年农村沼气资源(万 m^3) 1998年农村沼气资源(万 m^3) 1997年各省沼气量(m^3) 1997年各省有沼气池数量(个) 1998年各省农村能源使用总量 1998年农村生活用秸秆折标准煤 小型水电站个数及发电量 中国农村用电量
		农业经济分布图	中国农村社会总产值 中国人口的空间分布 1989年人口自然增长 中国各省的人口数量 1989年农用化肥产量 化肥施用量年际变化 有效灌溉面积的变化 1996年中国谷物产量 1996年中国棉花产量 1996年中国油料产量 中国水稻单产预测图 中国小麦单产预测图 中国玉米单产预测图
		农业气候资源分布图	中国受灾面积历年统计 中国成灾面积历年统计 成灾占受灾面积百分比 华北4世纪干旱出现年数 中国水稻气候生态分区 中国小麦气候生态分区 中国玉米气候生态分区

续表

数据类型	数据库名称		数据名称
专题数据子库	中国自然资源图集	自然地理背景图	中国行政区划 中国省界 中国县界 中国铁路 中国干线公路 中国河流水系 中国运河 中国湖泊 中国冰川分布 中国植被 中国沼泽类型 中国沼泽分区 中国土壤 中国地貌 中国地形(等高线) 中国沙漠(北方) 中国滑坡发育
		生态环境背景	行政区划 人口分布 地貌类型 地势阶梯 地形海拔 土壤类型 植被类型 水系分布 冰川分布 沼泽分区 土壤区划 土壤构成 耕地背景 降水分布 湿温分区
		中国农业资源概况	中国日平均气温大于或等于 0 ℃积温 中国日平均气温大于或等于 10 ℃积温 中国年平均气温 中国光合年辐射量 河流和湖泊的分布 2000 年水平衡预测 中国多年平均水资源总量 中国河川径流地区分布 九大水资源区年平均降水深及降水量 全国分省耕地面积

续表

数据类型	数据库名称		数据名称
专题数据子库	中国自然资源图集	中国农业资源概况	全国分省林地面积
			粮食作物分布
			中国草场资源分布
			中国天然草地类型与面积
			中国分省草地面积
			中国水域类型面积构成
			全国盐碱土地面积
			中国海涂分区资源面积
			中国海岸线长度和面积
			中国野生动物资源类型种数
			中国野生动物资源种数分布
		中国农业区划图集	综合自然区划
			综合农业区划
			农业生态区划
			农业水利区划
			水稻种植区划
			棉花种植区划
			林业区划
			畜牧业综合区划
			渔业区划
			蚕业区划
			农业机械化区划
			1995 年有效灌溉面积比重
			1995 年每一农业劳力农业产值
			1995 年每一农业劳力产粮
			1995 年每一农业人口拥有耕地
			水稻气候生态分区
			小麦气候生态分区
			玉米气候生态分区
			水稻估产区划
			小麦估产区划
			玉米估产区划
		农业资源潜力	气候生产潜力分布
			农业气候分区及土地自然生产力
			各省耕地最大生产潜力及现产量
			各省潜单产与现单产比较柱状图
			中国后备耕地质量等级
			中国后备耕地限制统计
			中国后备林地质量等级
			中国后备牧地质量等级
			中国耕地质量等级统计
			中国宜农土地资源统计
			天然草地理论载畜量

续表

数据类型	数据库名称		数据名称
专题数据子库	中国自然资源图集	农业资源潜力	中国水稻单产预测
			中国小麦单产预测
			中国玉米单产预测
			三种主要粮食的生产潜力
		资源环境变化	全国耕地动态变化
			1995 年耕地面积减少类型
			历年人均耕地动态变化
			中国沙漠化土地分布图
			历年耕地与人口动态变化
			全国 1995 年受灾和成灾面积
			1950—1995 年森林面积及覆盖率变化
		农业生产现状变化	1995 年农业总产值构成
			各地区 1995 年农作物复种指数
			1995 年粮食总产量及排名位次
			各地区 1995 年粮食人均占有量
			各种粮食作物产量占粮食总产比例
			1995 年分省各作物播面占总播面比例
			全国 1995 年分省水稻产量
			全国 1995 年分省小麦产量
			全国 1995 年分省玉米产量
			全国 1995 年分省棉花产量
			全国 1995 年分省油料产量
			历年粮食总产量与人口动态变化
			全国 1949—1995 年水稻产量
			全国 1949—1995 年小麦产量
			全国 1949—1995 年玉米产量
			全国 1949—1995 年棉花产量
			全国 1949—1995 年油料产量
			全国 1985—1995 年肉类和水产品产量
			各地区多年粮食总产量变化趋势图
			1995 年全国粮食亩产
			中国农用化肥产量
			化肥施用量年际变化
			1996 年各省渔业产值
			中国渔业产值变化
			渔业产值指数变化
			林业产值年际变化
			林业产值指数变化
			小型水电站个数及发电量

续表

数据类型	数据库名称		数据名称
专题数据子库	中国自然资源统计图	土地资源图	分县 1986 年耕地面积分布图
			分县 1986 年园地面积分布图
			分县 1986 年林地面积分布图
			分县 1986 年居民点及工矿用地分布图
			分县 1986 年牧草地面积分布图
			分县 1986 年交通用地分布图
			分县 1986 年水域面积分布图
			分省 1991 年宜农耕地类分布图
			分省 1991 年宜林类分布图
			分省 1991 年一等地分布图
			分省 1991 年二等地分布图
			分省 1991 年三等地分布图
			分省 1991 年不宜农耕地分布图
			分省 1991 年林地面积分布图
			分省 1991 年草地面积分布图
		生物资源图	分县 1992 年天然草地面积分布图
			分县 1992 年可利用面积分布图
			分县 1992 年理论载畜量分布图
			分省 1989 年林业用地面积分布图
			分省 1989 年有林地面积分布图
			分省 1989 年林分面积分布图
			分省 1989 年活立木总蓄积分布图
			分省 1989 年有林地蓄积分布图
			分省 1989 年林分蓄积分布图
			分省 1989 年针叶林面积分布图
			分省 1989 年阔叶林面积分布图
			分省 1989 年林分每公顷产量分布图
			分省 1989 年针叶林每公顷产量分布图
			分省 1989 年针叶林蓄积分布图
			分省 1989 年阔叶林蓄积分布图
			分省 1989 年阔叶林每公顷产量分布图
			分省 1989 年经济林面积分布图
			分省 1989 年竹林面积分布图
			分省 1989 年森林覆盖率分布图
			分省 1989 年人均有林地蓄积分布图
			分省 1994 年林业用地面积分布图
			分省 1994 年活立木总蓄积分布图
			分省 1994 年有林地面积分布图
			分省 1994 年有林地蓄积分布图
			分省 1994 年林分面积分布图
			分省 1994 年林分蓄积分布图
			分省 1994 年林分每公顷产量分布图
			分省 1994 年针叶林面积分布图

续表

数据类型	数据库名称		数据名称
专题数据子库	中国自然资源统计图	生物资源图	分省 1994 年针叶林蓄积分布图
			分省 1994 年针叶林每公顷产量分布图
			分省 1994 年阔叶林面积分布图
			分省 1994 年经济林面积分布图
			分省 1994 年森林覆盖率分布图
			分省 1994 年人均有林地蓄积分布图
			分省 1994 年阔叶林蓄积分布图
			分省 1994 年阔叶林每公顷产量分布图
			分省 1994 年竹林面积分布图
		农业资源图	分县 1990 年乡村人口分布图
			分县 1990 年耕地面积分布图
			分县 1990 年猪牛羊肉总产量分布图
			分县 1990 年有效灌溉面积分布图
			分县 1990 年化肥施用量分布图
			分县 1990 年农村社会总产值分布图
			分县 1990 年农业总产值分布图
			分县 1990 年农村工业总产值分布图
			分县 1990 年农业净产值分布图
			分县 1990 年按不变价计算的农业总产值分布图
			分省 1990 年耕地面积分布图
			分省 1990 年水田面积分布图
			分省 1990 年旱地面积分布图
			分省 1990 年水浇地面积分布图
			分省 1990 年化肥施用量(折纯)分布图
			分省 1990 年总播种面积分布图
			分省 1990 年粮食作物面积分布图
			分省 1990 年复种指数分布图
			分省 1990 年经济作物播面分布图
			分省 1993 年耕地面积分布图
			分省 1993 年水田面积分布图
			分省 1993 年旱地面积分布图
			分省 1993 年化肥施用量(折纯)分布图
			分省 1993 年总播种面积分布图
			分省 1993 年粮食作物面积分布图
			分省 1980 年农业机械总动力分布图
			分省 1980 年耕地面积分布图
			分省 1980 年水田面积分布图
			分省 1980 年旱地面积分布图
			分省 1980 年水浇地面积分布图
			分省 1980 年化肥施用量(折纯)分布图
			分省 1980 年总播种面积分布图
			分省 1980 年粮食作物面积分布图
			分省 1980 年复种指数分布图

续表

数据类型	数据库名称		数据名称
专题数据子库	中国自然资源统计图	农业资源图	分省 1980 年经济作物播面分布图
			分省 1990 年稻谷产量分布图
			分省 1990 年棉花产量分布图
			分省 1990 年油料产量分布图
			分省 1990 年猪牛羊肉产量分布图
			分省 1990 年禽蛋产量分布图
			分省 1990 年水产品产量分布图
			分省 1980 年粮食产量分布图
			分省 1980 年小麦产量分布图
			分省 1980 年稻谷产量分布图
			分省 1980 年棉花产量分布图
			分省 1980 年油料产量分布图
			分省 1980 年水果产量分布图
			分省 1980 年猪牛羊肉产量分布图
			分省 1980 年禽蛋产量分布图
			分省 1980 年水产品产量分布图
			分省 1970 年粮食产量分布图
			分省 1970 年稻谷产量分布图
			分省 1970 年棉花产量分布图
			分省 1970 年油料产量分布图
			分省 1970 年猪牛羊肉产量分布图
			分省 1990 年粮食产量分布图
			分省 1990 年小麦产量分布图
			分省 1993 年粮食产量分布图
			分省 1993 年小麦产量分布图
			分省 1993 年稻谷产量分布图
			分省 1993 年棉花产量分布图
			分省 1993 年油料产量分布图
			分省 1993 年猪牛羊肉产量分布图
			分省 1993 年禽蛋产量分布图
			分省 1993 年水产品产量分布图
			分省 1990 年农业总产值分布图
			分省 1990 年种植业产值分布图
			分省 1990 年林业产值分布图
			分省 1990 年牧业产值分布图
		工业资源图	分省 1989 年工业总产值分布图
			分省 1989 年轻工业产值分布图
			分省 1989 年重工业产值分布图
			分省 1989 年农用化肥产量分布图
			分省 1989 年原煤产量分布图
			分省 1989 年发电量分布图
			分省 1989 年原油产量分布图
			分省 1996 年原煤产量分布图

续表

数据类型	数据库名称		数据名称
专题数据子库	中国自然资源统计图	工业资源图	分省 1996 年发电量分布图
			分省 1996 年钢产量分布图
			分省 1996 年农用化肥产量分布图
		综合经济图	分省 1990 年国民收入分布图
			分省 1990 年农业收入分布图
			分省 1990 年工业收入分布图
			分省 1990 年商业收入分布图
			分省 1990 年国民收入使用额分布图
			分省 1990 年建筑业收入分布图
			分省 1990 年运输业收入分布图
			分省 1990 年国内生成总值分布图
			分省 1996 年国内生产总值分布图
			分省 1996 年第二产业产值分布图
			分省 1996 年第三产业产值分布图
			分省 1996 年人均国内生产总值分布图
			全国分省 1990 年人均国民生产总值分布图
			全国分省 1991 年人均国民生产总值分布图
			全国分省 1990 年人均国内生产总值分布图
			全国分省 1991 年人均国内生产总值分布图
			全国分省 1990 年人均第一产业产值值分布图
			全国分省 1991 年人均第一产业产值值分布图
			全国分省 1990 年人均第二产业产值值分布图
			全国分省 1991 年人均第二产业产值值分布图
			全国分省 1990 年人均第三产业产值值分布图
			全国分省 1991 年人均第三产业产值值分布图
			全国分省 1990 年人均国民收入分布图
			全国分省 1991 年人均国民收入分布图
			全国分省 1990 年人均工农业总产值分布图
			全国分省 1991 年人均工农业总产值分布图
			全国分省 1992 年人均工农业总产值分布图
			全国分省 1990 年人均农业总产值分布图
			全国分省 1991 年人均农业总产值分布图
			全国分省 1992 年人均农业总产值分布图
			全国分省 1990 年人均工业总产值分布图
			全国分省 1991 年人均工业总产值分布图
			全国分省 1992 年人均工业总产值分布图
			全国分省 1990 年人均轻工业总产值分布图
			全国分省 1991 年人均轻工业总产值分布图
			全国分省 1992 年人均轻工业总产值分布图
			全国分省 1990 年居民消费水平分布图
			全国分省 1991 年居民消费水平分布图
			全国分省 1990 年农业居民消费水平分布图
			全国分省 1991 年农业居民消费水平分布图

续表

数据类型	数据库名称		数据名称
专题数据子库	中国自然资源统计图	综合经济图	全国分省 1990 年非农业居民消费水平分布图
			全国分省 1991 年非农业居民消费水平分布图
			全国分省 1990 年人均标准能源消费量分布图
			全国分省 1991 年人均标准能源消费量分布图
			全国分省 1990 年人均电力消费量分布图
			全国分省 1991 年人均电力消费量分布图
			全国分省 1990 年职工平均工资分布图
			全国分省 1991 年职工平均工资分布图
			全国分省 1992 年职工平均工资分布图
			全国分省 1990 年人均邮电业务总量分布图
			全国分省 1991 年人均邮电业务总量分布图
			全国分省 1992 年人均邮电业务总量分布图
			全国分省 1990 年人均函件数分布图
			全国分省 1991 年人均函件数分布图
			全国分省 1992 年人均函件数分布图
			全国分省 1990 年人均社会商品零售总额分布图
			全国分省 1991 年人均社会商品零售总额分布图
			全国分省 1992 年人均社会商品零售总额分布图
			全国分省 1990 年人均社会消费品总额分布图
			全国分省 1991 年人均社会消费品总额分布图
			全国分省 1992 年人均社会消费品总额分布图
			全国分省 1991 年人均油料产量分布图
			全国分省 1992 年人均油料产量分布图
			全国分省 1990 年人均猪牛羊肉产量分布图
			全国分省 1991 年人均猪牛羊肉产量分布图
			全国分省 1992 年人均猪牛羊肉产量分布图
			全国分省 1990 年人均猪肉产量分布图
			全国分省 1991 年人均猪肉产量分布图
			全国分省 1992 年人均猪肉产量分布图
			全国分省 1990 年人均牛奶产量分布图
			全国分省 1991 年人均牛奶产量分布图
			全国分省 1992 年人均牛奶产量分布图
			全国分省 1990 年人均禽蛋产量分布图
			全国分省 1991 年人均禽蛋产量分布图
			全国分省 1992 年人均禽蛋产量分布图
			全国分省 1990 年人均水产品产量分布图
			全国分省 1991 年人均水产品产量分布图
			全国分省 1992 年人均水产品产量分布图
			全国分省 1990 年人均布产量分布图
			全国分省 1991 年人均布产量分布图
			全国分省 1992 年人均布产量分布图
			全国分县 1994 年耕地面积分布图
			全国分县 1990 年乡镇总数分布图

续表

数据类型	数据库名称		数据名称
专题数据子库	中国自然资源统计图	综合经济图	全国分县 1994 年乡镇总数分布图
			全国分县 1990 年总人口分布图
			全国分县 1994 年总人口分布图
			全国分县 1990 年乡村人口分布图
			全国分县 1994 年乡村人口分布图
			全国分县 1990 年职工人数分布图
			全国分县 1994 年职工人数分布图
			全国分县 1990 年乡村劳动力分布图
			全国分县 1994 年乡村劳动力分布图
			全国分县 1990 年财政收入分布图
			全国分县 1994 年财政收入分布图
			全国分县 1994 年财政支出分布图
			全国分县 1994 年农林牧渔总产值分布图
			全国分县 1990 年粮食总产量分布图
			全国分县 1994 年粮食总产量分布图
			全国分县 1990 年棉花总产量分布图
			全国分县 1994 年棉花总产量分布图
			全国分县 1990 年油料总产量分布图
			全国分县 1994 年油料总产量分布图
			全国分县 1990 年猪牛羊肉总产量分布图
			全国分县 1994 年猪牛羊肉总产量分布图
			全国分县 1990 年水果产量分布图
			全国分县 1994 年水果产量分布图
			全国分县 1990 年水产品产量分布图
			全国分县 1994 年水产品产量分布图
			全国分县 1990 年工业总产值分布图
			全国分县 1994 年工业总产值分布图
			全国分县 1994 年轻工业总产值分布图
			全国分县 1994 年社会消费品零售分布图
			全国分县 1990 年城乡居民储蓄余额分布图
			全国分县 1994 年城乡居民储蓄余额分布图
			全国分县 1994 年学校总数分布图
			全国分县 1990 年在校学生数分布图
			全国分县 1994 年在校学生数分布图
			全国分县 1990 年医院.卫生院数分布图
			全国分县 1994 年医院.卫生院数分布图
			全国分县 1990 年人均占用耕地面积分布图
			全国分县 1994 年人均占用耕地面积分布图
			全国分县 1990 年人均财政收入分布图
			全国分县 1994 年人均财政收入分布图
			全国分县 1990 年人均占有粮食产量分布图
			全国分县 1994 年人均占有粮食产量分布图
			全国分县 1994 年人均消费品零售额分布图

续表

数据类型	数据库名称		数据名称
专题数据子库	中国自然资源统计图	综合经济图	全国分县1990年人均储蓄余额分布图
			全国分县1994年人均储蓄余额分布图
			全国分县1990年农林牧渔业总产值分布图
		人口与劳动力	分省1993年常住人口分布图
			分省1993年非农业人口分布图
			分省1993年农业人口分布图
			分省1993年出生率分布图
			分省1993年自然增长率分布图
			分省1993年劳动力分布图
	经济与人口统计图集	工农业	国内生产总值
			国内生产总值指数
			农林牧渔业总产值
			农林牧渔业总产值指数
			农林牧渔业总产值年变化
			农林牧渔业总产值指数年变化
			1996年中国棉花产量
			1996年中国油料产量
			中国农业植被分布
			中国农村社会总产值分布
			企业单位数及其乡和乡以上单位数
			工业总产值
			工业总产值年变化
			工业总产值
			1996年各省区谷物产量
			中国水稻气候生态分布
			中国小麦气候生态分布
			中国玉米气候生态分布
			中国贫困县农民人均纯收入(1993年)
		人口	平均家庭户规模
			分性别家庭户人数
			分性别人口数
			分性别的文盲、半文盲占15岁及以上比例
			分性别的文盲、半文盲人口
			分性别的15岁及15岁以上人口
			分地区总人口和出生率,死亡率,自然增长率
			中国人口分布
			按性别大专以上教育程度的人口
			按性别高中教育程度人口
			按性别初中教育程度人口
			按性别小学教育程度人口
			按性别不识字或识字很少人口
			按性别6岁及6岁以上人口

续表

数据类型	数据库名称		数据名称
专题数据子库	经济与人口统计图集	人口	按性别受教育程度人数构成 人口年龄构成 人口负担系数
		教育	教育经费来源和支出情况(1996年) 国家财政性教育经费和预算内教育经费 历年教育经费来源和支出情况(1996年)(表1) 历年教育经费来源和支出情况(1996年)(表2)
		从业及工资	各地区从业人员及构成(1996年) 职工工资总额 职工工资指数 职工工资总额年变化 全国职工工资指数和国有经济单位职工工资指数年变化 分地区按未工作时间分组的失业人员构成 离退休、退职人员年末人数(1996年) 国有单位离退休、退职人员人数(1996年) 离退休、退职人员与职工之比
		物价及消费	分地区最终消费及构成(1995年) 各地区居民消费及构成(1995年) 各种物价总指数(上年=100) 各种物价总指数(1978年=100) 居民消费价格指数(1996年) 商品零售价格指数(1996年)
		城建及运输	城市人均居住面积 城市人口用水普及率 城市人口煤气普及率 城市每万人拥有公共汽(电)车辆 城市人均拥有铺砖道路面积 城市人均公共绿地面积 城市每万人拥有公共厕所 分地区历年建筑业总产值 分地区全社会货运量(1996年)
	典型示范区分布图		典型示范区专题库
	延河流域数据子库	延河水土保持一期项目数据	延河一期项目小流域综合治理基本情况一览表 延河一期项目淤地坝实施情况一览表 延河一期项目灌溉工程一览表 延河一期项目骨干坝实施情况一览表

续表

数据类型	数据库名称		数据名称
专题数据子库	延河流域数据子库	延河水土保持项目及项目区基本情况数据	2003年项目区社会经济发展规划表
			各项措施逐年完成情况表
			各项措施逐年完成情况表(安塞)
			各项措施逐年完成情况表(宝塔)
			各项措施逐年完成情况表(延长)
			基期项目区国民经济状况表
			实施期末各项措施的效益分析结果(保存面积)
			实施期末项目区人畜饮水情况表
			实施期末项目区农业经济结构表
			实施期末项目区农作物生产表
			实施期末项目区农户监测成果表
			实施期末项目区农用供电情况表
			实施期末项目区副业生产表
			实施期末项目区各业支出及收入表
			实施期末项目区国民经济状况表
			实施期末项目区土地利用结构表
			实施期末项目区文教医疗情况表
			实施期末项目区林(果)业生产表
			实施期末项目区水保措施效益表
			实施期末项目区水保措施效益表(安塞)
			实施期末项目区水保措施效益表(宝塔)
			实施期末项目区水保措施效益表(延长)
			实施期末项目区水保治理措施表
			实施期末项目区牧业生产
			实施期末项目区监测农户生活消费调查表
			实施期末项目区社会经济情况表
			实施期末项目区道路表
			投入产出物单价表
			措施计划表
			效益分析现金流量表(保存面积)
			综合信息 1
			综合信息 2
			规划期末各项措施减沙量表
			规划期末项目区减沙效益表
			逐年投资完成情况表
			逐年投资完成情况表(安塞)
			逐年投资完成情况表(宝塔)
			逐年投资完成情况表(延长)
			项目区人畜饮水现状表
			项目区农业经济结构现状表
			项目区农作物生产现状表
			项目区农用供电现状表
			项目区减沙效益表

续表

数据类型	数据库名称		数据名称
专题数据子库	延河流域数据子库	延河水土保持项目及项目区基本情况数据	项目区副业生产现状表
			项目区各业支出及收入现状表
			项目区土地利用现状表
			项目区文教医疗现状
			项目区林(果)业生产现状表
			项目区水保措施效益表
			项目区水保措施效益表(安塞)
			项目区水保措施效益表(宝塔)
			项目区水保措施效益表(延长)
			项目区水保治理措施现状表
			项目区牧业生产现状
			项目区社会经济现状表
			项目区贫困状况统计表
			项目区贫困状况统计表 1
			项目区道路现状表
			黄土高原水土保持世行贷款项目投资计划表
		延河水土保持二期项目数据	延河二期项目水窖基本情况一览表
			延河二期项目淤地坝实施情况一览表
			延河二期项目灌溉工程一览表
			延河二期项目骨干坝实施情况一览表
			延河流域二期项目大棚建设情况一览表
			延河流域二期项目旧坝加固工程基本情况一览表
			延河流域二期项目舍饲养畜情况一览表
		延河水土保持项目初始及结束年基本情况	1998 年项目区农作物生产状况表
			1998 年项目区农户监测成果表
			1998 年项目区农村经济结构状况表
			1998 年项目区减沙效益表
			1998 年项目区土地利用状况表
			1998 年项目区水保治理措施状况表
			1998 年项目区社会经济状况表
			2004 年项目区农业经济结构表
			2004 年项目区农作物生产状况表
			2004 年项目区农户监测成果表
			2004 年项目区减沙效益表
			2004 年项目区土地利用结构表
			2004 年项目区水保治理措施状况表
			2004 年项目区社会经济状况表
			安塞县延河流域水土保持世行贷款二期项目小流域一览表
			延河二期项目实施小流域综合治理基本情况一览表
			项目各项措施的效益分析结果表
			项目各项措施逐年完成情况表
			项目投资计划表
			项目投资逐年完成情况表
			项目措施计划表

续表

数据类型	数据库名称		数据名称
专题数据子库	西北水资源数据库	西北干旱区位置（动态）	西北干旱区位置（动态）
		遥感图像显示（动态）	遥感图像显示（动态）
		西北河流流域（动态）	西北河流流域（动态）
		西北降水等值线（动态）	西北降水等值线（动态）
		西北干旱区干涸带（动态）	西北干旱区干涸带（动态）
		西北干旱指数（动态）	西北干旱指数（动态）
		西北干旱区图一	西北陆面蒸发 全国陆面蒸发 西北水面蒸发 全国水面蒸发 西北干旱指数 全国干旱指数 西北降水量 全国降水量 西北径流深 全国径流深
		西北干旱区图二	西北干旱区位置 西北干旱区 西北干旱工作区 新疆水系 柴达木水系

续表

数据类型	数据库名称		数据名称
专题数据子库	西北水资源数据库	西北干旱区图二	河西走廊水系
			新疆径流深
			柴达木径流深
			河西走廊径流深
			新疆降水量
			柴达木降水量
			河西走廊降水量
		西北干旱区图三	耕地面积
			农村人口
			粮食播面
			粮食总产
			棉花播面
			棉花总产
			猪牛羊肉
			油料总产
			新疆降水量
			柴达木降水量
			河西走廊降水量